智能系统与技术丛书

Deep Learning for Beginners

深度学习

初学者指南

[智] 巴勃罗·里瓦斯(Pablo Rivas) 著

汪雄飞 陈 朗 汪荣贵 译

机械工业出版社
China Machine Press

图书在版编目（CIP）数据

深度学习初学者指南 /（智）巴勃罗·里瓦斯（Pablo Rivas）著；汪雄飞，陈朗，汪荣贵译 . -- 北京：机械工业出版社，2022.1
（智能系统与技术丛书）
书名原文：Deep Learning for Beginners
ISBN 978-7-111-69522-6

I. ①深… II. ①巴… ②汪… ③陈… ④汪… III. ①机器学习 ②软件工具 - 程序设计
IV. ① TP181 ② TP311.561

中国版本图书馆 CIP 数据核字（2021）第 225729 号

本书版权登记号：图字 01-2020-6844

深度学习初学者指南

出版发行：机械工业出版社（北京市西城区百万庄大街 22 号　邮政编码：100037）
责任编辑：王春华　李忠明　　　　　　　　责任校对：马荣敏
印　　刷：中国电影出版社印刷厂　　　　　版　　次：2022 年 1 月第 1 版第 1 次印刷
开　　本：186mm×240mm　1/16　　　　　印　　张：18.75
书　　号：ISBN 978-7-111-69522-6　　　　定　　价：99.00 元

客服电话：（010）88361066　88379833　68326294　　投稿热线：（010）88379604
华章网站：www.hzbook.com　　　　　　　　　　　　读者信箱：hzjsj@hzbook.com

近年来，深度学习技术取得了突破性进展，并且在计算机视觉、自然语言处理等多个领域取得了非常成功的应用，甚至在一定程度上改变了人们的日常生活方式和工作方式。深度学习的繁荣发展和成功应用极大地激发了人们对深度学习技术的学习热情。然而，对于那些刚开始进入机器学习领域的初学者来说，较好地掌握和应用深度学习技术并不是一件容易的事情，因为深度学习技术通常基于数学模型和算法设计，需要一定的抽象思维能力和数学知识。具有一定专业深度且可读性好的深度学习入门教材对于深度学习领域初学者的帮助显然是至关重要的。本书正是这样的一部优秀教材，全书从一个完全没有机器学习基础的程序员的视角出发，通过一系列具体的应用实例，使用通俗易懂的语言系统地介绍了深度学习的思想内涵、基本理论和重要算法，通过知识介绍、源代码片段剖析、应用示例和一些专门技巧的讲解，循序渐进地展示了深度学习模型的设计技巧和模型训练的算法思维，逐步消除了深度学习模型和算法的认知盲点，使读者能够通过自己的努力建立强大的深度学习基础。本书的特点主要体现在如下两个方面：

第一，入门起点比较低，可读性非常好。本书假定读者先前没有接触过神经网络和深度学习，甚至没有接触过机器学习。书中从机器学习的基本概述开始，指导读者建立流行的 Python 程序框架，并以循序渐进的方式介绍流行的监督神经网络架构（例如卷积神经网络（CNN）、循环神经网络（RNN）和生成对抗网络（GAN））以及非监督神经网络架构（例如自编码器（AE）、变分自编码器（VAE）和受限玻耳兹曼机（RBM））。作者非常注重使用生动有趣的应用实例实现对概念和原理的解释，使用大量的可视化方式直观形象地表示潜在空间等比较抽象的概念，并提出一些发人深省的问题，让读者通过思考来超越那些似乎显而易见的问题，引导读者完成对相关概念和原理的深层理解。

第二，知识结构新颖，知识内容的系统性和专业性强。本书的知识内容主要由深度学习快速入门、无监督深度学习、监督深度学习这三个部分组成。第一部分介绍深度学习的基本知识、开发平台、数据准备与预处理技术，以及网络模型设计与训练的基础知识；第二部分系统地介绍自编码器、深度自编码器、变分自编码器、受限玻尔兹曼机等无监督学习模型，通过具体应用实例细致地探讨潜在空间、特征提取等深度学习和表示学习的核心概念，以及模型训练的基本技巧，帮助读者打下扎实的深度学习理论基础；第三部分从现有密集网络的局限性出发，引出稀疏网络的概念以及相应的深度卷积网络、深度循环网络，以及生成对抗网络，系统地介绍这些网络模型的设计原理、训练算法，以及在计算机视觉和自然语言处理等领域的应用技术。全书知识结构非常清晰且很有创意，知识内容具有较好的完备性、系统性和专业性。

本书内容丰富，文字表述清晰，实例讲解详细，图例直观形象，适合作为高等学校人工智能、智能科学与技术、数据科学与大数据技术、计算机科学与技术以及相关专业的本科生及研究生深度学习课程的入门教材，也可供工程技术人员和自学读者学习参考。

本书由汪雄飞、陈朗、汪荣贵共同翻译完成。感谢研究生张前进、江丹、孙旭、尹凯健、王维、张珉、李婧宇、修辉、雷辉、张法正、付炳光、李明熹、董博文、麻可可、李懂、刘兵、王耀、杨伊、陈震、沈俊辉、黄智毅、禤天宇等同学提供的帮助，感谢合肥工业大学、广东外语外贸大学、机械工业出版社华章公司的大力支持。

由于时间仓促，译文难免存在不妥之处，敬请读者不吝指正！

译者
2021 年 6 月

　　自结识 Pablo Rivas 博士并与他合作以来，已经过去五年多的时间了。他是深度学习和人工智能伦理学领域的领先专家之一。在本书中，Rivas 博士将带领你踏上一段学习之旅，让你通过动手实践深度学习跟上最新的技术潮流。在过去的几年里，深度学习取得了突破性进展，给世界各地的学习社区带来了或积极或消极的改变。深度学习教育必须包括对某些算法所造成的社会影响的讨论，以便学习者和实践者能够意识到基于深度学习技术的巨大正面潜力以及可能带来的负面后果。作为一名机器学习科学家和教育家，Rivas 博士通过教育学生和与外界分享他的研究论文及成果来满足这些需求。我曾有幸与他合作进行过一项研究，该研究对世界上只有少数几个地方正在开发、资助和应用人工智能的影响提出了警告。然而，本书是一封邀请世界上任何地方的任何人加入并开始学习深度学习的邀请函，旨在让更多的人能够接触这类专业知识。

　　Rivas 博士非常擅长使用实际例子、有趣的应用和一些关于伦理的讨论来实现对概念的解释。他通过使用谷歌 Colabs，让任何不具备高性能计算机的人都能够访问深度学习工具和程序库，并在云端运行代码。此外，作为认证在线讲师，他还以一种令人难忘的方式传达思想，并提出一些发人深省的问题，让读者通过思考来超越似乎显而易见的问题。通过阅读本书，你将成为这场教育运动的一分子，获得更多获取人工智能工程资源的机会，并提高对人工智能的长期和短期影响的认识。

　　本书会在你的学习旅程中帮助你，为你提供一些例子、最佳实践以及完整工作代码的片段，带来你所需要理解的并能够在几个学科领域中得到应用的深度学习知识，包括计算机视觉、自然语言处理、表示学习等。本书的知识内容以从监督学习模型平稳过渡到无监督学习模型的方式进行组织。如果你需要以更快的速度学习，也可以轻松地在这两个主题之间进行转换。

在本书中，Rivas 博士概括了多年来他作为世界级机器学习科学家、教育家、学习交流社区的领袖和人工智能领域弱势群体的热情拥护者所获得的知识。通过阅读他的文字、循序渐进的知识介绍、源代码片段、应用示例、一些专门的技巧和附加信息，你将学习如何不断提高技能并成长为深度学习的专业人才。

从今天开始阅读本书并应用书中的知识吧！从这里出发，开启成为一名深度学习的实践者、专业人士或科学家的精彩旅程。

Laura Montoya

作家、演说家

Accel.AI 研究所创始人及执行理事

多年来，我们这些忠实地致力于研究机器学习的群体见证了这个领域的发展和繁荣，一些技术的产生令人惊叹，甚至有望带来彻底的社会变革。然而，对于那些想要加入我们来研究这一领域的人们而言，机器学习知识似乎有点令人望而生畏。当然，网络上的相关信息太多了，我们很难浏览所有的论文和代码，为那些想要加入深度学习领域的人找到可靠的介绍性内容。虽然市面上有很多关于机器学习知识的介绍性书籍，但大部分都不满足那些特别想从事深度学习工作的人们的需求，而且要求读者具备必要的、最低限度的数学和算法知识，以及一些必要的编程技能。

本书的目标是帮助初学者建立强大的深度学习基础，掌握使用众所周知的方法建立深度学习模型所需要的基本概念。如果这个目标听上去符合你的需求，那么本书可能正是你所需要的。本书假定读者先前没有接触过神经网络和深度学习，并从回顾深度学习所需要的机器学习基础知识开始。然后，本书解释了如何通过清洗和预处理数据为深度学习做准备，随后逐步介绍神经网络和流行的监督神经网络架构（如卷积神经网络（CNN，Convolutional Neural Network）、循环神经网络（RNN，Recurrent Neural Network）和生成对抗网络（GAN，Generative Adversarial Network））以及无监督架构（如自编码器（AE）、变分自编码器（VAE）和受限玻耳兹曼机（RBM））。在每一章的结尾，你将有机会测试你对概念的理解程度，并反思自己的成长过程。

在本书的最后，你将理解深度学习的概念和秘诀，并将能够分辨适用于特定任务的算法。

本书的目标读者

本书是为想要从深度学习和神经网络的基础知识开始学习的、心怀抱负的数据科学家和深度学习工程师准备的。本书不需要读者事先接触过深度学习或机器学习，当然如果接触过会更好。读者只需要熟悉线性代数和 Python 编程就可以了。

本书是为珍惜时间、想要学到编程所需的深度学习要点的读者准备的。

如果不知道深度学习的基础知识，那么它可能会让你感到害怕。许多人因为不理解 Web 上的术语或示例程序，所以感到很沮丧。这就导致了人们在选择深度学习算法时可能会做出糟糕的决定，而且他们无法预见进行这种选择所产生的后果。因此，本书是为具有下列意图的读者准备的：

❑ 重视获得深度学习概念的良好定义。

❑ 想要使用结构化的方法从头开始学习深度学习。

❑ 渴望了解并真正理解深度学习的基本概念。

❑ 想知道如何预处理数据，以便在深度学习算法中使用。

❑ 对一些先进的深度学习算法感到好奇。

本书的主要内容

第 1 章　给出了机器学习的概述，不仅介绍了机器学习背后的动机以及该领域常用的术语，还介绍了深度学习的基本概念以及它是如何适应人工智能发展的。

第 2 章　讲解如何配置 TensorFlow 和 Keras 深度学习开发平台，并介绍它们在深度学习中的用途和目的。本章还简要介绍了其他深度学习程序框架和程序库，让你能够以一种低成本的方式熟悉它们。

第 3 章　介绍数据处理背后的主要概念，数据经过处理后才能够用在深度学习中。本章将涵盖格式化分类以及实值输出和输入的基本概念，还将探索关于数据增强和降低数据维度的技术。

第 4 章　介绍深度学习理论中的基本概念，包括回归和分类的性能度量以及过拟合的识别，还提供了一些关于超参数调优的警告。

第 5 章　介绍神经元的概念，并将其连接到感知机模型，该模型以简单的方式从数据中学习。感知机模型是理解从数据中学习的基本神经模型的关键，也可以用来处理线性不可分数据。

第 6 章　通过使用多层感知机算法，让你直面深度学习的第一个挑战，例如基于误差最小化的梯度下降技术，以及实现模型泛化的超参数调优。

第 7 章　通过解释编码层和解码层的必要性来描述自编码器模型，探索与自编码器模型相关的损失函数，并将其应用于降维问题和数据可视化。

第 8 章　介绍了深度信念网络的概念和这种深度无监督学习的含义，通过引入深层自编码器并将它们与浅层自编码器进行对比来解释这些概念。

第 9 章　介绍生成模型在无监督深度学习领域背后的哲学，以及它们在生成抗噪声鲁棒模型中的重要性。在处理扰动数据时，变分自编码器是深度自编码器的更好的替代方案。

第 10 章　通过介绍 RBM 来补充书中对深度信念模型知识的覆盖。本章介绍了 RBM 的前后双向传播性质，并与 AE 单向的前向传播性质进行比较。本章分别使用 RBM 和 AE 模型实现对降维数据的可视化表示，并进行了比较。

第 11 章　解释深度神经网络和广度神经网络在性能和复杂性上的差异，并在神经元之间的连接方面引入了密集网络和稀疏网络的概念。

第 12 章　介绍卷积神经网络，从卷积运算开始，然后讲解集成卷积运算层，从而学习可以对数据进行操作的滤波器。本章最后展示了如何可视化所学习的滤波器。

第 13 章　提出了最基本的循环网络的概念，揭示了它们的缺点，以说明长短时记忆[⊖]模型的存在价值及其成功之处。本章还探讨了序列模型在图像处理和自然语言处理方面的应用。

第 14 章　介绍了基于 GAN 模型的半监督学习方法，它属于对抗学习家族。本章解释了生成器和判别器的概念，并讨论了为什么对训练数据概率分布有良好的近似可以导致模型（例如，从随机噪声中产生数据）的成功。

第 15 章　简要地展示了深度学习领域崭新的、令人兴奋的主题和机会。如果你想继续学习，可以在这里找到 Packt 的其他资源，你可以使用这些资源在此领域继续前进。

如何充分利用本书

你需要确保自己的 Web 浏览器能够连接到谷歌 Colabs，网址是 http://colab.research.google.com/。

虽然本书假设读者没有事先接触过深度学习或机器学习，但是你必须熟悉一些线性代数知识和 Python 编程，以便充分利用本书。

为了确保与机器学习和深度学习 Python 库的未来版本兼容，我们在本书的代码包和 GitHub 库中包含了一个使用 !pip freeze 指令生成的当前版本列表。然而，这些只是为了参考和未来的兼容性，记住谷歌 Colabs 已经具备了所有必要的设置。

你还可以在 https://github.com/PacktPublishing/ 上从丰富的书籍和视频目录中获得其他代码包。去看看吧！同样，库的列表仅供参考，但谷歌 Colabs 上有最新的设置。

一旦你使用本书完成了学习之旅，先庆祝一下，然后再密切关注本书的最后一章，它会

⊖　也译为长短期记忆。——编辑注

为你指明新的方向。记住，永远坚持学习，这是成功的关键之一。

下载示例代码及彩色图像

本书的示例代码文件及彩色插图，可以从 www.packtpub.com/ 通过个人账号下载，也可以访问华章图书官网 http://www.hzbook.com，通过注册并登录个人账号下载。

在代码文件下载完毕之后，请确保使用下列版本的解压缩软件解压或提取文件：

❑ Windows 系统：WinRAR/7-Zip
❑ Mac 系统：Zipeg/iZip/UnRarX
❑ Linux 系统：7-Zip/PeaZip

本书的代码包也可以在 GitHub 上获取，网址是 https://github.com/PacktPublishing/Deep-Learning-for-Beginners。如果代码有更新，GitHub 存储库中的代码也会更新。

本书的排版约定

代码体：表示文本中的代码、数据库表名、文件夹名、文件名、文件扩展名、路径名、虚拟 URL、用户输入和 Twitter 账户名。下面有一个例子："潜在编码器模型 latent_ncdr 和 autoencoder 模型中的 predict() 方法在指定的层上产生输出。"

代码的示例如下：

```
x = np.array([[1., 1., 0., 1., 1., 0., 0., 0.]]) #216

encdd = latent_ncdr.predict(x)
x_hat = autoencoder.predict(x)

print(encdd)
print(x_hat)
print(np.mean(np.square(x-x_hat)))
```

当我们需要让你注意代码块的特定部分时，相关内容会加粗：

```
import matplotlib.pyplot as plt

plt.plot(hist.history['loss'])
plt.title('Model reconstruction loss')
plt.ylabel('MSE')
plt.xlabel('Epoch')
plt.show()
```

命令行输入与输出的格式如下所示：

```
$ pip install tensorflow-gpu
```

黑体：表示新的术语、重要的词，或者屏幕上看到的词（例如菜单或对话框中的单词）。这里有一个例子："最重要的是一个叫作**双曲正切**的新激活函数。"

表示警告或重要提示。

表示提示和技巧。

作者简介 *About the Author*

　　Pablo Rivas 博士是得克萨斯州贝勒大学计算机科学系的助理教授。在成为学者之前，他在工业界做了 10 年的软件工程师。Rivas 博士是 IEEE、ACM 和 SIAM 的高级成员，曾在美国国家航空航天局（NASA）戈达德太空飞行中心从事研究工作。他是女性科技从业者的盟友、深度学习传播者、机器学习伦理学家以及机器学习和人工智能大众化的支持者，还教授机器学习和深度学习。他的所有论文都与机器学习、计算机视觉和机器学习伦理学有关。Rivas 博士喜欢 Vim 胜于 Emacs，喜欢空格胜于制表符。

About the Reviewers 审校者简介

Francesco Azzola 是一名电子工程师，在计算机编程和 JEE 架构方面拥有超过 15 年的工作经验。他爱好物联网和机器学习，喜欢使用 Arduino、Raspberry Pi、Android、ESP 等平台创建物联网项目。他是 *Android Things Projects* 一书的作者，还审校过几本 Packt 出版的与物联网和机器学习有关的书。Azzola 对物联网与移动应用的融合以及物联网与机器学习的融合感兴趣，并获得了 SCEA、SCWCD 和 SCJP 认证，并在移动开发领域工作过几年。他还有一个名为"与Android 一起生存"的博客，在那里编写了一些关于物联网和机器学习项目的代码。

Jamshaid Sohail 对数据科学、机器学习、计算机视觉和自然语言处理充满了热情，并拥有 2 年以上的行业经验。他曾在硅谷一家名为 FunnelBeam 的初创企业担任数据科学家，还曾与斯坦福大学的 FunnelBeam 创始人合作。目前，Sohail 在 Systems Limited 担任数据科学家，已经在不同的平台上完成了超过 66 门在线课程。他撰写了由 Packt 出版的 *Data Wrangling with Python 3.X* 一书，并审校了多本书籍和多门课程。目前，Sohail 还在 Educative 平台上开发一门关于数据科学的综合课程，并为多家出版社写书。

目 录 *Contents*

第一部分 *Part 1*

深度学习快速入门

本书的第一部分将帮助你快速理解如何从数据中学习、深度学习的基本架构，以及如何准备可用于深度学习的数据。

第一部分由下列几章组成：

- ❑ 第1章，机器学习概述
- ❑ 第2章，深度学习框架的搭建与概述
- ❑ 第3章，数据准备
- ❑ 第4章，从数据中学习
- ❑ 第5章，训练单个神经元
- ❑ 第6章，训练多层神经元

Chapter 1 第 1 章

机器学习概述

近年来，你可能经常听到术语机器学习（ML）或人工智能（AI），尤其是深度学习（DL）。这或许是你决定阅读本书并试图了解更多相关知识的原因。由于神经网络领域出现了一些令人振奋的新进展，DL 已经成为 ML 的一个热门领域。今天，很难想象一个没有快速文本翻译或快速歌曲识别的世界。这些技术突破以及其他许多事情都只是 DL 改变世界的潜力的冰山一角。我们希望当你学完本书的时候，也能够加入基于 DL 的、令人惊奇的新应用程序和项目之中。

本章简要介绍 ML 的相关领域以及如何使用 ML 来解决常见的问题。在本章中，你将了解 ML 的基本概念、研究问题以及 ML 的意义。

本章主要内容如下：

❑ 接触 ML 生态系统
❑ 从数据中训练 ML 算法
❑ 深度学习概述
❑ 深度学习在现代社会中的重要性

1.1 接触 ML 生态系统

从图 1.1 所示的典型 ML 应用程序流程图可以看出，ML 具有广泛的应用。然而，ML 算法只是更大生态系统的一小部分。尽管这个更大的生态系统有很多部分在运作，但是 ML 正在改变世界各个角落的生活。

部署 ML 应用程序通常从数据收集过程开始，该过程使用不同类型的传感器，如照相机、激光器、分光镜或其他类型的直接访问数据的手段，包括本地和远程数据库，数据库的规模或大或小。在最简单的情况下，可以通过计算机键盘或智能手机屏幕点击收集输入。在这个阶段，收集或感知到的数据称为原始数据。

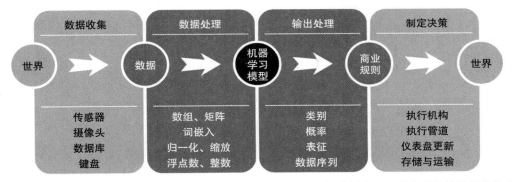

图1.1　ML生态系统——ML通过数据操作和解释的几个阶段与世界交互，以实现整体的系统集成

原始数据通常需要在呈现给 ML 模型之前进行预处理。它很少是 ML 算法的实际输入，除非该 ML 模型是为了找到原始数据的丰富表示，然后用作另一个 ML 算法的输入。换句话说，有一些专门用作预处理代理的 ML 算法，它们与用于对预处理后数据进行分类或回归的主要 ML 模型完全无关。一般来说，数据预处理阶段的目标是将原始数据转换为具有特定数据类型的数组或矩阵。一些流行的预处理策略包括：

- 词－向量转换，例如 GloVe 或 Word2Vec
- 序列－向量或序列－矩阵策略
- 值域的归一化，例如（0,255）到（0.1,1.0）
- 统计值归一化，例如零均值法和单位方差法

在进行了这些预处理措施之后，大多数 ML 算法就可以使用这些数据了。然而，我们必须注意，预处理阶段并不是微不足道的，它需要操作系统方面，有时甚至是电子方面的高级知识和技能。一般来说，真正的 ML 应用程序有很长的管道，涉及计算机科学和工程学的不同方面。

ℹ️ 预处理完毕的数据就是你通常会在书中看到的数据，本书也是如此。原因在于，我们需要关注的是深度学习而不是数据处理。如果你希望在这个领域有更深入的了解，可以阅读 Ojeda, T. et.al.（2014）或 Kane, F.（2017）的数据科学文献。

在数学上，将处理完毕的数据用包含 N 行（或数据点）的矩阵 X 表示。如果想要引用数据集的第 i 个元素（或行），可以将其写作 X_i。数据集将有 d 列，它们通常称为特征。一种研究特征的方法是将特征看作维度。例如，如果数据集有两个特征，身高和体重，那么可以使用二维图来表示整个数据集。第一个维度 x_1（身高）可以是横轴，第二个维度 x_2（体重）可以是纵轴，如图1.2所示。

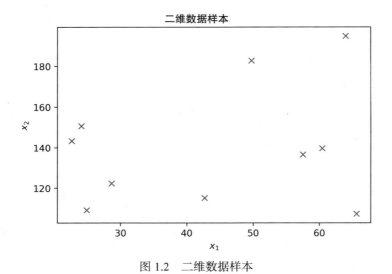

图 1.2 二维数据样本

在生产过程中，当数据呈现给 ML 算法时，将执行一系列张量乘积和加法运算。这种向量运算通常使用非线性函数进行变换或归一化。然后是更多的乘积和加法运算、更多的非线性变换、中间值的临时存储，并最终产生与输入相对应的期望输出。现在，你可以把这个过程看作关于 ML 的黑盒，它的内部结构会在你继续阅读的过程中逐渐显现出来。

ML 产生的对应于输入的输出通常需要进行某种类型的解释。例如，如果输出是对象被分类为属于一个组或另一个组的概率向量，那么可能需要对其进行解释。你可能需要知道概率有多低才能解释为不确定性，或者说可能需要知道概率有多不同才能解释为更多的不确定性。通过使用业务规则，输出处理充当 ML 和决策世界之间的连接因素。例如，这些业务规则可以是如果 – 那么规则："如果最大值的预测概率是第二个最大值的两倍，那么发出预测；否则，不要继续做决定。"或者，它们可以是基于公式的规则或更为复杂的方程组。

最后，在决策阶段，ML 算法已经准备好了与世界互动：通过使用执行器打开灯泡；或者在预测不确定时购买股票；或者提醒经理，该公司将在三天内耗尽存货，需要购买更多的物品；或者向智能手机扬声器发送音频消息"这是去电影院的路线"，并通过**应用程序编程接口（API，Application Programming Interface）**调用或**操作系统（OS）**命令打开地图应用程序。

本节是对生产过程中 ML 系统的一种宽泛概述。然而，这假设 ML 算法已经经过了适当训练和测试。相信我，那是容易的部分。在本书的最后，你将熟练地训练高度复杂的深度学习算法。但是，现在我们先学习通用的训练过程。

1.2 从数据中训练 ML 算法

一个典型的预处理数据集的正式定义如下所示：

$$\mathcal{D} = \{\boldsymbol{x}_i, y_i\}_{i=0}^{N}$$

其中 y 是与输入向量 $\boldsymbol{x}$ 对应的期望输出值。因此，ML 的动机是使用数据来发现使用高度复杂的张量（向量）乘法和加法来求出 $\boldsymbol{x}$ 的线性和非线性变换，或者简单地找到某种方法来衡量数据点之间的相似性或距离，最终目的是基于 $\boldsymbol{x}$ 的取值预测 y 的取值。

有一种常见的基于 $\boldsymbol{x}$ 预测 y 的思考方式，即给出某个关于 $\boldsymbol{x}$ 的未知函数的近似表示，如下所示：

$$f(x) = \boldsymbol{w}^{\mathrm{T}} \boldsymbol{x} + b = y$$

其中 $\boldsymbol{w}$ 是某个未知的向量，用于实现对 $\boldsymbol{x}$ 和 b 的变换。这个公式非常基本，它是线性的，只是简单地说明了一个简单的机器学习模型应该是什么样子的。在这个简单的例子中，ML 训练算法的目的是寻找最佳的 $\boldsymbol{w}$ 和 b，使其最接近（如果没有达到完美的话）y 的期望输出。例如，感知机（Rosenblatt, F. 1958）算法尝试 $\boldsymbol{w}$ 和 b 的不同取值，利用过去关于 $\boldsymbol{w}$ 和 b 的选择错误，根据所犯错误的比例进行下一次选择。

直观地说，将多个类似感知机的模型结合起来观察相同的输入，得到的预测结果应该比使用单个模型更好。后来，人们意识到，将它们堆叠起来可能是通往多层感知机的下一个逻辑步骤。但是问题在于，对于 20 世纪 70 年代的人而言，学习过程相当复杂。这种多层系统类似于大脑神经元，因此将其称为神经网络。随着 ML 中一些有趣发现的出现，一些新的特定类型的神经网络和算法被开发出来，通常称之为深度学习。

1.3 深度学习概述

关于学习算法更为详细的讨论将在第 4 章进行，在本节中，我们将讨论神经网络的基本概念以及通往深度学习的途径。

1.3.1 神经元模型

人类大脑神经网络中的每个神经元都具有来自其他神经元（突触）的输入连接。这些神经元以电荷的形式接受刺激，并且每个神经元都有一个核用于决定输入如何刺激神经元，从而判断是否触发神经元的激活。在神经元的末端，输出信号通过树突传播到其他神经元，从而形成神经元网络。

深度学习与人类神经元的相似之处如图 1.3 所示，其中输入由向量 $\boldsymbol{x}$ 表示，神经元的激活用函数 $z(\cdot)$ 表示，输出为 y。神经元的参数为 $\boldsymbol{w}$ 和 b。

神经元的可训练参数为 $\boldsymbol{w}$ 和 b，它们是未

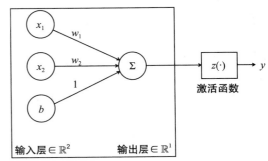

图 1.3 神经元的基本结构

知的。因此，可以使用一些学习策略通过训练数据 $\mathcal{D}$ 来确定这些参数。从图 1.3 可以看出，x_1 乘 w_1，x_2 乘 w_2，b 乘 1，将这些乘积全部加起来，可以简化为：

$$x_1w_1 + x_2w_2 + b = \boldsymbol{w}^{\mathrm{T}}\boldsymbol{x} + b$$

激活函数用于确保输出在期望的输出范围之内。假设我们想要一个简单的线性激活方式，那么可以让函数 $z(\cdot)$ 不存在或者绕过函数 $z(\cdot)$，如下所示：

$$z(\boldsymbol{w}^{\mathrm{T}}\boldsymbol{x} + b) = \boldsymbol{w}^{\mathrm{T}}\boldsymbol{x} + b$$

当我们想要解决一个回归问题，并且输出数据的范围从 $-\infty$ 到 $+\infty$ 时，通常会出现这种情况。然而，可能需要训练神经元来确定向量 $\boldsymbol{x}$ 是否属于两个类（比如 -1 和 $+1$）中的一个，此时将更适合使用称为符号函数的激活函数：

$$z(\boldsymbol{w}^{\mathrm{T}}\boldsymbol{x} + b) = \mathrm{sign}(\boldsymbol{w}^{\mathrm{T}}\boldsymbol{x} + b)$$

其中 $\mathrm{sign}(\cdot)$ 函数的定义如下：

$$\mathrm{sign}(\boldsymbol{w}^{\mathrm{T}}\boldsymbol{x} + b) = \begin{cases} +1 & \boldsymbol{w}^{\mathrm{T}}\boldsymbol{x} + b \geq 0 \\ -1 & \text{其他} \end{cases}$$

还有许多其他类型的激活函数，我们将在后面陆续介绍它们。下面简要展示一个最简单的学习算法——感知机学习算法（PLA）。

1.3.2 感知机学习算法

PLA 在一开始假设需要将数据 $\boldsymbol{X}$ 分成两个不同的组，即正组（+）和负组（-）。该算法将通过优化计算的训练方式找到一些关于参数 $\boldsymbol{w}$ 和 b 的取值来预测相应的正确标签 y。PLA 使用 $\mathrm{sign}(\cdot)$ 函数作为激活函数。感知机学习算法采取的步骤如下所示：

1）将 $\boldsymbol{w}$ 初始化为零向量，迭代次数记为 $t = 0$

2）当出现任何分类不正确的实例时：

❑ 选择一个分类不正确的实例，将其记为 $\boldsymbol{x}^*$，它的真实标签记为 y^*。

❑ 将 $\boldsymbol{w}$ 更新为：$\boldsymbol{w}_{t+1} = \boldsymbol{w}_t + y^*\boldsymbol{x}^*$。

❑ 增加迭代计数（$t{+}{+}$），并重复上述过程。

注意，要想让感知机学习算法按照我们的要求工作，必须做出一些调整。我们想要的效果是将 $\boldsymbol{w}^{\mathrm{T}}\boldsymbol{x}_i + b$ 表示为 $\boldsymbol{w}^{\mathrm{T}}\boldsymbol{x}_i$ 的形式。唯一可行的方法是设置 $\boldsymbol{w} = [b, w_1, w_2, \cdots, w_d]^{\mathrm{T}}$ 和 $\boldsymbol{x} = [1, x_1, x_2, \cdots, x_d]^{\mathrm{T}}$。此时，使用上述规则寻找 $\boldsymbol{w}$ 的过程其实也就蕴含寻找 b 的过程。

为了进一步阐释 PLA，现考察线性可分数据集的情形，如图 1.4 所示。

ⓘ 线性可分数据集是指数据集中数据点之间的距离足够大，以至于至少存在一条可以用来将数据分成两组的假想直线。拥有线性可分数据集是所有 ML 科学家的梦想，但很少能够找到这样的自然数据集。在以后的章节中，我们将会看到神经网

络将数据转换到新的特征空间，其中可能存在这样的假想直线。

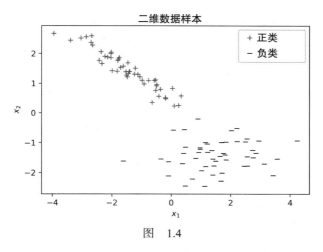

图　1.4

这个二维数据集是使用 Python 工具随机生成的，我们将会在稍后讨论 Python 工具及其使用方法。就目前的情况而言，不言而喻的是你可以在这两类数据之间划清界限，将它们分开。

按照前面介绍的步骤，PLA 可以找到一个解决方案，即在这个特定情况下，只需要进行三次更新就可以画出完全满足训练数据目标输出的分割线。图 1.5～图 1.7 分别表示每次更新后的情况，对于每次更新，相应的假想直线都会有所变化。

在第 0 次迭代时，所有 100 个点都被错分了，但在随机选择一个错分点进行第一次更新后，新的假想直线只弄错了 4 个点，如图 1.5 所示。

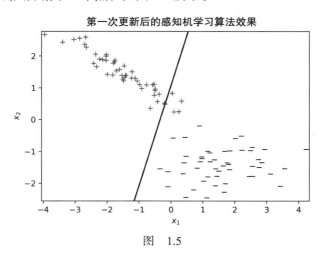

图　1.5

在第二次更新之后，假想直线只弄错了一个点，如图 1.6 所示。

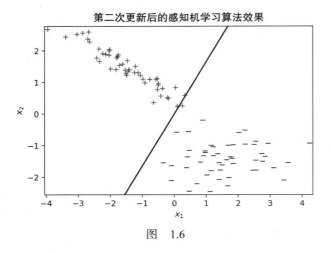

图 1.6

最后，在第三次更新之后，所有的数据点都被正确地分类了，如图 1.7 所示。这只是为了说明，一个简单的学习算法可以成功地从数据中学习。此外，感知机模型可以产生更复杂的模型，如神经网络模型。下面介绍浅层网络的概念及其复杂性。

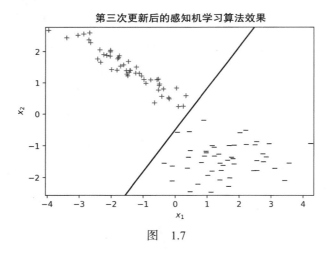

图 1.7

1.3.3 浅层网络

神经网络由多个网络组成，这些网络通过不同的层进行连接。相比之下，感知机只有一个神经元，由一个输入层和一个输出层组成。在神经网络中，在输入层和输出层之间存在额外的层，称为隐藏层，如图 1.8 所示。

图 1.8 中的示例表示一个神经网络，它有一个包含 8 个神经元的隐藏层。输入层有 10 维，而输出层有 4 维（4 个神经元）。只要你的系统在训练过程中能够处理，这个中间的隐藏层可以包含尽可能多的神经元，但通常最好将神经元数量控制在合理的范围之内。

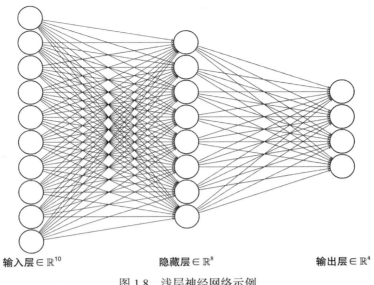

输入层∈ℝ^{10}　　　　　隐藏层∈ℝ^8　　　　　输出层∈ℝ^4

图 1.8　浅层神经网络示例

> 如果这是你第一次使用神经网络，建议你的隐藏层大小（即神经元的数量）大于或
> 等于输入层大小，并且小于或等于输出层大小。然而，尽管这是给初学者的良好
> 建议，但这并不是一个绝对的科学事实，因为目前在神经网络中寻找神经元的最
> 佳数量还是一门艺术，而不是一门科学，通常需要通过大量的实验来确定。

神经网络通常可以解决没有网络的算法解决不了的、更加困难的问题。例如，有一个单个的神经单元，如感知机。它必须依靠直觉，而且必须容易设定。神经网络可以解决线性可分及其之外的问题。对于线性可分问题，可以使用感知机模型和神经网络。然而，对于更加复杂和非线性可分的问题，虽然感知机不能提供高质量的解决方案，但是神经网络可以。

例如，如果我们考虑具有两个类别的样本数据集，把这些数据放在一起，感知机将无法找到一个分类的解决方案，还需要使用一些其他的策略来阻止进入死循环。或者，我们可以切换到神经网络，训练神经网络找到可能找到的最好的解决方案。图 1.9 展示了在一个线性不可分的两类数据集上训练含 100 个神经元的隐藏层的神经网络的例子。

这个神经网络的隐藏层有 100 个神经元。这是通过实验做出的选择，你将在后面的章节中学习构建这些网络模型实例的策略。然而，在我们进一步讨论之前，需要进一步解释两个新术语，即线性不可分数据和非线性模型，它们的定义分别如下：

❑ **线性不可分数据**是指不能使用直线实现类别划分的一组数据。

❑ **非线性模型**或非线性解是指分类问题的最佳解不是直线的自然而常见的模型。例如，它可以是某条曲线，由某个次数大于1的多项式描述，如图1.9所示的神经网络模型。

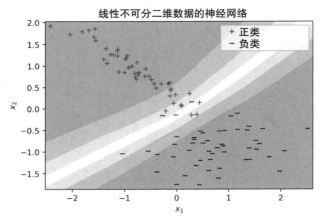

图 1.9 线性不可分数据以及使用隐藏层具有 100 个神经元的神经网络处理结果

非线性模型是整本书中都会用到的概念，因为非线性模型是现实世界中最可能遇到的模型。在某种程度上，模型之所以是非线性的，正是因为问题是线性不可分的。为了找到非线性可分问题的解，神经网络模型进行了以下数学运算。

1. 输入 – 隐藏层

在神经网络中，输入向量 x 通过每个神经元的权重向量 w 连接到一定数量的神经元，可以将多个权重向量组成一个权重矩阵 W。矩阵 W 的列数与层所含有的神经元数量相同，行数与 x 含有的特征（或维度）数量相同。因此，隐藏层的输出可以由如下向量进行表示：

$$h = z(w^T x + b)$$

其中 b 是偏置向量，其元素对应一个神经单元，h 的大小与隐藏单元的数量成正比。例如图 1.8 中有 8 个神经元，图 1.9 中有 100 个神经元。然而，激活函数 $z(\cdot)$ 不一定是 sign($\cdot$) 函数，事实上，它通常不是 sign($\cdot$) 函数。相反，大多数人使用的激活函数都是可微且易于微分的函数。

> ℹ️ 可微的激活函数是具有可以用传统数值方法进行计算或者定义明确的导数的函数。
>
> 与之相反的是没有明确定义的导数的函数，即函数的导数不存在或者难以计算。

2. 隐藏 – 隐藏层

神经网络可以有不止一个隐藏层，本书会讨论很多这样的例子。在这种情况下，矩阵 W 可以表示为一个三维矩阵，该矩阵具有与网络相同的三维元素和隐藏层数。对于第 i 层，为方便起见，将该矩阵称为 W_i。

因此，第 i 隐藏层的输出如下所示：

$$h_i = z(W_i^T h_{i-1} + b_i)$$

对于 $i = 2,3,\cdots,k-1$，其中 k 是总层数，h_1 由第一层（参见上一小节）给出的方程计算，直接使用 x，不需要去到最后一层计算 h_k，计算过程如下一小节所述。

3. 隐藏–输出层

整个神经网络的输出是最后一层的输出：

$$h_k = z(W_k^{\top} h_{k-1} + b_k)$$

在这里，最后一个激活函数通常不同于隐藏层的激活函数。最后一层（输出）中的激活函数通常取决于要解决问题的类型。例如，如果想解决回归问题，将会使用线性函数；要解决分类问题，则使用 S 型激活函数，我们稍后再讨论这些内容。显然，感知机算法将不再适用于神经网络的训练。

虽然学习算法仍然必须根据神经网络所犯的错误调整模型参数，但参数的调整幅度不能与错误分类数或预测误差直接成正比。原因在于只是最后一层的神经元负责做出预测，但它们依赖于之前一层的计算结果，而之前一层的计算结果又可能依赖于更之前一层的计算结果。当对 W 和 b 的取值做出调整时，关于每个神经元的参数调整必须有所不同。

有一种方法是在神经网络上使用梯度下降技术。梯度下降技术有很多种，我们将在后面的章节中讨论其中最流行的技术。梯度下降算法的一般原理是，如果对一个函数求导，其值为零，那么你就已经找到了对其求导的一组参数的最大值（或最小值）。对于标量，我们将它们称为导数，但对于向量或矩阵 (W, b)，称之为梯度。

我们可以将上述函数称为损失函数。

> ℹ 损失函数通常是可微的，因此可以用梯度下降算法计算其梯度。

可以将损失函数定义为：

$$L = \frac{1}{N} \sum_{i=1}^{N} (y_i - h_{i,k})^2$$

这种损失称为**均方误差（MSE）**，可以用该损失函数来衡量目标输出 y 与输出层 h_k 中预测输出元素的平方有多大的差异，并取其平均值。因为这个损失是可微的，而且很容易计算，所以它是一个很好的损失函数。

这种神经网络引入了大量的可能性，但是它主要依赖于一种基于反向传播的梯度下降技术来进行网络训练（Hecht-Nielsen, R.，1992）。我们先不在这里解释反向传播的原理（将在后面的章节介绍），而是着重称赞它改变了 ML 的世界。梯度下降法已经有些年没有取得多大的进展了，这是因为它在实用方面受到了一些制约，消除这些制约的解决方案为深度学习的产生和发展铺平了道路。

1.3.4 深度网络

2019 年 3 月 27 日，美国计算机学会（ACM）发表声明称，三位计算机科学家因其在深度学习方面的成就被授予图灵奖（ACM Turing Award）。他们是 Yoshua Bengio、Yann LeCun 和 Geoffrey Hinton，都是很有成就的科学家。他们的一个主要贡献就是提出了反向传播学习算法。

美国计算机学会的官方声明这么评价 Hinton 博士和他的一篇奠基性论文（Rumelhart, D.E.，1985）：

在 1986 年与 David Rumelhart 和 Ronald Williams 合著的一篇论文"Learning Internal Representations by Error Propagation"中，Hinton 证明了反向传播算法能够让神经网络获得自己内部的数据表示，可以使用神经网络来解决问题，而以前人们认为这是无能为力的。反向传播算法是当今大多数神经网络的标准算法。

类似地，美国计算机学会的官方声明这么评价 LeCun 博士的论文（LeCun, Y., et.al.,1998）：

LeCun 提出了一个早期版本的反向传播算法（backprop），并根据变分原理给出了一个清晰的推导。他的工作加速了反向传播算法，提出了两种简单的方法来缩短学习时间。

Hinton 博士证明了存在一种方法可以使神经网络中的损失函数最小化，这种方法使用的是受生物学启发的算法，比如通过修改连接对特定神经元的重要性来反向或正向调整连接。通常，反向传播与前馈神经网络有关，而后向－前向传播与受限玻尔兹曼机有关（将在第 10 章中介绍）。

前馈神经网络是一种输入通过没有反向连接的中间层直接流向输出层的神经网络，如图 1.8 所示，我们将在本书中一直讨论前馈神经网络。

我们通常可以假设，除非是其他情况，否则所有的神经网络都有一个前馈结构。本书的大部分内容都将讨论深度神经网络，其中绝大多数都是类前馈的，除了诸如受限玻尔兹曼机或循环神经网络之类的神经网络。

反向传播使人们能够以一种前所未见的方式训练神经网络，然而，在大型数据集和更大（更深）的架构上训练神经网络则会存在问题。如果你去看 20 世纪 80 年代末 90 年代初的神经网络论文，会发现网络架构的尺寸都很小：网络通常不超过两到三层，神经元的数量通常不超过数百的数量级。这些网络（今天）被称为浅层神经网络。

主要的问题是训练算法运行更大数据集所需要的收敛时间，以及用于训练更深层次网络模型所需要的收敛时间。LeCun 博士的贡献正是在这个领域，因为他设想了以不同的方式来加快训练过程。其他的进步，如**图形处理单元（GPU）**上的向量（张量）计算也极大地提高了训练速度。

因此，在过去的几年里，我们看到了深度学习的兴起，也就是训练深度神经网络的能力，从三层到四层，再从几十层到几百层。此外，我们可以使用各种各样的程序架构完成过去十年无法完成的事情。

　　图 1.10 所示的深度网络在 30 年前是不可能训练的，现在看，它也不算很深。

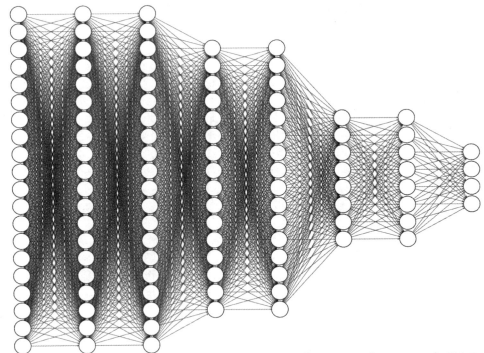

输入层 $\in \mathbb{R}^{20}$　隐藏层 $\in \mathbb{R}^{20}$　隐藏层 $\in \mathbb{R}^{20}$　隐藏层 $\in \mathbb{R}^{16}$　隐藏层 $\in \mathbb{R}^{16}$　隐藏层 $\in \mathbb{R}^{8}$　隐藏层 $\in \mathbb{R}^{8}$　输出层 $\in \mathbb{R}^{4}$

图 1.10　一个八层的深度及全连接的前馈神经网络

> 在本书中，我们将研究深度神经网络，即总体上超过三层或四层的网络。然而，
> 对于到底有多深才算是深度，并没有一个标准的定义。同时，你需要考虑到，到
> 了二三十年之后，我们今天认为是深度的算法可能不会被认为是深度的。

　　不管 DL 的未来如何，现在让我们讨论一下到底是什么原因使得 DL 在现代社会中变得如此重要。

1.4　深度学习在现代社会中的重要性

　　今天，我们享受着二三十年前没有的算法和策略带来的好处，它们带来了能够改变生活的神奇应用。让我来总结一下时至今日，关于深度学习的一些重大成果：

　　❑ **小批量训练策略**：这种策略让我们今天能够拥有非常庞大的数据集，可以一点一点地训练深度学习模型。在过去必须将整个数据集加载到内存中，因此大型数据集在计算上是不可行的。到了今天，虽然可能需要更长的时间，但至少可以在有限的时间内完成训练。

- **新型激活函数**：修正线性单元（ReLU）是一种相对较新的激活方式，它解决了用反向传播策略进行大规模训练所产生的很多问题。这些新的激活函数使得训练算法能够在深度架构上收敛。而在过去，我们会被困在非收敛的训练之中，最终导致梯度爆炸或梯度消失。

- **新型神经网络架构**：例如，卷积网络或循环网络已经通过拓展神经网络功能范围的方式来改变世界。卷积网络广泛应用于计算机视觉或其他自然需要进行卷积运算的领域，如多维信号或音频分析。具有记忆功能的循环神经网络被广泛用于分析文本序列，从而使我们拥有能够理解单词、句子和段落的网络，我们可以使用它们在不同语言之间进行翻译，以及做更多的事情。

- **有趣的损失函数**：这些损失函数在深度学习中扮演着有趣的角色，因为在过去，我们只是反复使用相同的标准损失，如均方误差（MSE）。今天，我们可以最小化MSE，同时，最小化权重的范数或某些神经元的输出，这将导致更稀疏的权重和解决方案，反过来又增加所生成的模型在投入生产时的效率。

- **类比生物学的新型策略**：让神经元之间的连接缺失或断开，而不是让它们一直全连接，这样的设计更加现实，或者可以与生物神经网络设计相媲美。此外，移除或删除神经元是一种新策略，可以在其他神经元被删除时推动一些神经元脱颖而出，学习更丰富的表示，同时减少训练期间和部署时的计算量。今天，在不同的和专门的神经网络之间共享参数也被证明是有趣和有效的。

- **对抗训练**：让神经网络与另一个网络进行相互对抗，它的唯一目的是产生欺诈、嘈杂、混乱的数据点来试图让另一个网络失败。这种训练方法被证明是一种优秀的网络训练策略，可以更好地从数据中学习，并在部署到生产环境时对噪声环境具有很好的鲁棒性。

还有许多其他有趣的事实和观点，使深度学习成为一个令人兴奋的领域，并证明了本书的价值。希望你们在开始阅读这本书的时候就知道我们将要编写这个时代最令人兴奋和不可思议的神经网络。我们的最终目的是制造出具有良好泛化性能的深度神经网络。

ⓘ 泛化是一种神经网络对从未见过的数据进行正确预测的能力。这是所有机器学习和深度学习实践者的终极目标，需要大量的技能和数据知识。

1.5 小结

本章给出了关于 ML 的概述，介绍了 ML 背后的动机和该领域常用的术语。本章还介绍了深度学习及其在人工智能领域的应用。在这一点上，你应该感到自信，因为已经对神经网络有了足够的了解，所以很想知道它能有多大。你也应该对深度学习领域和每周出现的所有新事物感到好奇。

此时，你一定急于开始深度学习编码之旅，因此，下一个合乎逻辑的步骤是进入第 2 章。在这一章中，你将通过建立系统，并确保有机会获得成为一个成功的深度学习实践者所需的资源，来为后续行动做好准备。但是在此之前，请试着用以下问题来测试一下自己对本章内容的掌握情况。

1.6　习题与答案

1. 感知机和 / 或神经网络能解决线性可分数据的分类问题吗？

    答：可以，二者均可。

2. 感知机和 / 或神经网络能解决对线性不可分数据进行分类的问题吗？

    答：可以，二者均可。然而，感知机将一直运行下去，除非我们指定一个停止条件（比如最大迭代次数（更新）），或者在多次迭代后错误分类点的数量没有减少时停止。

3. ML 领域的哪些变化使我们今天能够进行深度学习？

    答：1）反向传播算法、批处理训练、ReLU 等；

    　　2）计算能力、GPU、云等。

4. 为什么泛化性能是一件好事？

    答：因为深度神经网络最有用的是当它们得到以前没有见过的数据（也就是尚未用于训练模型的数据）时，能按预期发挥作用。

1.7　参考文献

- Hecht-Nielsen, R. (1992). *Theory of the backpropagation neural network*. In *Neural networks for perception* (pp. 65-93). *Academic Press*.
- Kane, F. (2017). *Hands-On Data Science and Python ML. Packt Publishing Ltd.*
- LeCun, Y., Bottou, L., Orr, G., and Muller, K. (1998). *Efficient backprop in neural networks: Tricks of the trade* (Orr, G. and Müller, K., eds.). *Lecture Notes in Computer Science*, 1524(98), 111.
- Ojeda, T., Murphy, S. P., Bengfort, B., and Dasgupta, A. (2014). *Practical Data Science Cookbook. Packt Publishing Ltd.*
- Rosenblatt, F. (1958). *The perceptron: a probabilistic model for information storage and organization in the brain. Psychological Review*, 65(6), 386.
- Rumelhart, D. E., Hinton, G. E., and Williams, R. J. (1985). *Learning internal representations by error propagation* (No. ICS-8506). *California Univ San Diego La Jolla Inst for Cognitive Science*.

Chapter 2 第 2 章

深度学习框架的搭建与概述

现在，你已经熟悉了**机器学习**（ML）和**深度学习**（DL），太棒了！你应该准备好开始编写和运行自己的程序了。本章将讲解 TensorFlow 和 Keras 程序库的安装，并介绍它们在深度学习中的用途和目的。Dopamine 是一种新的强化学习框架，我们将在后面的章节用到。本章还将简要介绍其他需要了解的重要深度学习程序库。

本章主要内容如下：

❑ Colaboratory 简介
❑ TensorFlow 的简介与安装
❑ Keras 的简介与安装
❑ PyTorch 简介
❑ Dopamine 简介
❑ 其他深度学习程序库

2.1 Colaboratory 简介

Colaboratory 是什么？ Colaboratory 是一个基于网络的研究工具，用于进行机器学习和深度学习。从本质上讲，它就像 Jupyter Notebook。最近，Colaboratory 变得非常流行，原因在于它不需要安装。

🛈 在本书中，我们将使用在 Colaboratory 上运行的 Python 3 编程语言，它已经安装了可能需要的所有程序库。

我们可以免费使用 Colaboratory，它可以兼容大多数主流浏览器。负责开发 Colaboratory 的公司是谷歌™。与 Jupyter Notebook 不同的是，在 Colaboratory 里，你将在云端上运行一切，而不是在自己的电脑上。这里有个问题：因为所有的 Colaboratory 内容都被保存在你的个人谷歌硬盘空间中，所以你需要拥有一个谷歌账户。然而，即使你没有谷歌账户，也仍然可以继续阅读本书内容，学习如何自己安装运行所需的所有 Python 程序库。话虽如此，我还是强烈推荐你创建一个属于自己的谷歌账户，哪怕只是为了使用本书的 Colaboratory 内容学习深度学习知识也好。

当你在 Colaboratory 上运行代码时，它其实是运行在一个专用的虚拟机上。有趣的是：你可以拥有一个配给使用的 GPU！如果你愿意，也可以使用 CPU。当不运行程序时，Colaboratory 将释放资源，但是你可以在任何时候重新连接它们。

如果你准备好了，就继续往下进行并点击下列链接吧：

https://colab.research.google.com/

如果有兴趣了解更多关于 Colaboratory 的信息和进一步介绍，那就搜索 "Welcome to Colaboratory!" 吧。访问上述链接之后，让我们开始使用 TensorFlow。

ℹ️ 从现在起，我们将 Colaboratory 简称为 Colab。大家就是如此称呼它的。

2.2　TensorFlow 的简介与安装

TensorFlow（TF）的名称中有张量（Tensor）这个词，它是向量的同义词。因此，TF 是一个 Python 框架，它擅长的是与神经网络建模相关的向量操作。TensorFlow 是目前最流行的一种机器学习库。

作为数据科学家，我们偏爱 TF，因为它是免费的、开源的、拥有强大的用户基础，并且它使用了基于图执行张量运算的最先进的研究成果。

2.2.1　安装

现在，我们开始说明如何正确地安装 TF：

1）在 Colaboratory 上运行下列指令以开始安装 TF：

```
%tensorflow_version 2.x
!pip install tensorflow
```

这将安装大约 20 个运行 TF 所需的程序库，例如 numpy。

ℹ️ 注意到命令开头的感叹号 (!) 了吗？这就是在 Colaboratory 上运行 shell 命令的方式。例如，假设你想删除一个名为 model.h5 的文件，需要发出命令 !rm model.h5。

2）如果安装执行正常，你将能够运行下列命令，它将打印 Colaboratory 上安装的 TF 版本：

```
import tensorflow as tf
print(tf.__version__)
```

输出结果如下所示：

```
2.1.0
```

3）这个版本的 TF 是在写作本书的时候的最新版本。然而，TF 的版本经常变化，当你阅读本书的时候，很可能会有一个新的 TF 版本。如果是这样，你可以安装特定版本的 TF，如下所示：

```
!pip install tensorflow==2.1.0
```

ℹ️ 假设你熟悉 Python，因此，我们相信你可以负责将适当的程序库与我们在本书中使用的版本进行适配。这并不困难，你可以像前面所示的那样很容易地完成。例如，使用 == 符号来指定版本。我们将在接下来的过程中展示所使用的版本。

2.2.2　拥有 GPU 支持的 TensorFlow

在默认情况下，Colaboratory 会自动为 TensorFlow 启用 GPU 支持。然而，如果你自己的系统有一个 GPU，并想安装支持 GPU 的 TensorFlow，安装是非常简单的。只需要在你的个人系统上输入下列命令：

$ pip install tensorflow-gpu

但是，请注意，这假定你已经为系统安装了所有必要的驱动程序来访问 GPU。然而，不要害怕，可以在互联网上搜索到很多关于这个过程的文档，例如，https://www.tensorflow.org/install/gpu。如果你遇到任何问题，并且需要继续推进，我强烈建议你回到 Colaboratory，因为这是最简单的学习方法。

现在，我们来讨论一下 TensorFlow 的工作原理，以及它的图形范式是如何使它具有非常强的健壮性的。

2.2.3　TensorFlow 背后的原理

本书是给深度学习的初学者看的。因此，我们想让你知道 TF 的工作原理。TF 创建一个图，其中包含从张量输入到最高抽象级别操作的执行过程。

例如，假设有张量 x 和 w，它们是已知的输入向量，有一个已知的常数 b，假设想进行下列运算：

$$w^\mathrm{T}x+b$$

如果我们通过声明和赋值张量来创建这个运算，那么与之相应的计算图将如图 2.1 所示。

在这幅图中，有一个张量乘法运算 mul，它的结果是一个标量，需要与另一个标量 b 相加。注意，这可能是一个中间结果，在真实的计算图中，这个结果在执行树中上升。有关 TF 如何使用图形的更详细信息，请参阅（Abadi, M., et.al., 2016）。

简而言之，TF 可以找到执行张量操作的最佳方式，如果有 GPU 可用，则可以将特定部分委托给 GPU 执行；反之，如果 CPU 可用，则它在 CPU 内核上执行并行操作。它是开源的，且世界各地的用户社区在不断增长，大多数深度学习专业人士都知道 TF。

现在我们来讨论如何安装 Keras 以及它是如何抽象 TensorFlow 函数的。

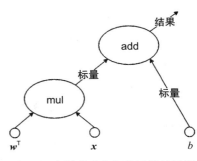

图 2.1　张量乘法和加法运算的示例

2.3　Keras 的简介与安装

如果在互联网上搜索 TensorFlow 的示例代码，你会发现它可能不是非常容易理解或看懂。你可以找到初学者的教程，但实际上，情况很容易变得复杂，编辑别人的代码可能会非常困难。作为一个 API 解决方案，Keras 可以相对轻松地开发深度学习 Tensorflow 模型原型。事实上，Keras 不仅支持在 TensorFlow 之上运行，还支持在 CNTK 和 Theano 之上运行。

我们可以把 Keras 看成是实际 TensorFlow 模型和方法的抽象。这种共生关系已经变得如此流行，以至于 TensorFlow 现在非正式地鼓励那些开始使用 TensorFlow 的人使用 Keras。Keras 对用户非常友好，在 Python 中很容易理解，一般来说也很容易学习。

2.3.1　安装

在 Colab 上运行下列指令以安装 Keras：

1）运行下列指令：

```
!pip install keras
```

2）系统将继续安装必要的程序库和依赖项。完成后，键入并运行以下代码片段：

```
import keras
print(keras.__version__)
```

这将使用 TensorFlow 作为后端以及 Keras 的最新版本（在编写本书时是 2.2.4）输出它的确认消息。此时，应有如下输出：

```
Using TensorFlow backend.
2.2.4
```

2.3.2　Keras 背后的原理

Keras 主要通过两种方式提供功能：顺序模型和 API 函数。

❑ **顺序模型**：这是一种使用 Keras 的方法，允许线性地（或按顺序地）堆栈层实例。在这种情况下，层实例的含义与第 1 章中讨论的含义相同。也就是说，一个层具有某种类型的输入、某种类型的行为或主要模型操作，以及某种类型的输出。

❑ **API 函数**：这是深入定义更复杂模型的最佳方式，例如合并模型、具有多个输出的模型、具有多个共享层的模型，以及许多其他可能性。别担心，这些都是高级主题，在以后的章节中会讲得很清楚。API 函数范例给了程序员更多的创新自由。

我们可以将顺序模型视为开始使用 Keras 的一种简单方法，而将 API 函数视为解决更复杂问题的一种方法。

还记得第 1 章中的浅层神经网络吗？下面就给出如何使用 Keras 中的顺序模型范式来建立模型的方法：

```
from keras.models import Sequential
from keras.layers import Dense, Activation

model = Sequential([
    Dense(10, input_shape=(10,)),
    Activation('relu'),
    Dense(8),
    Activation('relu'),
    Dense(4),
    Activation('softmax'),
])
```

前两行代码分别导入 Sequential 模型、Dense 层和 Activation 层。Dense 层是一个完全连接的神经网络，而 Activation 层是调用一组丰富的激活函数的非常具体的方式，如前面例子中的 ReLU 和 SoftMax（将在后面详细解释）。

或者，你也可以使用相同的模型，但是使用 add() 方法：

```
from keras.models import Sequential
from keras.layers import Dense, Activation

model = Sequential()
model.add(Dense(10, input_dim=10))
model.add(Activation('relu'))
model.add(Dense(8))
model.add(Activation('relu'))
model.add(Dense(4))
model.add(Activation('softmax'))
```

为神经模型编写代码的第二种方法看起来更线性，而第一种方法看起来更像 Python 的方式，使用项列表来完成此操作。这其实是一样的，你可能会对其中一种产生偏好。但是，请记住，前面的两个示例都使用了 Keras 顺序模型。

现在，为了方便比较，下面给出使用关于 Keras 的 API 函数范例编写完全相同的神经网络体系结构的代码：

```
from keras.layers import Input, Dense
from keras.models import Model
```

```
inputs = Input(shape=(10,))

x = Dense(10, activation='relu')(inputs)
x = Dense(8, activation='relu')(x)
y = Dense(4, activation='softmax')(x)

model = Model(inputs=inputs, outputs=y)
```

如果你是一个有经验的程序员，就会注意到函数 API 风格允许更多的灵活性。它允许定义输入张量，在需要的情况下可以将它们用作模型不同部分的输入。但是，使用 API 函数需要假设你熟悉顺序模型。因此，在本书中，我们将从顺序模型开始学习，后面向更复杂的神经网络模型迈进时，我们将逐步使用 API 函数范例。

就像 Keras 一样，还有其他 Python 库和框架允许以相对较低的难度进行机器学习。在编写本书的时候，最流行的是 Keras，第二流行的是 PyTorch。

2.4　PyTorch 简介

在编写本书时，PyTorch 是第三大最受欢迎的深度学习程序框架。尽管与 TensorFlow 相比，PyTorch 还相对比较新，但它的受欢迎程度一直在上升。PyTorch 的一个有趣之处在于，它允许一些 TensorFlow 不允许的定制。此外，PyTorch 还支持 Facebook™。

尽管本书涵盖了 TensorFlow 和 Keras，但我认为重要的是所有人都要记住 PyTorch 是一个很好的替代方案，而且它看起来非常类似于 Keras。仅作为参考，下面是前述浅层神经网络在 PyTorch 中编码时的样子：

```
import torch

device = torch.device('cpu')

model = torch.nn.Sequential(
        torch.nn.Linear(10, 10),
        torch.nn.ReLU(),
        torch.nn.Linear(10, 8),
        torch.nn.ReLU(),
        torch.nn.Linear(8, 2),
        torch.nn.Softmax(2)
    ).to(device)
```

二者的相似之处有很多。此外，从 Keras 到 PyTorch 的转换对有学习兴趣的读者来说应该不是太难，而且将来可能会成为一个很好的技能。然而，目前社区的兴趣主要集中在 TensorFlow 及其衍生物上，尤其是 Keras。如果你想要了解更多关于 PyTorch 的入门知识和基本原理，可能会发现这本书比较有用（Paszke, A.,et.al.,2017）。

2.5　Dopamine 简介

深度强化学习领域最近的一项有趣发展是 Dopamine。Dopamine 是关于深度强化学习

算法的一种快速原型程序框架。本书将非常简要地介绍强化学习，但你需要知道如何安装
Dopamine。

在强化学习领域，新用户很容易使用 Dopamine。此外，虽然它不是谷歌的官方产品，
但它的大多数开发人员都是谷歌员工。在编写本书时，这个框架的当前状态是非常紧凑的，
并且提供了随时可用的算法。

运行下列指令以安装 Dopamine：

```
!pip install dopamine-rl
```

可以通过执行以下操作来测试是否正确安装了 Dopamine：

```
import dopamine
```

这条指令不会提供输出，除非有错误。通常情况下，Dopamine 会利用它之外的许多程
序库来做更多有趣的事情。现在，人们可以使用强化学习做的最有趣的事情是使用奖励政
策来训练智能体，这在游戏中可以直接应用。

例如，如图 2.2 所示，它显示了一个电子游戏学习过程中的时间快照，使用的策略是根
据智能体采取的行动来强化想要的行为。

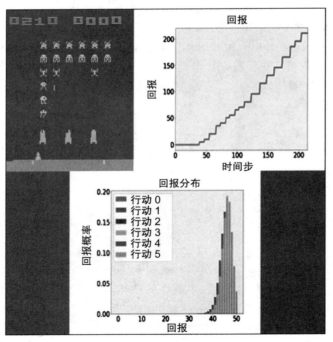

图 2.2　游戏中 Dopamine 强化学习智能体的样本可视化

ⓘ 强化学习中的智能体是决定下一步采取什么行动的部分。智能体通过观察世界和
世界的规则来实现这一点。规则定义得越多，结果受到的约束就越大。如果规则

过于宽松，智能体则可能无法就采取何种行动做出良好的决策。

虽然本书没有深入研究强化学习，但我们将在本书的最后一章讨论一个有趣的游戏应用。现在，你可以阅读下面的白皮书，了解更多关于 Dopamine 的信息（Castro, P. S., et.al., 2018）。

2.6 其他深度学习程序库

除了两大巨头 TensorFlow 和 Keras 之外，还有其他竞争对手也在深度学习领域有所作为。我们已经讨论过 PyTorch，但还有更多的内容。在这里，我们简单讨论一下这些程序库。

2.6.1 Caffe

Caffe 也是加州大学伯克利分校开发的一个流行的程序框架（Jia, Y., et.al., 2014）。它在 2015 ~ 2016 年的时候非常流行。虽然一些雇主仍然要求员工具有这种技能，学术文章也仍然会提到它的用法，但是由于 TF 的重大成功和 Keras 的易访问性，Caffe 的使用人数在持续减少。

ℹ️ 有关 Caffe 的更多信息请访问：
https://caffe.berkeleyvision.org

还要注意 Caffe2 的存在，它是在 Caffe 的基础上建立起来的。虽然它是由 Facebook 开发并且是开源的，但是 Facebook 现在有了新的冠军——PyTorch。

2.6.2 Theano

Theano 是由加拿大蒙特利尔大学 Yoshua Bengio 的团队于 2007 年开发的（Al-Rfou, R., et.al., 2016）一个程序库。Theano 拥有相对较老的用户群，他们可能见证了 TF 的崛起。最新的主要版本是在 2017 年年末发布的，虽然还没有明确的计划发布新的主要版本，但社区仍在进行更新。

ℹ️ 有关 Theano 的更多信息请访问：
http://deeplearning.net/software/theano/

2.6.3 其他程序库

出于各种原因，还有其他可能不那么受欢迎的替代方案，但在这里还是值得一提，以防它们将来会发生变化。这些程序库如下所示：

名称	开发者	更多信息
MXNET	Apache	https://mxnet.apache.org/

（续）

名称	开发者	更多信息
CNTK	Microsoft	https://cntk.ai
Deeplearning4J	Skymind	https://deeplearning4j.org/
Chainer	Preferred Networks	https://chainer.org/
FastAI	Jeremy Howard	https://www.fast.ai/

2.7　小结

　　本章介绍了如何安装、运行 TensorFlow、Keras 和 Dopamine 等深度学习编程所需要的程序库。希望你使用 Colab，这会使学习变得更加容易。我们还学习了这些程序框架背后的基本思维方式和设计概念。尽管在编写本书时，这样的框架是最流行的，但还有其他的竞争对手，我们也简要地介绍了它们。

　　现在，你已经准备好开始掌握深度学习知识的旅程了。第一个里程碑是知道如何为深度学习应用准备数据。这个项目对该模型的成功至关重要。无论模型有多好、有多深，如果数据没有进行正确的格式调整或处理，就会导致灾难性的性能结果。接下来我们将学习第 3 章，数据准备。在第 3 章中将学习如何获取数据集，并为你尝试使用特定类型的深度学习模型解决的特定任务做好准备。然而，在继续学习之前，请试着回答下列习题来测试一下自己对本章内容的掌握情况。

2.8　习题与答案

1. Colab 是在我个人的电脑上运行吗？

　　答：不是的，Colab 在云端运行。但是，可以通过使用相关的技能和安装步骤将它连接到你个人的云端上。

2. Keras 使用 GPU 吗？

　　答：是的。因为 Keras 在 TensorFlow 上运行（在本书中），而 TensorFlow 需要使用 GPU，所以 Keras 也使用 GPU。

3. Keras 的两大编程范式是什么？

　　答：顺序模型和 API 函数。

4. 为什么我们需要关注 Dopamine？

　　答：因为可以信赖的强化学习框架很少，Dopamine 就是其中之一。

2.9　参考文献

- Abadi, M., Barham, P., Chen, J., Chen, Z., Davis, A., Dean, J., Devin, M., Ghemawat, S., Irving, G., Isard, M., and Kudlur, M. (2016). *Tensorflow: A system for large-scale machine learning.* In *12th {USENIX} Symposium on Operating Systems Design and Implementation* ({OSDI} 16) (pp. 265-283).

- Paszke, A., Gross, S., Chintala, S., Chanan, G., Yang, E., DeVito, Z., Lin, Z., Desmaison, A., Antiga, L. and Lerer, A. (2017). *Automatic differentiation in pytorch.*

- Castro, P. S., Moitra, S., Gelada, C., Kumar, S., and Bellemare, M. G. (2018). *Dopamine: A research framework for deep reinforcement learning.* arXiv preprint arXiv:1812.06110.

- Jia, Y., Shelhamer, E., Donahue, J., Karayev, S., Long, J., Girshick, R., Guadarrama, S., and Darrell, T. (2014, November). *Caffe: Convolutional architecture for fast feature embedding.* In *Proceedings of the 22nd ACM international conference on Multimedia* (pp. 675-678). *ACM.*

- Al-Rfou, R., Alain, G., Almahairi, A., Angermueller, C., Bahdanau, D., Ballas, N., Bastien, F., Bayer, J., Belikov, A., Belopolsky, A. and Bengio, Y. (2016). *Theano: A Python framework for fast computation of mathematical expressions.* arXiv preprint arXiv:1605.02688.

Chapter 3 第3章

数据准备

现在，你已经成功地准备好了一个系统平台用来掌握深度学习知识，参见第2章。我们将继续下去，给出一些在构建深度学习模型时可能经常遇到的、有关数据的重要指导原则。在学习深度学习知识的时候，拥有已经备好的完善数据集将帮助你更多地专注于对模型的设计，而不是准备数据。然而，每个人都知道这不是一个现实的期望，如果问任何数据科学家或机器学习专业人士这个问题，他们都会告诉你建模的一个重要方面是要知道如何准备数据。了解如何处理数据和如何准备数据将为你节省大量的工作时间，你可以把省下来的时间花在优化模型上。任何花在数据准备上的时间都是值得的。

本章将向你介绍数据处理背后的主要概念，并使得这些概念在深度学习中派上用场。内容将涵盖格式化分类、实值输出输入的基本概念，以及数据增强、降低数据维度的技术。在本章的最后，你应该能够处理最常见的数据操作技术，找到成功地选择深度学习方法的路径。

本章主要内容如下：

❑ 二元数据与二元分类

❑ 分类数据与多分类

❑ 实值数据与单变量回归

❑ 改变数据的分布

❑ 数据增强

❑ 数据降维

❑ 操纵数据的道德影响

3.1　二元数据与二元分类

在本节中，我们将集中精力考察作为二元目标（标签）输出的相关输入和输出数据的**准**
备工作。当然，这里所谓的二元，指的是可以表示为 0 或 1 的值。请注意表示为上的重音。
原因是列包含的数据可能不一定是 0 或者是 1，但可以将它们解释为 0 或 1，或者使用 0 或
1 进行表示。

请思考下列数据集的片段：

x_1	x_2	…	y
0	5	…	a
1	7	…	a
1	5	…	b
0	7	…	b

在这个只有四行的数据集简短示例中，列 x_1 的值显然是二元的，要么是 0，要么是 1。
然而，乍一看，x_2 可能不是二元的，但如果你仔细观察，就会发现那一列中的值只有 5 或
7。这就意味着可以将该数据正确且唯一地映射到两个值中的一个。因此，我们可以将 5 映
射为 0，将 7 映射为 1，或者反过来，但这并不重要。

在目标（标签）值 y 中也可以观察到类似的现象，也可以将它们唯一地映射到两个值中
的一个。我们可以通过把 b 赋值给 0，a 赋值给 1 来实现这样的映射。

💡 如果打算将字符串映射到二元表示，那么一定要检查你的特定模型可以处理哪种
类型的数据。例如，在一些支持向量机的模型实现中，目标（标签）的取值是 −1
和 1。虽然这仍然是二元的，但属于不同的集合。在决定使用哪种映射之前，一定
要反复检查。

在下一小节中，我们将使用特定的数据集作为研究案例，专门处理面向二元目标输出
的数据集。

3.1.1　克利夫兰心脏病数据集的二元目标

克利夫兰心脏病（Cleveland，1988）数据集包含 303 名受试者的患者数据。数据集中的
某些列包含有缺失值，我们也会处理这样的问题。数据集包含 13 列，包括胆固醇和年龄。

任务目标是检测某个患者对象是否有心脏病，因此这是二元目标。我们要解决的数据
处理问题是，对数据使用 0 到 4 的值进行编码，其中 0 表示没有心脏病，1 到 4 的范围表示
某种类型的心脏病。

我们将使用数据集中标识为 Cleveland 的部分，数据可以使用此链接下载：https://
archive.ics.uci.edu/ml/machine-learning-databases/heartdisease/processed.cleveland.data。

数据集的具体属性如下：

列	描述	列	描述
x_1	年龄	x_8	达到的最大心率
x_2	性别	x_9	运动诱发的心绞痛： 1= 是 0= 否
x_3	胸痛类型： 1：典型心绞痛 2：非典型心绞痛 3：非心绞痛的胸痛 4：无症状	x_{10}	运动诱发的 ST 段压低
x_4	静息血压（入院时，毫米汞柱）	x_{11}	运动峰值 ST 段的坡度： 1：上坡 2：平坦 3：下坡
x_5	血清胆固醇（毫克每分升）	x_{12}	荧光镜检查的主要血管数（0～3）
x_6	空腹血糖＞ 120 毫克每分升 1= 真 0= 假	x_{13}	地中海贫血： 3= 正常 6= 固定缺陷 7= 可逆缺陷
x_7	静息心电图结果： 0：正常 1：ST-T 波异常 2：显示可能或明确的左心室肥厚	y	心脏病诊断（血管造影的疾病状态）： 0：<50% 直径缩小 1：>50% 直径缩小

让我们按照下面的步骤将数据集读入 pandas DataFrame 并清理数据：

1）在谷歌 Colab 中，将首先使用如下 wget 命令下载数据：

```
!wget
https://archive.ics.uci.edu/ml/machine-learning-databases/heart-dis
ease/processed.cleveland.data
```

这样，就可以将 processing.cleveland.data 文件下载到 Colab 的默认目录中，并且可以通过检查 Colab 左侧的 Files 选项卡进行验证。请注意，前面的指令都是一行，不幸的是，这个指令非常长。

2）接下来，我们使用 pandas 加载数据集，以验证数据集是否为可读和可访问的。

ℹ Pandas 是一个非常受数据科学家和机器学习科学家欢迎的 Python 库。它简化了加载和保存数据集、替换缺失的值、检索数据的基本统计属性，甚至执行转换。Pandas 就像是一个救星，现在大多数其他机器学习库都接受 Pandas 作为有效的输入格式。

在 Colab 中执行如下命令加载和显示部分数据：

```
import pandas as pd
df = pd.read_csv('processed.cleveland.data', header=None)
print(df.head())
```

read_csv() 函数的作用是：加载一个以**逗号分隔值（CSV）格式**化的文件。我们使用参数 header=None 告诉 pandas 数据没有任何实际的头文件。如果省略，pandas 将使用数据的第一行作为每个列的名称，但在本例中我们不希望这样做。

加载的数据存储在一个名为 df 的变量中。虽然 df 可以是任何名称，但我认为 df 很容易记住，因为 pandas 是将数据存储在 DataFrame 对象中。因此，对于数据来说，df 似乎是一个合适、简短且容易记住的名称。然而，如果使用多个 DataFrame，那么用一个描述它们所包含数据的名称来对所有 DataFrame 分别进行不同的命名会更加方便。

在 DataFrame 上操作的 head() 方法类似于 unix 命令，用于检索文件的前几行。在 DataFrame 中，head() 方法返回前五行数据。如果希望检索更多或更少的数据行，那么可以指定一个整数作为该方法的参数。例如，如果你想要检索前三行，那么你可以执行 df.head(3)。

运行上述代码的结果如下所示：

```
    0    1    2     3      4    5    6      7    8    9   10   11   12   13
0  63.  1.   1.   145.  233.  1.   2.   150.  0.   2.3  3.   0.   6.   0
1  67.  1.   4.   160.  286.  0.   2.   108.  1.   1.5  2.   3.   3.   2
2  67.  1.   4.   120.  229.  0.   2.   129.  1.   2.6  2.   2.   7.   1
3  37.  1.   3.   130.  250.  0.   0.   187.  0.   3.5  3.   0.   3.   0
4  41.  0.   2.   130.  204.  0.   2.   172.  0.   1.4  1.   0.   3.   0
```

下面是一些需要注意和记住的要点，以备将来参考：

❑ 在左边，有一个未命名的列，竖列是连续的数字，0,1,…,4 。这些是 pandas 分配给数据集中每一行的索引，是唯一的数字。有些数据集有唯一的标识符，例如图像的文件名。

❑ 在顶部，有一横行是 0,1,…,13 。这些是列的标识符，它们也是唯一的，并且可以设置。

❑ 在每一行和每一列的交点，我们的值要么是浮点小数，要么是整数。除了列 13 之外，整个数据集包含十进制数，列 13 是目标输出，该列包含的是整数。

3）因为我们将使用这个数据集处理二元分类问题，所以我们现在需要更改最后一列，使其只包含二元值：0 和 1。我们将保留 0 的原始含义，即没有心脏病，任何大于或等于 1 的都将映射到 1，表示对某种类型心脏病的诊断。可以运行下列指令：

```
print(set(df[13]))
```

df[13] 指令查看 DataFrame 并检索索引为 13 的列的所有行。然后，在第 13 列的所有行上使用 set() 方法创建列中所有不同元素的集合。这样，我们就可以知道有多少个不同的值，以便替换它们。输出结果如下：

```
{0, 1, 2, 3, 4}
```

由此，我们知道 0 表示没有心脏病，1 表示有心脏病。然而，我们需要将 2、3 和 4 映射为 1，因为它们也表示心脏病阳性。我们可以通过执行以下命令来实现这个改变：

```
df[13].replace(to_replace=[2,3,4], value=1, inplace=True)
```

```
print(df.head())
print(set(df[13]))
```

这里，`replace()` 函数在 DataFrame 上工作，替换特定的值。在我们的例子中，它有三个参数：

❑ `to_replace=[2,3,4]` 表示要搜索的项列表，以便替换它们。

❑ `value=1` 表示将替换每个匹配项的值。

❑ `inplace=True` 向 pandas 表明想要对该列进行更改。

💡 在某些情况下，pandas DataFrame 的行为就像一个不可变的对象，此时就需要使用 `inplace=True` 参数。否则，就得这么做：

    `df[13] = df[13].replace(to_replace=[2,3,4], value=1)`，这对有经验的 pandas 用户来说不成问题。这意味着你应该都熟悉这两种方式。

    pandas 初学者面临的主要问题是，它的行为并不总是像一个不可变对象。因此，应该将所有的 pandas 文档放在身边：https://pandas.pydata.org/pandas-docs/stable/index.html。

执行该命令的输出结果如下：

```
     0    1    2     3      4    5    6      7    8    9    10   11   12   13
0   63.  1.   1.   145.   233.  1.   2.   150.  0.   2.3  3.   0.   6.    0
1   67.  1.   4.   160.   286.  0.   2.   108.  1.   1.5  2.   3.   3.    1
2   67.  1.   4.   120.   229.  0.   2.   129.  1.   2.6  2.   2.   7.    1
3   37.  1.   3.   130.   250.  0.   0.   187.  0.   3.5  3.   0.   3.    0
4   41.  0.   2.   130.   204.  0.   2.   172.  0.   1.4  1.   0.   3.    0
```

`{0, 1}`

首先，请注意，当我们打印前 5 行时，第 13 列的值现在只包含 0 或 1。可以将它们与原始数据进行比较，以验证加粗显示的数字是否确实发生了变化。我们还使用 `set(df[13])` 验证了该列的所有唯一值的集合现在只有 {0,1}，这是期望的目标。

有了这些变化，我们可以使用数据集来训练深度学习模型，可能会改进现有的记录性能（Detrano, R., et al.，1989）。

可以应用同样的方法，使得在集合中的任何其他列具有二元值。作为练习，让我们将著名的 MNIST 数据集用作另外一个示例。

3.1.2　二值化 MINST 数据集

MNIST 数据集在深度学习领域非常有名（Deng, L.，2012），它是由数千张手写数字图像组成的。图 3.1 给出了 MNIST 数据集的 8 个样本。

如你所见，这个数据集中的样本是凌乱的，但是非常真实。每个图像的大小都是 28×28 像素。只有 10 个目标类，每个目标类分别对应 0,1,2,…,9 中的某个数字。这里的复杂之处通常在于一些数字看起来与其他数字很相似，例如，1 和 7，或者 0 和 6。然而，大多数深度学习算法都成功地解决了对这种数据集的高精度分类问题。

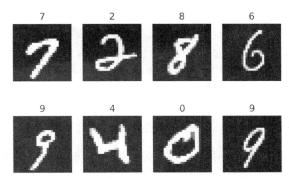

图 3.1 MNIST 数据集的八个样本。每个图像顶部的数字对应于目标类

如果仔细观察图 3.1 中的样本，就会发现这些值并不完全是 0 和 1，即二元的。事实上，图像是 8 位的灰度，范围为 [0,255]。如前所述，对于大多数高级深度学习算法来说，这不再是一个问题。然而，对于一些算法，例如受限玻尔兹曼机（RBM），输入数据需要以二元格式 [0,1] 出现，因为那是算法的传统工作方式。

因此，我们将做下列两件事情：

❏ 对图像进行二值化，得到二元输入。
❏ 对目标进行二值化，使之成为二元分类问题。

对于本例，我们将随意选择两个数字，7 和 8，将它们作为目标类。

1. 二值化图像

二值化是图像处理中的常见步骤。它的正式名称是图像阈值，因为我们需要一个阈值来决定哪些值变成 0 或者 1。关于这个主题的完整介绍，请查阅（Sezgin, M., and Sankur, B., 2004）。这就是说，在选择将变化范围从 [0,255] 降到 [0,1] 的完美阈值背后有一套科学。

但是，由于本书不是关于图像处理的教材，所以随机地将阈值设置为 128。因此，任何低于 128 的值将变成 0，任何大于或等于 128 的值将变成 1。

这一步可以通过在 Python 中使用索引轻松完成。为了继续下去，将显示数据集的一小部分，以确保数据被正确转换。在接下来的步骤中，将通过执行下列命令来实现这个效果：

1）要加载数据集并验证其维度（形状），运行以下命令：

```
from sklearn.datasets import fetch_openml
mnist = fetch_openml('mnist_784')
print(mnist.data.shape)
print(mnist.target.shape)
```

输出如下所示：

```
(70000, 784)
(70000,)
```

首先要注意的是，我们正在使用的机器学习库在 Python 中称为 scikit learn

或 sklearn，它是一种最常用的通用机器学习库。我们使用 fetch_openml() 方法加载 MNIST 数据集，该方法需要一个表示要加载数据集标识符的参数，在本例中为 'mnist_784'。数字 784 源于 MNIST 图像的大小，它是 28×28 像素，可以将该图像解释为 784 个元素组成的向量，而不是 28 列 28 行的矩阵。通过验证 shape 属性，可以发现数据集有 7 万幅图像，使用大小为 784 的向量表示，目标（标签）数据具有相同的比例。

> 请注意，与上一节使用加载到 pandas 的数据集不同，在本例中，我们直接将数据作为列表或列表的数组。你应该熟悉操作 pandas 和原始数据集。

2）要验证数据进行二值化之前和之后的效果对比，可以运行下列命令：

```
print(mnist.data[0].reshape(28, 28)[10:18,10:18])
mnist.data[mnist.data < 128] = 0
mnist.data[mnist.data >=128] = 1
print(mnist.data[0].reshape(28, 28)[10:18,10:18])
```

输出结果如下：

```
[[  1. 154. 253.  90.   0.   0.   0.   0.]
 [  0. 139. 253. 190.   2.   0.   0.   0.]
 [  0.  11. 190. 253.  70.   0.   0.   0.]
 [  0.   0.  35. 241. 225. 160. 108.   1.]
 [  0.   0.   0.  81. 240. 253. 253. 119.]
 [  0.   0.   0.   0.  45. 186. 253. 253.]
 [  0.   0.   0.   0.   0.  16.  93. 252.]
 [  0.   0.   0.   0.   0.   0.   0. 249.]]

[[ 0. 1. 1. 0. 0. 0. 0. 0.]
 [ 0. 1. 1. 1. 0. 0. 0. 0.]
 [ 0. 0. 1. 1. 0. 0. 0. 0.]
 [ 0. 0. 0. 1. 1. 1. 0. 0.]
 [ 0. 0. 0. 0. 1. 1. 1. 0.]
 [ 0. 0. 0. 0. 0. 1. 1. 1.]
 [ 0. 0. 0. 0. 0. 0. 0. 1.]
 [ 0. 0. 0. 0. 0. 0. 0. 1.]]
```

指令 data[0].reshape(28, 28)[10:18,10:18] 做了三件事：

1）data[0] 以一个大小为（1,784）的数组形式返回第一张图像。

2）reshape(28, 28) 将（1,784）数组调整为（28,28）矩阵，即实际图像。这对于显示实际数据非常有用，例如生成图 3.1。

3）[10:18,10:18] 只取（28,28）矩阵的一个子集，列和行位置都是 10 到 18，这或多或少与图像的中心区域相对应，是观察变化的好地方。

前面的代码仅用于查看数据，但实际的更改将在下一行中完成。代码行 mnist.data[mnist.data < 128] = 0 使用 Python 索引。指令 mnist.data < 128 返回一个多维的布尔值数组，其中 mnist.data[] 作为索引，将其值设置为 0。关键是对所有严格小于 128 的值都这样操作。下一行代码将进行同样的操作，但它是对大于或等于 128 的值进行操作。

通过检查输出，可以确认数据已经成功更改，并且已经设置了阈值或进行了二值化。

2. 二值化目标数据

我们将通过下列两个步骤二值化目标数据：

1）首先，我们将丢弃其他数字的图像数据，只保留 7 和 8。然后将 7 映射到 0，8 映射到 1。这些命令将创建新的变量 X 和 y，只包含数字 7 和 8：

```
X = mnist.data[(mnist.target == '7') | (mnist.target == '8')]
y = mnist.target[(mnist.target == '7') | (mnist.target == '8')]
print(X.shape)
print(y.shape)
```

输出结果如下：

```
(14118, 784)
(14118)
```

请注意 OR 操作符 | 的使用，它在逻辑上取两组布尔索引，并使用 OR 操作符进行组合。这些索引用于生成新的数据集。新数据集包含 14 000 多张图像。

2）要将 7 映射为 0，将 8 映射为 1，可以执行下列命令：

```
print(y[:10])
y = [0 if v=='7' else 1 for v in y]
print(y[:10])
```

输出结果如下：

```
['7' '8' '7' '8' '7' '8' '7' '8' '7' '8']
[0, 1, 0, 1, 0, 1, 0, 1, 0, 1]
```

指令 [0 if v=='7' else 1 for v in y] 检查 y 中的每个元素，如果一个元素是 '7'，那么它返回 0，否则（例如，当它是 '8' 时）返回 1。正如输出所示，选择前 10 个元素后，目标数据被二值化为集合 {0,1}。

> 请记住，y 中的目标数据已经是二元数据了，因为它只有两种可能的唯一取值 {7,8}。但是我们通常把它变成二元集合 {0,1}，因为当使用不同的深度学习算法来计算特定类型的损失函数时，这样会更好。

这样，数据集就可以与二元通用分类器一起使用了。但是，如果我们实际上想拥有多个类别，例如，检测所有 MNIST 数据集的 10 位而不仅是 2 位，那么该怎么办呢？或者，如果数据特征、列或输入不是数字的，而是类别属性呢？下一节将帮助你准备这些情况下的数据。

3.2 分类数据与多个类别

既然已经知道如何针对不同的目的实现对数据的二值化，那么我们可以研究其他类型的数据，比如分类数据或多标签数据，以及如何将它们变为数字型数据。事实上，大多数先进的深度学习算法只接受数字型数据。这只是一个可以在以后得到轻松解决的设计问题，也不是什么大问题，因为有一些简单的方法可以将分类数据转换为有意义的数字表示形式。

> ℹ️ **分类数据**以不同的类型属性嵌入信息。这些类型属性可以用数字或字符串表示。例如，数据集有一个名为 country 的列，其中的项包括"印度""墨西哥""法国"和"美国"。或者是具有邮政编码（如 12601、85621 和 73315）的数据集。前者为**非数值型**数据，后者为**数值型**数据。国家名称需要转换成数字才能使用，但是邮政编码已经是数字了，仅仅作为数字并没有意义。从机器学习的角度来看，如果将邮政编码转换为经纬度坐标，它们将更有意义，这将比使用普通数字更容易捕捉彼此比较接近的位置。

首先，我们将处理将字符串类型属性转换为普通数字的问题，然后将它们转换为一种名为"独热编码"格式的数字形式。

3.2.1 将字符串标签转换成数字

我们再次处理 MNIST 数据集，使用该数据集的字符串标签 0, 1, …, 9，并将它们转换成数字。可以通过许多不同的方式来实现这一点：

- ❑ 可以用一个简单的命令 y = list(map(int, mnist.target)) 来将所有字符串映射到整数，然后就完成了。变量 y 现在只包含一个整数列表，如 [8,7,1,2, ...]。但是，这样做只能解决属于这种特殊情况的问题，需要学习适用于所有情况的方法。所以，我们不会这样做。
- ❑ 也可以通过艰苦地迭代 10 次来完成这项工作，针对每个数字迭代一次，mnist.target = [0 if v=='0' else v for v in mnist.target]。但是同样，这（和其他类似的事情）也只对这一种情况有效。我们也不会这样做。
- ❑ 还可以使用 scikit-learn 的 LabelEncoder() 方法。该方法可以接受任何标签列表并将它们映射到一个数字。这种方法对所有的情况都适用。

让我们按照下列步骤使用 scikit 方法：

1）运行下列代码：

```
from sklearn import preprocessing
le = preprocessing.LabelEncoder()
print(sorted(list(set(mnist.target))))

le.fit(sorted(list(set(mnist.target))))
```

输出结果如下：

```
['0', '1', '2', '3', '4', '5', '6', '7', '8', '9']

LabelEncoder()
```

sorted(list(set(mnist .target))) 命令做了三件事：

❑ set(mnist.target) 在数据中检索一组唯一的值，例如，{'8', '2', ⋯'9'}。

❑ list(set(mnist.target)) 只是将集合转换为列表，因为 LabelEncoder() 方法需要列表或数组。

❑ sorted(list(set(mnist.target))) 在这里很重要，以便将 0 映射到 0，而不是将 8 映射到 0，以此类推。它对列表进行排序，结果如下：['0', '1', ⋯, '9']。

le.fit() 方法接受一个列表（或数组），并生成一个映射（字典），以便可以在前向传播计算中使用（如果需要的话，也可以在反向传播计算中使用），将标签或字符串编码为数字，将它存储在一个名为 LabelEncoder 的对象中。

2）接下来，我们可以对上述编码进行如下测试：

```
print(le.transform(["9", "3", "7"]) )

list(le.inverse_transform([2, 2, 1]))
```

输出结果如下：

```
[9 3 7]

['2', '2', '1']
```

transform() 方法将基于字符串的标签转换为数字标签，而 inverse_transform() 方法接受数字标签并返回相应的字符串标签或类型属性。

💡 任何试图映射到缺失类型或数字，或者对缺失类型或数字进行映射的尝试都将导致 LabelEncoder 对象产生错误。请竭尽所能地提供所有可能类型的名单，从而使得你的知识得到最好的表达。

3）一旦安装并测试了 LabelEncoder 对象，就可以简单地运行以下指令对数据进行编码：

```
print("Before ", mnist.target[:3])
y = le.transform(mnist.target)
print("After ", y[:3])
```

输出结果如下：

```
Before ['5' '0' '4']
After [5 0 4]
```

新的编码标签现在保存在 y 中，可供使用。

ℹ️ 这种将标签编码为整数的方法也称为**序数编码**。

这种方法应该适用于所有编码为字符串的标签，对于这些标签，可以简单地将它们映射为数字形式，而且不会丢失上下文信息。对于 MNIST 数据集，可以映射 0 到 0 和 7 到 7，而且不会丢失它们的上下文信息。其他可以这样做的例子包括：

☐ **年龄段**：['18-21', '22-35', '36+'] 到 [0, 1, 2]
☐ **性别**：['male', 'female'] 到 [0, 1]
☐ **颜色**：['red', 'black', 'blue', …] 到 [0, 1, 2, …]
☐ **学业**：['primary', 'secondary', 'high school', 'university'] 到 [0, 1, 2, 3]

然而，我们在这里做一个很大的假设：标签本身并没有某些特殊的含义。如前所述，邮政编码可以简单地编码成更小的数字，然而，它们具有一定的地理含义，这样做就有可能会对我们的深度学习算法性能产生一些负面影响。同样地，对于前述列表中的数据，如果需要针对一些特殊的含义进行研究，例如要表明大学学位比中学学位具有更高的等级或者更加重要，那么我们也许应该考虑使用不同的数字映射。或者让我们的机器学习算法自己学习这些复杂的东西！在这种情况下，我们应该使用众所周知的独热编码策略。

3.2.2　将分类转换成独热编码

在大多数情况下，将分类属性转换为独热编码会更好，因为分类或标签可能对彼此具有特殊的含义。在这种情况下，据报道独热编码的性能优于序数编码（Potdar, K., et al., 2017）。

独热编码的思想在于将每个标签表示为具有独立列的布尔状态。例如，下面的一列数据：

性别
'female'
'male'
'male'
'female'
'female'

可以使用独热编码方式将它们唯一地转换为以下新的数据形式：

Gender_Female	Gender_Male
1	0
0	1
0	1
1	0
1	0

如你所见，只有与标签相对应的特定行，其二元位才为 hot（为 1），其他的二元位均为零。还要注意，我们对列进行了重命名，以跟踪哪个标签对应哪个列，然而，这只是一个推荐的格式，并不是一个正式的规则。

在 Python 中有很多方法可以做到这一点。如果你的数据在 pandas DataFrame 中，那么可以简单地执行 `pd.get_dummies(df, prefix=['Gender'])`，假设你的列在 df 中，想使用 Gender 作为前缀。

要重现前述列表的准确结果，可以遵循以下步骤：

1）运行下列命令：

```
import pandas as pd
df=pd.DataFrame({'Gender': ['female','male','male',
                              'female','female']})
print(df)
```

输出结果如下：

```
  Gender
0 female
1 male
2 male
3 female
4 female
```

2）现在只需运行下列命令进行编码：

```
pd.get_dummies(df, prefix=['Gender'])
```

输出结果如下：

```
  Gender_female  Gender_male
0             1            0
1             0            1
2             0            1
3             1            0
4             1            0
```

ⓘ 这种编码的一个有趣且可能很明显的特性是，对所有已编码列的行上的 OR 和 XOR
操作将得到分量恒为 1 的向量，使用 AND 操作将生成分量恒为 0 的向量。

对于数据不是 pandas DataFrame 的情形，例如，MNIST 目标数据，可以使用 scikit-learn 的 OneHotEncoder.transform() 方法。

OneHotEncoder 对象有一个构造函数，它会根据合理的假设自动初始化所有的东西，并使用 fit() 方法确定大部分参数。它可以确定数据的大小和数据中存在的不同标签，然后创建一个可以与 transform() 方法一起使用的动态映射。

要对 MNIST 目标数据进行独热编码，可以这样做：

```
from sklearn.preprocessing import OneHotEncoder
enc = OneHotEncoder()
y = [list(v) for v in mnist.target] # reformat for sklearn
enc.fit(y)

print('Before: ', y[0])
y = enc.transform(y).toarray()
print('After: ', y[0])
print(enc.get_feature_names())
```

输出结果如下：

```
Before: ['5']
After: [0. 0. 0. 0. 0. 1. 0. 0. 0. 0.]
['x0_0' 'x0_1' 'x0_2' 'x0_3' 'x0_4' 'x0_5' 'x0_6' 'x0_7' 'x0_8'
```

'x0_9']

这段代码包括了经典的完整性检查。在该检查中，我们验证标签 '5' 实际上已经转换为一个具有 10 列的行向量，其中第 6 列是 *hot* 的。它像预期的那样有效。y 的新维数是 *n* 行 10 列。

💡 这是在 MNIST 数据集上使用深度学习方法的目标数据首选格式。对于每个类别只有一个神经元的神经网络来说，使用独热编码方法表示目标数据是比较好的。在这个例子中，每个数字都对应一个神经元。每个神经元都需要学会预测"独热编码"的行为，也就是说，只有一个神经元应该被激活（"hot"），而其他的神经元都应该被抑制。

可以重复上述过程，将任何其他列转换为独热编码，前提是它们要包含类别数据。

当我们希望将输入数据分类为这些类别、标签或映射时，将类别、标签变换到整数或位的特定映射就非常有用。但是，如果想要将输入数据映射到连续数据，那该怎么办呢？例如，通过观察一个人的反应来预测其智商，或者根据有关天气和季节的输入数据来预测电价。这就是所谓的**回归数据**，将在下一节中对此进行讨论。

3.3　实值数据与单变量回归

在使用深度学习分类模型时，了解如何处理分类数据是非常重要的，然而，知道如何为回归准备数据也同样重要。包含连续实际值的数据，如温度、价格、重量、速度等，比较适合回归分析，也就是说，如果有一个包含不同类型值的列的数据集，其中一个是实值数据，那么就可以对该列进行回归分析。这就意味着可以使用数据集的所有其余部分来预测该列上的取值。这种做法通常称之为**单变量回归**，或者说一个变量的回归。

如果对回归数据做归一化处理，那么大多数机器学习方法都能更好地工作。意思是，数据将通过使用其特殊的统计特性，使得计算更加稳定。这对于那些很多遭受梯度消失或梯度爆炸的深度学习算法来说是至关重要的（Hanin, B., 2018）。例如，在计算神经网络中的梯度时，误差需要从输出层向输入层进行反向传播，但是如果输出层的误差较大，取值的变化范围（即**分布**）也很大，那么向后的乘法运算就会使得变量值发生溢出，破坏训练过程。

为了克服这些困难，最好将用于回归分析的变量或实值变量的分布进行标准化处理。标准化处理的过程有许多体，但是我们在这里只讨论两种主要方法，一种是设置数据的特定统计属性，另一种是设置数据的特定范围。

3.3.1　缩放到特定范围的数值

让我们回到本章前述的心脏病数据集。如果你注意的话，这些变量中有很多是取实数值的，这是回归分析的理想选择，如 x_5 和 x_{10}。

所有的变量都适合做回归分析。这意味着，从技术上讲，我们可以对任何类型的
数字数据进行预测。事实上，对于一些取值为实数值的变量或属性会使得它们更
适合回归。例如，该列中的实数值具有超越整数和自然数的含义。

让我们关注 x_5 和 x_{10}，这两个变量分别是胆固醇的测量水平和运动相对于休息诱发的 ST
段下移量。如果我们想改变医生最初的研究问题，即根据不同的因素来研究心脏病，该怎
么办？如果现在想利用所有的因素，包括知道病人是否有心脏病，来确定或预测他们的胆
固醇水平，那又会怎么样？可以通过对变量 x_5 进行回归分析的方式来实现这些目标。

因此，为了准备关于变量 x_5 和 x_{10} 的数据，将进一步改变数据的尺度范围。为了进行验
证，将检索这些数据在缩放前后的统计特性。

为了重新加载数据集并展示其统计特征，可以这样做：

```
df = pd.read_csv('processed.cleveland.data', header=None)
df[[4,9]].describe()
```

在本例中，索引 4 和 9 对应于 x_5 和 x_{10}，describe() 方法输出下列信息：

```
               4           9
count  303.000000  303.000000
mean   246.693069    1.039604
std     51.776918    1.161075
min    126.000000    0.000000
25%    211.000000    0.000000
50%    241.000000    0.800000
75%    275.000000    1.600000
max    564.000000    6.200000
```

最值得注意的属性是该列中包含的平均值和最大值或最小值。一旦将数据扩展到不同的
范围，这些取值会发生改变。可以将数据可视化为带有各自直方图的散点图，如图 3.2 所示。

从图 3.2 可以看出，数据取值范围的差异比较大，数据分布的差异也比较大。将这些数
据进行变换后所得新数据的期望变换范围最小值为 0，最大值为 1。当我们对数据的尺度进
行变换时，这是一种比较典型的变化范围。使用 scikit-learn 的 MinMaxScaler 对象就可
以实现，具体步骤如下：

```
from sklearn.preprocessing import MinMaxScaler
scaler = MinMaxScaler()
scaler.fit(df[[4,9]])
df[[4,9]] = scaler.transform(df[[4,9]])
df[[4,9]].describe()
```

输出结果如下：

```
               4           9
count  303.000000  303.000000
mean     0.275555    0.167678
std      0.118212    0.187270
min      0.000000    0.000000
25%      0.194064    0.000000
50%      0.262557    0.129032
75%      0.340183    0.258065
max      1.000000    1.000000
```

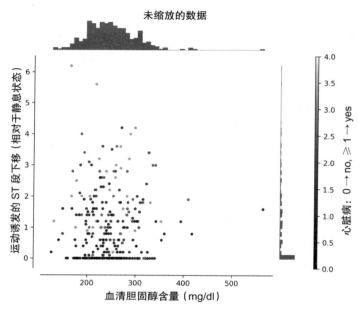

图 3.2 x_5 和 x_{10} 两列的散点图及其直方图

fit() 方法在内部所做的工作是确定数据的当前最小值和最大值。然后,transform() 方法使用该信息删除最小值并除以最大值以获得所需的范围。可以看出,新的描述性统计数据已经发生了变化,从图 3.3 的坐标轴范围可以证实。

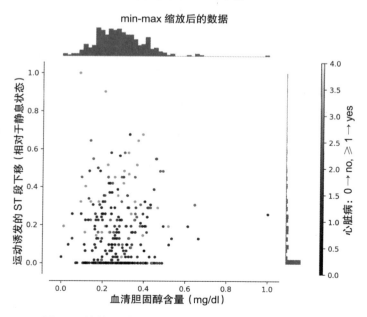

图 3.3 缩放后列 x_5 和 x_{10} 新数据的散点图及其直方图

但是，如果你仔细观察的话，就会注意到数据的分布其实并没有发生改变。也就是说，图 3.2 和图 3.3 中的数据直方图是相同的。这是一个非常重要的事实，因为通常你不想改变数据的分布。

3.3.2 标准化到零均值和单位方差

另一种预处理实数值数据的方法是使其均值为 0 和单位方差。这个过程有很多名称，如标准化、z 评分、中心化或标准化。

假设 $x = [x_5, x_{10}]$，根据上面的特征，我们可以将 x 标准化如下：

$$\hat{x} = \frac{(x - \mu)}{\sigma}$$

其中 μ 是 x 上每一列的均值对应的向量，σ 是 x 中每一列的标准差对应的向量。

对 x 进行标准化后，如果重新计算均值和标准差，则均值为 0，标准差为 1。在 Python 中，可以执行以下操作：

```
df[[4,9]] = (df[[4,9]]-df[[4,9]].mean())/df[[4,9]].std()
df[[4,9]].describe()
```

输出结果如下：

```
                    4                 9
count   3.030000e+02      3.030000e+02
mean    1.700144e-16     -1.003964e-16
std     1.000000e+00      1.000000e+00
min    -2.331021e+00     -8.953805e-01
25%    -6.893626e-01     -8.953805e-01
50%    -1.099538e-01     -2.063639e-01
75%     5.467095e-01      4.826527e-01
max     6.128347e+00      4.444498e+00
```

注意，标准化后数据的平均值为 0，标准差为 1。当然，也可以使用 scikit-learn StandardScaler 对象完成同样的事情，具体做法如下：

```
from sklearn.preprocessing import StandardScaler
scaler = StandardScaler()
scaler.fit(df[[4,9]])
df[[4,9]] = scaler.transform(df[[4,9]])
```

这将产生相同的结果，但数值差异可以忽略不计。实际上，这两种方法实现的是相同的目标。

🔘 可以直接使用 DataFrame 或者通过 StandardScaler 对象实现对数据的标准化处理。尽管这两种方法都是可行的，但是如果你开发的是针对生产实际的应用程序，那么应该更喜欢使用 StandardScaler 对象。一旦 StandardScaler 对象使用了 fit() 方法，那么它就可以通过重新调用 transform() 方法轻松地用于新的、不可预见的数据，然而，如果我们直接在 pandas DataFrame 上进行操作，那么将不得不手动存储平均值和标准差，并且在每次标准化新数据时都需要重新加载它。

现在，为了便于比较，图 3.4 描述了数据标准化后的新范围。如果你仔细观察坐标轴，就会注意到零值的位置是大部分数据所在的位置，也就是均值所在的位置。因此，数据簇的分布以均值零为中心。

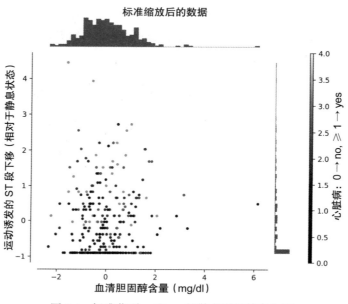

图 3.4　标准化列 x_5 和 x_{10} 的散点图及其直方图

请再次注意，如图 3.4 所示，应用标准化流程后数据的分布并没有改变。但如果想改变数据的分布呢？那么继续学习下一节。

3.4　改变数据的分布

目前已经证明了改变目标数据的分布，特别是对于回归的情形，可以对学习算法性能的提升有积极的帮助（Andrews, D. F., et al., 1971）。

我们将在这里讨论一个特别有用的变换，名为**分位数变换**。这种方法的目的是观察数据，并对其进行适当的操作，使其直方图要么服从**正态**分布，要么服从**均匀**分布。可以通过对分位数的估算来实现这个效果。

我们可以使用下面的命令来变换上一节中的相同数据：

```
from sklearn.preprocessing import QuantileTransformer
transformer = QuantileTransformer(output_distribution='normal')
df[[4,9]] = transformer.fit_transform(df[[4,9]])
```

这将有效地将数据映射到一个新的分布，即正态分布。

ⓘ 在这里，术语**正态分布**指的是一个类似高斯分布的**概率密度函数**（PDF）。这是任何统计教科书中都能找到的经典分布。从图形上看，正态分布就像一个钟形。

注意，我们还使用了 `fit_transform()` 方法，它同时执行 `fit()` 和 `transform()`，这很方便。

从图 3.5 可以看出，与胆固醇数据相关的变量 x_5 很容易被转化为钟形的正态分布。然而，对于 x_{10}，由于数据大量存在于某个特定的区域，导致分布虽然呈钟形，但是带有长尾，这种情况并不理想。

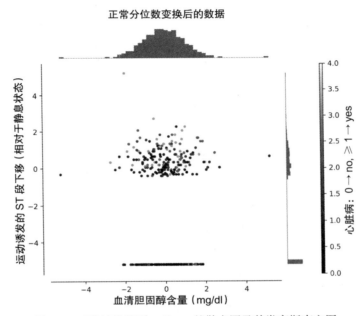

图 3.5　正常转换的列 x_5 和 x_{10} 的散点图及其类高斯直方图

将数据转换成均匀分布与上述过程非常相似，只需要在 `QuantileTransformer()` 构造函数的一行中做一个小的更改，具体如下：

```
transformer = QuantileTransformer(output_distribution='uniform')
```

现在数据转换成均匀分布，如图 3.6 所示。

从图中我们可以看到，每个变量的数据已经服从均匀分布。再次说明，数据在特定区域的聚集，会导致数值大量集中在同一个空间中，这是不理想的。这项工作还在数据分布中创建了一个通常难以处理的缺口，除非使用一些技术实现对数据的增强，我们将在下一节中讨论这个问题。

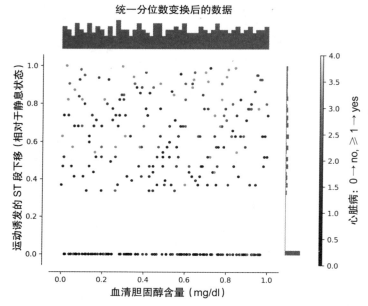

图 3.6 均匀变换列 x_5 和 x_{10} 的散点图及其均匀分布直方图

3.5 数据增强

既然你已经知道了如何处理数据以获得特定的分布，那么了解数据增强是很重要的，它通常与缺失数据或高维数据相关联。传统的机器学习算法在处理维数超过样本数量的数据时可能会有问题。这个问题并不是针对所有的深度学习算法，但是有些算法在训练模型时会面临非常困难的问题，因为需要解决的变量比需要处理的样本要多。我们有几个选项来纠正这个问题：要么减少维度或变量（见下一节），要么增加数据集中的示例（见本节）。

添加更多数据的一种技术称为**数据增强**（Van Dyk, D. A. and Meng, X. L., 2001）。在本节中，我们将通过使用 MNIST 数据集来举例说明一些数据增强技术。这些技术专门用于处理图像数据，但是从概念上讲，可以将该技术扩展到其他类型的数据。

我们将介绍数据增强的基本知识：添加噪声、旋转和缩放。也就是说，从一个原始示例中，将生成三个新的、不同的数字图像。我们将使用名为 scikit image 的图像处理库。

3.5.1 尺度缩放

我们重新加载 MNIST 数据集，正如之前所做的：

```
from sklearn.datasets import fetch_openml
mnist = fetch_openml('mnist_784')
```

然后，可以简单地调用 rescale() 方法来创建一个尺度被重新缩放的图像。调整图像尺度大小的目的是将其重新缩放到原始大小，使得图像看起来像原始图像的一个较低分辨率的图像。在缩放过程中，图像会失去一些特征，但实际上可以由此训练出一个更加健壮的深度学习模型。也就是说，这个模型对图像中目标的尺度具有更好的健壮性。

```
from skimage.transform import rescale
x = mnist.data[0].reshape(28,28)
```

对于要处理的原始图像 x，可以按如下方式对其进行缩小和放大：

```
s = rescale(x, 0.5, multichannel=False)
x_= rescale(s, 2.0, multichannel=False)
```

此时，增强（尺度缩放）的图像在 x_ 中。注意，在本例中，图像被缩小了 2 倍（50%），然后又被放大了 2 倍（200%）。multichannel 参数设置为 false，因为图像只有一个通道，这意味着它们是灰度图像。

> 在进行尺度缩放时，要注意需要按能够对分辨率进行精确等分的因子进行缩放。例如，一张 28×28 的图像，如果缩小 0.5 倍，就会变成 14×14，这挺好的。但如果缩小 0.3 倍，就会缩小到 8.4×8.4，也就是 9×9，因为这会增加不必要的复杂情况，所以并不好。要尽量保持简单。

除了尺度缩放之外，还可以稍微修改现有数据，使现有数据既发生一些变化，又不至于偏离原始数据，下面对此进行讨论。

3.5.2 添加噪声

同样，我们也可以用加性高斯噪声污染原始图像。这创造了以随机模式进行变化的图像，可以模拟摄像头产生的问题或噪声环境下的图像采集，如图 3.7 所示。这里，使用添加噪声的方法来增强数据集，并最终产生一个对噪声具有鲁棒性的深度学习模型。

为此，使用 random_noise() 方法如下：

```
from skimage.util import random_noise
x_ = random_noise(x)
```

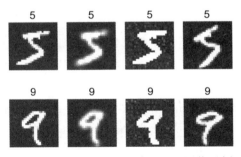

图 3.7 使用数据增强技术生成的图像示例

再次说明，被增强的图像（含噪声的图像）存放在 x_ 中。

除了添加噪声之外，我们还可以稍微改变一下图像的透视效果，以便在不同的角度保留目标的原始形状，我们将在下一小节介绍这个方法。

3.5.3 旋转

我们可以对图像进行一些简单的旋转来获得更多的图像数据。图像旋转是从图像中学习良好特征的关键方法。更大的数据集自然包含了许多进行小幅度旋转或进行完全旋转的图像版本。如果数据集中没有这样的旋转图像，就可以手动旋转图像数据实现对数据的增强。

为此，使用 rotate() 方法：

```
from skimage.transform import rotate
x_ = rotate(x, 22)
```

在上述例子中，数字 22 指定了旋转角度。

> 当你在增强数据集时，可能需要考虑使用随机旋转角度进行多次旋转。

第一列是 MNIST 数据集的原始数字。第二列显示了尺度缩放效果。第三列显示了添加加性高斯噪声的效果。最后一列显示了 20 度（顶部）和 −20 度（底部）的图像旋转效果。

3.5.4 其他增强手段

对于图像数据集，还有一些其他的数据增强方法，包括：

❑ 改变图像的投影
❑ 添加压缩噪声（量化图像）
❑ 除了高斯噪声，还可以添加其他类型的噪声，如椒盐噪声、乘性噪声等
❑ 对图像进行不同距离的随机平移

但最强大的增强是所有这些方法的组合！

图像数据很有趣，因为这些数据在局部区域具有高度相关性。然而，对于一般的非图像数据集，如心脏病数据集，我们通常需要使用其他方式实现对数据的增强，例如：

❑ 添加低方差的高斯噪声
❑ 添加压缩噪声（量化）
❑ 通过计算概率密度函数的方式获得新的样本数据点

对于其他特殊类型的数据集，如文本数据集，也可以这样做：

❑ 用同义词替换一些单词
❑ 删除一些单词
❑ 添加包含错误的单词
❑ 去掉标点符号（如果不关心正确的语言结构）

要想了解更多关于这些技术和其他数据增强技术的信息，请查阅与特定类型数据相关的最新在线资源。

现在让我们深入研究一些关于数据降维的技术，这些技术可以用来缓解高维和高度相关数据集的问题。

3.6 数据降维

正如前面指出的，如果我们的数据具有比样本更多的维数（或变量），那么可以增加数

据或减少数据的维数。我们现在讨论关于后者的基础知识。

我们将针对大数据集和小数据集研究降低数据维数的监督方法和无监督方法。

3.6.1 监督算法

由于数据降维的监督算法通过考察数据的标签信息找到更好的数据表示。使用这种方法通常会获得比较好的数据降维效果。现在最流行的数据降维监督方法可能是**线性判别分析**（LDA），将在下一小节中讨论。

线性判别分析

scikit-learn 有一个 `LinearDiscriminantAnalysis` 类，可以很容易地实现对所需数量的组件进行降维。

通过组件的数量，可以了解所需的维数。其名称来源于主成分分析（PCA），它是一种确定数据集中协方差矩阵的特征向量和特征值的统计方法，由此得到，与最大特征值相对应的特征向量是最重要的主分量。当我们使用 PCA 方法来减少到特定数量的分量时，我们想保留那些重要的分量在由数据协方差矩阵的特征值和特征向量所导出的空间中。

LDA 和其他降维技术也有类似的理念，它们的目标是找到低维空间（基于所需的组件数量），以便根据数据的其他属性实现对数据更好的表示。

例如，对于心脏病数据集，我们可以执行 LDA 方法将整个数据集从 13 维降低到二维，同时使用标签 [0,1,2,3,4] 通知 LDA 算法实现对那些标签所代表群体的更好的分离。

为此，我们可以遵循以下步骤：

1）首先，重新加载数据并删除缺失值：

```
from sklearn.discriminant_analysis import
LinearDiscriminantAnalysis
df = pd.read_csv('processed.cleveland.data', header=None)
df = df.apply(pd.to_numeric, errors='coerce').dropna()
```

注意，我们之前不必处理心脏病数据集的缺失值，因为 pandas 会自动忽略缺失值。但是在这里，需要严格地将数据转换为数字，其中缺失的值将被转换为 NaN。因为我们指定了 `errors='coerce'`，这将强制转换中的任何错误变成 NaN。因此，我们使用 `dropna()`，忽略数据集中具有这些缺失数据的行，因为它们会导致 LDA 算法失败。

2）接下来，分别准备包含数据和目标的 x 和 y 变量，进行 LDA 计算，具体的计算过程如下：

```
X = df[[0,1,2,3,4,5,6,7,8,9,10,11,12]].values
y = df[13].values

dr = LinearDiscriminantAnalysis(n_components=2)
X_ = dr.fit_transform(X, y)
```

在这个例子中，X_ 包含了以二维形式表示的整个数据集，如 n_components=2 所示。选择两个组件只是为了以图形方式说明数据的外观。但是你可以将其更改为想要的任意数量的组件。

图 3.8 描述了将 13 维数据集降低到二维数据集的样子。

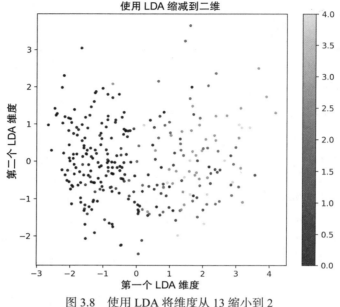

图 3.8 使用 LDA 将维度从 13 缩小到 2

请注意，0（表示没有心脏疾病）的值大多聚集在左侧，而其余的值（即 1、2、3 和 4，表示存在心脏疾病）似乎聚集在右侧。这是一个很好的属性，当我们从 13 列中选择两列时，在图 3.2 到图 3.6 中没有看到这个属性。

从技术上讲，使用 LDA 导出的二维数据集中仍然包含了 13 维数据集中的相关信息。如果数据在这些低维表示中似乎是可分离的，那么深度学习算法就可能有很好的机会学习到对数据进行高性能分类或回归的模型。

虽然 LDA 可以提供一种非常好的方式，通过数据中的标签来执行数据维度缩减，但是我们可能并不总是拥有带标签的数据，或者可能不希望使用已有的标签。在这些情况下，应该探索不需要使用标签信息的其他具有健壮性的方法，例如将在下文中讨论的无监督技术。

3.6.2 无监督技术

无监督技术是最流行的降维方法，因为它们不需要使用关于标签的先验信息。我们从 PCA 的内核化方法版本开始，然后转向面向更大数据集的操作方法。

1. 核 PCA

这种 PCA 算法的变体使用核方法估计距离、方差和其他参数来确定数据的主要成分（Schölkopf, B.et al.，1997）。与常规的 PCA 相比，核 PCA 可能需要更多的时间来生成解决方案，但它比传统的 PCA 更值得使用。

scikit-learn 关于 `KernelPCA` 类的使用方法如下：

```
from sklearn.decomposition import KernelPCA

dr = KernelPCA(n_components=2, kernel='linear')
X_ = dr.fit_transform(X)
```

再一次，我们使用二维空间作为新的降维后空间，并使用 `'linear'` 作为内核。其他比较流行的内核包括：

❑ 径向基函数内核的 `'rbf'`

❑ 多项式内核 `'poly'`

> 就我个人而言，总的来说我喜欢 `'rbf'` 内核，因为它更强大、更健壮。但通常需要花费宝贵的时间来确定参数 γ 的最佳取值，即径向基函数的钟形宽度。如果有时间，可以尝试 `'rbf'` 并试验参数 gamma。

使用核 PCA 的计算结果如图 3.9 所示。该图再次显示了 KPCA 算法导出空间中左下角阴性类（表示无心脏病，值为 0）的聚类排列。阳性分类（表示有心脏病，值≥1）倾向于向上的数据聚集。

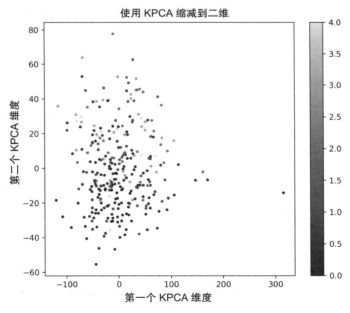

图 3.9　使用核 PCA 将维度从 13 缩小到 2

与图 3.8 相比，LDA 算法产生了更好的具有数据可分离性的数据空间。然而，尽管现在已知实际的目标类型，KPCA 还是做得很好。现在，LDA 和 KPCA 可能不会把时间花在规模较小的数据集上，如果我们拥有很多的数据，那么该怎么办呢？接下来我们将讨论一些相关的选择。

2. 大数据集

前述例子可以很好地处理中等规模的数据集。然而，当处理规模非常大的数据集时，即数据集拥有很多维度或样本时，一些算法可能不能发挥其最佳功能。在最坏的情况下，这些算法将无法拿出解决方案。接下来的两种无监督算法是通过使用称为批处理训练的技术来设计的，可以很好地用于处理大型数据集。这种技术是众所周知的，并已成功应用于机器学习（Hinton, G.E., 2012）。

批处理训练的主要思想是将数据集划分为多个规模较小（迷你）的批次，每个批次为寻找问题求解的全局解决方案获得部分进展。

3. 稀疏 PCA

首先考察在 scikit-learn 中可用的 PCA 稀疏编码版本 MiniBatchSparsePCA。该算法的主要目标是获得满足稀疏性约束子空间的最佳变换。

> ℹ️ 稀疏性是矩阵（或向量）的一种性质，稀疏性矩阵（或向量）中的大部分元素为零。稀疏的反义词是稠密。我们喜欢深度学习中的稀疏性，因为需要做很多关于张量（向量）的乘法运算，如果其中的一些元素是零，就不必执行与这些元素相关的乘法运算，从而节省时间并优化速度。

可以按照下面的步骤处理 MNIST 数据集以减少其维数，因为它有 784 个维数和 70 000 个样本。规模已经足够大了，更大规模的数据集也可以使用这个算法：

1）首先重新加载数据，为稀疏 PCA 编码做准备：

```
from sklearn.datasets import fetch_openml
mnist = fetch_openml('mnist_784')

X = mnist.data
```

2）然后进行如下降维：

```
from sklearn.decomposition import MiniBatchSparsePCA

dr = MiniBatchSparsePCA(n_components=2, batch_size=50,
                        normalize_components=True)
X_ = dr.fit_transform(X)
```

这里，MiniBatchSparsePCA() 构造函数接受如下三个参数：

- ❑ n_components，出于可视化目的，将其设置为 2。
- ❑ batch_size 决定算法一次使用多少个样本。我们将其设置为 50，但是更大的数字可能会使算法的计算速度变慢。
- ❑ normalize_components 是对数据进行中心化预处理，即使其具有零均值和单位方差。建议每次都这样做，特别是如果你处理的是图像等高度相关的数据。

采用稀疏 PCA 变换的 MNIST 数据集得到的结果如图 3.10 所示。

如你所见，类别之间的分界线并不完全清楚。虽然有一些确定的数字簇，但由于类别之间存在一定的重叠，这似乎不是一个简单的任务。部分原因是许多数字看起来很像。算法将数字 1 和 7 聚集在一起（左边上和下）或 3 和 8（中间和向上）是有道理的。

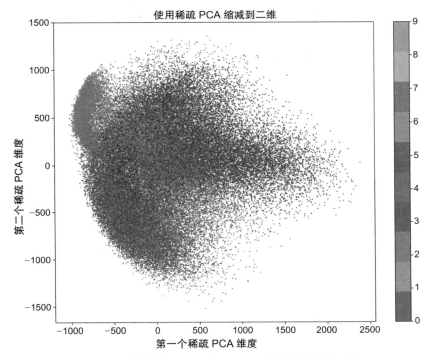

图 3.10　利用稀疏 PCA 将 MNIST 数据集降维到二维

下面让我们使用另一个流行和有用的算法，它叫作字典学习。

4. 字典学习

字典学习是名为字典的变换基向量的学习过程，可以轻松地扩展到大规模的数据集（Mairal, J.et al., 2009）。

ⓘ 这种规模的数据集是基于 PCA 的算法无法处理的，尽管 PCA 的算法仍然很强大，最近在 2019 年国际机器学习大会上获得了最具时间价值奖。

可在 scikit-learn 通过 MiniBatchDictionaryLearning 类使用字典学习算法。我们可以这样做：

```
from sklearn.decomposition import MiniBatchDictionaryLearning

dr = MiniBatchDictionaryLearning(n_components=2, batch_size=50)
X_ = dr.fit_transform(X)
```

构造函数 MiniBatchDictionaryLearning() 接受与 MiniBatchSparsePCA() 类似的参数，具有相同的含义。使用字典算法降维后的空间效果如图 3.11 所示。

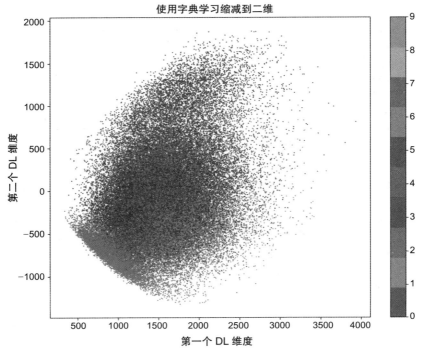

图 3.11 字典学习将 MNIST 数据降为二维

我们可以看到，即使有明确定义的集群，类别之间仍然有很多的重叠情况。如果使用二维数据作为分类器模型的输入，可能会产生较差的分类效果。但是，这并不意味着这个算法一定是不好的。这可能意味着，二维空间可能不是最终维度的最佳选择。继续阅读学习更多的知识吧。

3.6.3 关于维度的数量

缩减数据规模并不总是必要的步骤。但是对于高度相关的数据，例如图像数据，我们强烈推荐使用缩减数据规模技术。

这里所讨论的降维技术实际上都是为了去除数据中的冗余信息，保留数据中重要的信息内容。如果我们要求一种算法将不相关、不冗余的数据集从 13 维降至 2 维，这听起来有点冒险，也许降到 8 维或者 9 维是更好的选择。

没有一个认真的机器学习者会尝试将一个非相关、非冗余的 784 维数据集减少到只有 2 维。即使数据是高度相关和冗余的，如 MNIST 数据集，要求将其从 784 维下降到 2 维也是一个很大的变化跨度。这是一个非常危险的决定，可能会丢掉重要的、有区别的、相关的信息，也许降 50 维或 100 维是一个更好的选择。

没有一种通用的方法来确定哪种尺度是好的。这是一个需要实验的过程。如果想在这方面做得很好，那么你必须尽职尽责，至少尝试两个或更多不同维度的实验。

3.7 操纵数据的道德影响

在处理需要了解的数据时，会存在许多道德影响和风险。大多数深度学习算法都必须通过重新训练加以纠正以符合我们所生活世界的价值观，因为人们发现它们存在偏见或不公平。这是一件非常不幸的事情。你需要成为一个负责任的人工智能从业者，并创造出经过深思熟虑且经得起社会考验机器学习模型。

在处理这些数据时，要非常小心从数据中删除离群值（异常值），因为你认为它们会降低模型的性能。有时候，它们代表了受保护群体或少数群体的信息，消除这些信息会使得不公平现象持续存在，并对多数群体产生偏见。要避免删除离群值，除非你绝对能够确定它们是由传感器故障产生的错误或者人为引起的错误。

要注意数据分布的变换方式。在大多数情况下，改变数据分布是可以的，但如果你在处理人口统计数据，就需要密切关注你正在改变的东西。

在处理诸如性别等人口统计资料时，如果我们考虑比例，将女性和男性分别编码为 0 和 1 可能是危险的。我们需要注意的是，不要平等（或不平等）地提倡使用不能反映社会现实的机器学习模型。只有当我们当前的现实显示出非法的歧视、排斥和偏见时才例外。这样，模型（基于我们的数据）不是在反映这种现实，而是在反映社区所希望的合法现实。也就是说，我们准备良好的数据来创建模型，目的不是延续社会问题，而是反映出我们想要建成的社会。

3.8 小结

本章讨论了许多数据处理技术，以后我们还会一直使用这些技术。现在就花一些时间做这件事情比以后才做要好。这样会使深度学习架构的建模更加容易。

学习完本章的知识后，你现在能够处理和生成用于分类或特征表示的二元数据了。还知道了如何处理分类数据和标签，并为分类或回归做好准备。当拥有实值数据时，你现在知道了如何识别它们的统计属性以及如何标准化这些数据。如果遇到了非正态或非均匀分布的数据问题，现在你知道如何去解决了。如果遇到数据不足的问题，可以使用数据增强技术实现对数据的扩充。在本章的末尾，你学习了一些最流行的降维技术。你还会学到更多的知识，例如，当我们谈论自编码器时，它也可以用于对数据的降维。但还需要耐心等待，我们会及时到达这个知识点。

现在，将继续我们的旅程，进入下一个关于机器学习基本知识的入门主题。第 4 章介绍深度学习理论中最基本的概念，包括回归和分类的性能度量以及过拟合的识别。然而，在这之前，请试着用下面的问题来测试一下自己的知识掌握程度。

3.9 习题与答案

1. 心脏数据集中的哪些变量适合做回归分析？

答：事实上，所有的变量都适合做回归分析。但理想的变量是实值变量。

2. 数据的尺度缩放会改变数据的分布吗？

　　答：不会。数据的分布保持不变。统计指标如均值和方差可能会改变，但分布保持不变。

3. 有监督的和无监督降维方法的主要区别是什么？

　　答：监督算法使用样本数据的目标标签，无监督算法则不需要这些信息。

4. 什么时候使用基于批处理的降维更好？

　　答：当数据集规模非常大的时候。

3.10　参考文献

- Cleveland Heart Disease Dataset (1988). Principal investigators:
  a. Hungarian Institute of Cardiology. Budapest: Andras Janosi, M.D.
  b. University Hospital, Zurich, Switzerland: William Steinbrunn, M.D.
  c. University Hospital, Basel, Switzerland: Matthias Pfisterer, M.D.
  d. V.A. Medical Center, Long Beach and Cleveland Clinic Foundation: Robert Detrano, M.D., Ph.D.
- Detrano, R., Janosi, A., Steinbrunn, W., Pfisterer, M., Schmid, J.J., Sandhu, S., Guppy, K.H., Lee, S. and Froelicher, V., (1989). International application of a new probability algorithm for the diagnosis of coronary artery disease. *The American journal of cardiology*, 64(5), 304-310.
- Deng, L. (2012). The MNIST database of handwritten digit images for machine learning research (best of the web). *IEEE Signal Processing Magazine*, 29(6), 141-142.
- Sezgin, M., and Sankur, B. (2004). Survey over image thresholding techniques and quantitative performance evaluation. *Journal of Electronic imaging*, 13(1), 146-166.
- Potdar, K., Pardawala, T. S., and Pai, C. D. (2017). A comparative study of categorical variable encoding techniques for neural network classifiers. *International Journal of Computer Applications*, 175(4), 7-9.
- Hanin, B. (2018). Which neural net architectures give rise to exploding and vanishing gradients?. In *Advances in Neural Information Processing Systems* (pp. 582-591).
- Andrews, D. F., Gnanadesikan, R., and Warner, J. L. (1971). Transformations of multivariate data. *Biometrics*, 825-840.
- Van Dyk, D. A., and Meng, X. L. (2001). The art of data augmentation. *Journal of Computational and Graphical Statistics*, 10(1), 1-50.
- Schölkopf, B., Smola, A., and Müller, K. R. (1997, October). Kernel principal component analysis. In *International conference on artificial neural networks* (pp. 583-588). Springer, Berlin, Heidelberg.
- Hinton, G. E. (2012). A practical guide to training restricted Boltzmann machines. In *Neural networks: Tricks of the trade* (pp. 599-619). Springer, Berlin, Heidelberg.
- Mairal, J., Bach, F., Ponce, J., and Sapiro, G. (June, 2009). Online dictionary learning for sparse coding. In *Proceedings of the 26th annual international conference on machine learning* (pp. 689-696). ACM.

第4章 *Chapter 4*

从数据中学习

正如我们在第3章中所看到的，对于复杂的数据集，数据准备需要花费大量的时间。然而，花在数据准备上的时间是值得的。同样，对于任何想要进入深度学习领域的人来说，花时间去理解从数据中学习的基本理论也是非常重要的。当阅读新的算法或者在评估自己的模型的时候，对机器学习基本原理的理解将会给你带来回报。当你读到本书后面的章节时，它也会让学习过程变得更加容易。

具体而言，本章介绍了深度学习理论中最基本的概念，包括对回归和分类性能的度量以及对过拟合的识别。本章还提供了关于超参数优化敏感性问题的一些警告。

本章主要内容如下：
- 学习的目的
- 成功与错误的度量
- 识别过拟合和泛化
- 机器学习背后的艺术
- 深度学习训练算法的伦理意蕴

4.1 学习的目的

第3章分别针对**回归**和**分类**这两大类机器学习任务讨论了如何进行数据准备。我们将在本节更加详细地介绍分类和回归之间的技术差异。这些差异很重要，因为它们将限制可用于问题求解的机器学习算法的类型。

4.1.1 分类问题

如何才能判定某个问题是否属于分类问题呢？答案取决于两个主要因素：你试图解决的问题和解决该问题所需要的数据。当然，可能还会存在其他因素，但是上述两个因素是最重要的。

如果你的目的是要创建一个模型，对于给定一些输入，该模型的响应或输出结果是用来区分两个或多个不同的类别，那么你的问题就是分类问题。例如，以下都是一些分类问题：

❑ 给定一张图片，指出图片中包含的数字（区分 10 个类别：0 ～ 9 位数字）。
❑ 给定一张图片，指出图片中是否包含一只猫（区分两个类别：是或否）。
❑ 给定一系列关于温度的读数，确定属于哪个季节（区分四个类别：四季）。
❑ 给定一条推文，确定其情绪的类别（区分两个类别：积极或消极）。
❑ 给定一个人的图像，确定这个人的年龄类别（区分五个类别：<18、18 ～ 25、26 ～ 35、35 ～ 50、>50）。
❑ 给定一只狗的图像，确定它的品种（根据国际公认的品种，一共有 120 个品种类别）。
❑ 给定一个完整的文档，确定该文档是否被篡改（区分类别：真实的或被篡改的）。
❑ 给定光谱辐射计的卫星读数，确定该地理位置是否与植被的光谱特征相匹配（区分类别：匹配或不匹配）。

从列表中的示例可以看出，不同类型的问题对应有不同类型的数据。我们在这些例子中看到的这种与问题相关的数据称为**带标签数据**。

ⓘ 无标签数据非常常见，但是如果没有经过某种关于类别属性的处理而使其能够匹配到某个类别，则很少将这些数据用于解决分类问题。例如，可以对未标记的数据使用无监督聚类，将数据分配到特定的聚类（如组别或类别），在这一点上，无标签数据通过某种数据技术层面上的处理成为"带标签数据"。

从这个列表中需要注意的另一个要点是可以将分类问题划归为两个大的基本类型：
❑ 二元分类：仅用于对任何两个类别之间进行分类。
❑ 多元分类：在两个以上的类别之间进行分类。

乍看起来，这种分类类型的划归方式好像比较武断，但是其实并非如此。事实上，分类的类型将限制你可以使用的学习算法类型和预期的算法性能。为了更好地理解这一点，让我们分别讨论这两种分类问题。

1. 二元分类

二元分类通常被认为是一个比多元分类更加简单的问题。事实上，如果我们能解决二元分类问题，那么就可以从技术上通过某个确定的策略将多元分类问题分解成几个二元分类问题，从而实现对多元分类问题的求解（Lorena, A. C. et al., 2008）。

人们认为二元分类问题更加简单的原因之一在于二元分类学习算法背后的相关算法和

数学基础。假设有一个二元分类问题，例如第 3 章中介绍的 Cleveland 数据集。这个数据集包括每个病人的 13 个医学观察数据——可以称之为 $\boldsymbol{x} \in \mathbb{R}^{13}$。对于每个患者记录，都有一个与之相关的标签，表明该患者是否患有某种类型的心脏病（+1）或（−1）——我们将其称为 $y \in \{-1,1\}$。因此，一个包含 N 个样本的完整数据集 $\mathcal{D}$，可以定义为如下数据和标签的集合：

$$\mathcal{D} = \{\boldsymbol{x}_i, y_i\}_{i=1}^N$$

第 1 章中，学习的目的是使用某个算法，找到一种模型分别将 $\mathcal{D}$ 中所有的样本输入数据 $\boldsymbol{x}$ 映射到其正确的标签 y，并（希望）能够进一步对样本集合 $\mathcal{D}$ 以外的样本实现正确的映射。我们使用感知机模型及**感知机学习法（PLA）进行学习**，目的是要找到能满足以下条件的参数：

$$y_i = \text{sign}(\boldsymbol{w}^\text{T}\boldsymbol{x}_i + b)$$

对于所有样本 $i = 1, 2, \cdots, N$。然而，正如我们在第 1 章中所讨论的那样，如果数据是非线性可分的，则不存在满足上述等式的参数。在这种情况下，虽然可以得到一个近似值或预测值，但那不一定是期望的结果，通常将该预测值记为 $\hat{y}$。

因此，学习算法的全部意义就变成了减少期望的目标标签 y 值和预测值 $\hat{y}$ 之间的差异。在理想情况下，我们希望对于所有 $i = 1, 2, \cdots, N$，都成立 $\hat{y}_i = y_i$。在 $\hat{y}_i \neq y_i$ 的时候，必须对学习算法做出适当的调整（即对模型进行训练），通过寻找新的更好的参数 $(\boldsymbol{w}, b)$ 来避免在未来犯这样的错误。

这些算法背后的科学依据因模型而异，但最终目标通常是相同的：

❑ 在每次学习迭代中减少错误预测 $\hat{y}_i \neq y_i$ 的数量。

❑ 在尽可能少的迭代（步骤）中学习模型参数。

❑ 尽可能快地学习模型参数。

由于大多数数据集需要处理的是线性不可分问题，因此，人们通常忽略 PLA 而倾向于使用其他算法，以便进行更快的收敛和更少的迭代。很多机器学习的模型训练算法都是通过采取特定的步骤来调整参数以减少误差 $\hat{y}_i \neq y_i$，参数调整的依据主要是所选择的参数关于误差可变性和参数选择的导数。因此，（至少在深度学习领域）最为成功的模型训练算法主要是基于某种梯度下降策略的训练算法（Hochreiter, S., et.al., 2001）。

现在，让我们来讨论最基本的梯度迭代策略。对于给定数据集 $\mathcal{D}$，假设我们想要学习的模型参数是 $(\boldsymbol{w}, b)$。我们将不得不对关于该问题的表达式进行一些简化，使用表达式 $\boldsymbol{w}^\text{T}\boldsymbol{x}_i$ 隐含地表达 $\boldsymbol{w}^\text{T}\boldsymbol{x}_i + b$。唯一可行的办法是令：

$$\boldsymbol{w} = [b, w_1, w_2, \cdots, w_d]^\text{T} \text{ 和 } \boldsymbol{x} = [1, x_1, x_2, \cdots, x_d]^\text{T}$$

通过这种简化处理，我们只需简单地搜索参数 $\boldsymbol{w}$，因为其中也蕴含着对参数 b 的搜索。基于固定学习率的梯度下降算法步骤如下：

1）将权值初始化为零（$\boldsymbol{w} = \boldsymbol{0}$），将迭代计数器初始化为零（$t = 0$）。

2）当 $t \leq t_{max}$ 时，进行下列操作：

①计算关于 w_t 的梯度，并将其存储在 $g_t \leftarrow \nabla E(w_t)$ 中

②更新 w：$w_{t+1} = w_t - \eta g_t$

③迭代计数器加 1，并返回到①

这里有一些需要解释的要点：

☐ 梯度的计算 $\nabla E(w_t)$ 不是一件无关紧要的事情。对于一些特定的机器学习模型，可以通过分析机器学习模型特点来确定梯度的计算方法，但是在大多数情况下，必须使用一些最新算法来进行相应的数值计算

☐ 仍然需要定义误差 $E(w_t)$ 是如何计算的，这将在下一节进行讨论

☐ 学习率 η 也需要明确，这本身就是一个问题

关于最后一个要点的求解思路是通过找到使误差最小化的参数 w，我们需要学习率参数 η。现在，使用梯度下降法的时候要适当考虑对学习率参数 η 搜索。然而，如果这样的话，可能会陷入死循环。关于梯度下降算法和它的学习率，我们不会深入到更多的相关细节，因为如今的梯度下降算法通常包括一些自动计算功能或者自适应调整功能（Ruder, S., 2016）。

2. 多元分类

分类到多个类别可能会对学习算法的性能产生重要影响。一般来说，模型的性能会随着需要识别的类型数量增加而下降，除非有大量的数据和很强的计算能力，用于克服数据集中样本类别分布不平衡问题所带来的局限。你可以估计大量的梯度，并进行大规模的计算和模型更新。计算能力在未来可能不会成为一个问题，但目前它还是一个制约条件。

多元分类问题可以通过使用诸如**一对一**或**一对多**的策略来解决。

在一对多策略中，你本质上拥有一个专门的二元分类器，它非常擅长从所有模式中识别出某一个特定的模式，通常采用级联策略实现。例如：

```
if classifierSummer says is Summer: you are done
else:
 if classifierFall says is Fall: you are done
 else:
   if classifierWinter says is Winter: you are done
   else:
     it must be Spring and, thus, you are done
```

下面是关于这个策略的图解说明。如图 4.1 所示，假设有关于一年中四个季节的二维数据。

二维随机数据的例子中，有四个分别与一年四季相对应的类别，二元分类器不能直接处理这种数据。然而，可以训练专门针对某个特定类别的专门二元分类器，而不是对*所有*其他类型进行分类。如果用一个简单的感知机训练一个二元分类器来判断某个数据点是否属于 Summer 类别，那么可以得到如图 4.2 所示的分类超平面。

同样，还可以训练关于其他类别的专门分类器，直到有足够的证据来检验整个假设为止，也就是说，直到能够区分所有的类别为止。

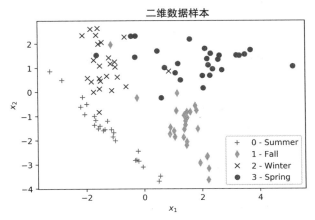

图 4.1　随机的二维数据可以告诉我们一些一年四季的数据

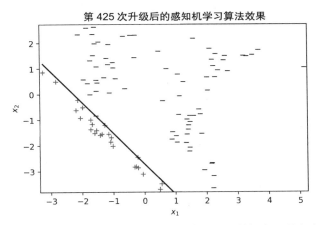

图 4.2　PLA 在区分 Summer 季节数据和其他季节数据方面是专家级的

　　另一种选择是使用可以同时处理多个输出的分类器；例如，决策树或集成学习方法。对于深度学习和神经网络的情形，指的是在输出层可以包含多个神经元的神经网络，如第 1 章中图 1.8 和图 1.10 描述的神经网络。

　　多输出神经网络的数学表达式与单输出神经网络相比，只有一些细微的变化。多输出神经网络的输出不再是类似于如 $y \in \{-1, +1\}$ 的一组二元值，而是由独热编码值组成的向量，例如 $y \in \mathbb{Z}^{|C|}$，其中 $|C|$ 表示集合 C 的大小，集合 C 包含了所有不同的类别标签。对于上述示例，集合 C 中包含了以下内容：$C = \{\text{'Summer', 'Fall', 'Winter', 'Spring'}\}$。每个类别的独热编码如下：

　　❏ Summer：$\boldsymbol{y} = [1, 0, 0, 0]^{\mathrm{T}}$
　　❏ Fall：$\boldsymbol{y} = [0, 1, 0, 0]^{\mathrm{T}}$
　　❏ Winter：$\boldsymbol{y} = [0, 0, 1, 0]^{\mathrm{T}}$

❑ Spring：$y = [0,0,1,0]^T$

目标向量中的每个元素都对应于四个神经元期望输出中的一个。我们还应该指出，数据集定义要显示样本输入数据和标签数据都是向量：

$$\mathcal{D} = \{\boldsymbol{x}_i, \boldsymbol{y}_i\}_{i=1}^N$$

另一种处理多元分类问题的方法是使用**回归分析方法**。

4.1.2　回归问题

我们在前面指出：对于二元分类，目标变量可以取诸如 $y \in \{-1, +1\}$ 的一组二元值，对于多元分类，可以将目标变量调整为一个维数为类别个数的向量，即 $\boldsymbol{y} \in \mathbb{Z}^{|C|}$，回归分析问题处理的是目标变量取任何实数值的情形，即 $y \in \mathbb{R}$。

这里蕴含着一个非常有意思的事实，因为有了回归模型和算法，我们可以从技术上实现二元分类，因为实数集包含了任何二元数集：

$$y \in \{-1, +1\} \subseteq \mathbb{R}$$

此外，如果我们将 $C = \{\text{'Summer'}, \text{'Fall'}, \text{'Winter'}, \text{'Spring'}\}$ 改为数值表示，例如 $C = \{0,1,2,3\}$，那么从*技术上讲*，也可以使用回归分析方法处理关于下列目标数据的分类问题：

$$y \in \{0,1,2,3\} \subseteq \mathbb{R}$$

💡 尽管可以使用回归模型解决分类问题，但还是建议你使用专门用于分类的模型处理分类问题，回归模型仅用于解决回归任务。

甚至回归模型可以用于分类（Tan, X., et.al., 2012），当目标变量为实数时，处理效果是比较理想的。下面列出若干回归问题：

❑ 给定一张图像，指出其中有多少人（输出可以是任何不小于 0 的整数）。
❑ 给定一张图像，指出该图像中包含猫的概率（输出可以是从 0 到 1 之间的任何实数）。
❑ 给定一系列关于温度的读数，确定实际的温度值（输出可以是范围取决于温度单位的任何整数）。
❑ 给定的一条推特文本，确定该文本具有攻击性的概率（输出可以是从 0 到 1 之间的任何实数）。
❑ 给定一个人的图像，确定此人年龄（输出可以是任何正整数，通常小于 100）。
❑ 给定整篇文档，确定该文档可能的压缩率（输出可以是从 0 到 1 之间的任何实数）。
❑ 给定光谱辐射计卫星读数，确定相应的红外光谱辐射值（输出可以是任何实数）。
❑ 给定一些主要报纸的标题，确定石油的价格（产量可以是任何不小于 0 的实数）。

正如上述列表所示，回归模型有可能的应用领域。这是因为实数的范围包括所有整数和正负数，即使某个特定应用程序的数据变化范围非常大，回归模型也可以通过适当地调整以满足特定的数据变化范围。

为了解释回归模型的基本功能，让我们从基本的线性回归模型开始。后面的章节中将介绍基于深度学习的更加复杂的回归模型。

线性回归模型试图解决下列问题：

$$y_i = \boldsymbol{w}^{\mathrm{T}} \boldsymbol{x}_i + b$$

需要对于所有的 $i = 1, 2, \cdots, N$ 求解。我们可以使用前述技巧将对 b 的计算隐含在线性模型之中。因此，可以说需要解决的是下列问题：

$$y_i = \boldsymbol{w}^{\mathrm{T}} \boldsymbol{x}_i$$

再一次，我们学习到对所有 i 满足等式 $\hat{y}_i = y_i$ 的参数 $\boldsymbol{w}$。在线性回归的情况下，如果输入数据 $\boldsymbol{x}_i$ 呈现出一条完美的直线排列，那么预测值 $\hat{y}$ 应该比较理想地等于实际的目标值 y。但这通常不会发生，所以必须要有一种方法即使在 $\hat{y}_i \neq y_i$ 的情况下，也可以学习到参数 $\boldsymbol{w}$ 的取值。为了实现这个目标，线性回归学习算法从对小错小罚和大错大罚的表示开始。这很有道理，而且很直观。

一种自然的惩罚错误的方法计算预测值和目标值之间误差的平方。下面是一个误差很小的例子：

$$(\hat{y}_i - y_i)^2 = (0.98 - 1)^2 = (-0.02)^2 = 0.0004$$

当误差很大时，则有：

$$(\hat{y}_i - y_i)^2 = (15.8 - 1)^2 = (14.8)^2 = 219.4$$

在这两个示例中，期望的目标值都是 1。在第一种情况下，预测值 0.98 与目标值非常接近，误差的平方为 0.0004，与第二种情况相比较小。第二个预测的误差是 14.8，结果的误差的平方是 219.4。对于建立一个学习算法来说，这似乎是合理，也很直观的，也就是说，根据误差的大小来实施对错误的惩罚。

可以将用于选择参数 $\boldsymbol{w}$ 的总体平均误差函数正式定义为所有误差平方和的平均值，也称之为**均方误差（MSE）**：

$$E(\boldsymbol{w}) = \frac{1}{N} \sum_{i=1}^{N} (\hat{y}_i - y_i)^2$$

如果根据当前 $\boldsymbol{w}$ 的取值来计算预测值 $\hat{y}_i = \boldsymbol{w}^{\mathrm{T}} \boldsymbol{x}_i$，那么可以将误差函数改写为如下形式：

$$E(\boldsymbol{w}) = \frac{1}{N} \sum_{i=1}^{N} (\boldsymbol{w}^{\mathrm{T}} \boldsymbol{x}_i - y_i)^2$$

可以将其简化为 ℓ_2 - 范数（亦称欧几里得范数，$\|\cdot\|_2$），首先定义一个数据矩阵，其元素为数据向量，并定义一个与该矩阵相对应的目标向量，如下所示：

$$X = \begin{bmatrix} x_1^T \\ x_2^T \\ \vdots \\ x_N^T \end{bmatrix} \text{且} \ y = \begin{bmatrix} y_1 \\ y_2 \\ \vdots \\ y_N \end{bmatrix}$$

此时，可以将上述误差函数简洁地表示为：

$$E(w) = \frac{1}{N} \| Xw - y \|_2^2$$

可以将上式展开为下列重要形式：

$$E(w) = \frac{1}{N} \| w^T X^T X w - 2w^T X^T y + y^T y \|_2^2$$

这种形式很重要，因为它便于计算误差 $E(w)$ 关于参数 w 的导数，通常需要在这种导数的方向上按误差的比例优化调整参数 w。现在，根据线性代数的基本性质，我们可以说误差的导数（也称为梯度，因为它产生了一个矩阵）如下：

$$\nabla E(w) = \frac{2}{N} (X^T X w - X^T y)$$

因为我们想找到产生最小误差的参数，因此可以将梯度设置为 0，然后求解 w 的取值。将梯度设置为 0 并忽略常量，我们可以得到如下结果：

$$X^T X w = X^T y$$
$$w = (X^T X)^{-1} X^T y$$

上面的方程称为**正规方程**（Krejn, S.G.E., 1982）。如此一来，如果简单地使用 $X^* = (X^T X)^{-1} X^T$，就得到关于**伪逆**的定义（Golub, G., and Kahan, W., 1965）。这样做的好处在于不需要通过迭代计算梯度的方式获得最佳参数。事实上，由于梯度可以直接计算和解析，我们通过一次性计算获得最优参数值，如下列线性回归算法所示：

1）从 $\mathcal{D} = \{x_i, y_i\}_{i=1}^{N}$，构建对 (X, y)

2）计算伪逆 $X^* = (X^T X)^{-1} X^T$

3）计算并返回 $w = X^* y$

为了将上述求解过程图示化，假设有遵循线性函数发送信号的系统，由于信号传输时存在均值 0 和单位方差的正常噪声污染，因此只能观察到含有噪声的数据，如图 4.3 所示。

如果黑客读取了这些数据，并试图通过运行线性回归算法来确定数据被污染之前产生该数据的真实函数，那么该黑客将使用如图 4.4 所示的解决方案。

如图 4.4 所示，线性回归模型的解显然非常接近真实的线性函数。在这个特定的例子中，我们可以看到线性回归模型与真实函数之间具有非常高的拟合程度，这是因为数据被遵循白噪声模式的噪声污染。然而，对于其他类型的噪声，模型的拟合性能可能达不到这么好的效果。此外，大多数回归问题根本不是线性的，事实上，最有趣的回归问题通常都是高度非线性的。尽管如此，回归分析的基本学习原则是一样的：

- ❑ 在每次学习迭代中减少误差 $E(w)$ 值（或者通过直接的一次性计算，如线性回归）
- ❑ 在尽可能少的迭代（步骤）中学习模型参数
- ❑ 尽可能快地学习模型参数

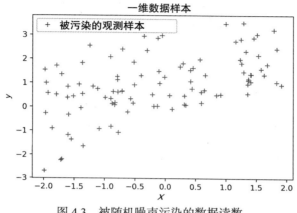

图 4.3　被随机噪声污染的数据读数

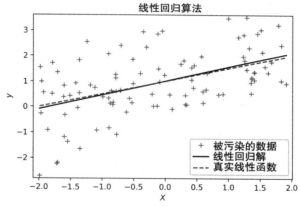

图 4.4　噪声数据中估计真实函数的线性回归方法

　　指导学习过程的另一个主要要点是关于成功或错误的参数 $E(w)$ 选择的计算方式。在 PLA 例子中，模型只是发现了一个错误，并据此进行了调整。对于多元分类来说，这是通过误差的梯度下降过程来实现；在线性回归分析中，则是通过使用 MSE 进行直接梯度计算。现在，让我们更加深入地研究其他类型的成功和错误的度量方法，这些方法可以是定量的，也可以是定性的。

4.2　度量成功与错误

　　人们在深度学习模型中使用了各种各样的性能指标，如准确度、平均错误率、均方误差等。为了更好地组织这些知识内容，将这些性能指标分为如下三组，即：面向于二元分类的指标，面向多元分类的指标和面向回归分析的指标。

4.2.1 二元分类

分析和衡量我们的模型是否成功，可以使用名为**混淆矩阵**的重要工具。混淆矩阵不仅有助于直观地显示模型是如何做出预测的，而且可以从中检索到其他有趣的信息。图 4.5 表示混淆矩阵的一个模板。

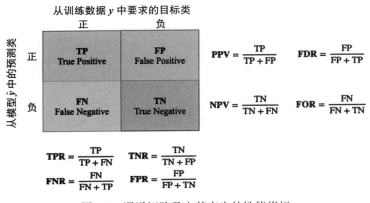

图 4.5 混淆矩阵及由其产生的性能指标

混淆矩阵及由其产生的所有性能指标是表达模型有多好的重要方式。你应该添加这个页面到书签，以便在需要的时候进行回顾。

在前述混淆矩阵中，你可能会注意到有两列纵轴，它们表示真实的目标值，两行横轴则表示预测值。行和列的相交处表示期望预测到的真实内容与实际预测内容之间的关系。矩阵中的每一个项都有相应的特殊含义，并可以引出其他有意义的复合性能指标。

以下是参数列表及其含义：

缩写	描述	含义
TP	True Positive（真正）	表示数据点属于正类，并且被正确地预测为正类
TN	True Negative（真负）	表示数据点属于负类，并且被正确地预测为负类
FP	False Positive（假正）	表示数据点属于负类，并且被错误地预测为正类
FN	False Negative（假负）	表示数据点属于正类，并且被错误地预测为负类
PPV	Positive Predictive Value or Precision	表示正确预测为正类的预测值数目在所有预测为正值数目中所占的比例
NPV	Negative Predictive Value	表示正确预测为负类的预测值数目在所有预测为负值数目中所占的比例
FDR	False Discovery Rate	表示所有预测为正类的预测值中，错误地预测为假正类的比例

（续）

缩写	描述	含义
FOR	False Omission Rate	表示所有预测为负类的值中，错误地预测为假负类的比例
TPR	True Positive Rate, Sensitivity, Recall, Hit Rate	表示被预测为正类实际为正类的数据点在所有正类数据点中所占的比例
FPR	False Positive Rate or Fall-Out	表示预测为正类实际为负类的数据点在所有负类数据点中所占的比例
TNR	True Negative Rate, Specificity, or Selectivity	表示预测为负类实际上是负类的数据点占所有负类数据点的比例
FNR	False Negative Rate or Miss Rate	表示预测为负类实际上是正类的数据点占所有正类数据点的比例

其中有些指标的含义可能有点晦涩难懂；但是，你现在不需要记住它们，你可以随时在需要的时候回顾这个表格。

还有一些计算起来有点复杂的指标，例如：

缩写	描述	含义
ACC	Accuracy	表示正确预测所有样本数据点中正类和负类的比率
F_1	F_1-Score	表示准确度和灵敏度的平均值
MCC	Matthews Correlation Coefficient	表示期望类和预期类之间的相关性
BER	Balanced Error Rate	表示类别不平衡情况下的平均错误率

在这个复杂的计算列表中，我列出了 ACC 和 BER 等首字母缩写词，这些首字母缩写词具有非常直观的含义。然而，主要的问题是，当有多个类别时，这些参数会有所不同。因此，对于多个类别的情形，它们的计算公式会略有不同。其余的度量标准仍然（如定义的那样）限于二元分类。

讨论多元分类的指标之前，给出下列用于计算前述指标的公式：

$$ACC = \frac{TP+TN}{TP+TN+FP+FN} = \frac{TP+TN}{N}$$

$$F_1 = 2 \times \left(\frac{PPV+TPR}{PPV+TPR} \right)$$

$$MCC = \frac{(TP \times TN) - (FP \times FN)}{\sqrt{(TP+FP)(TP+FN)(TN+FP)(TN+FN)}}$$

$$BER = \frac{1}{2} \times (FPR \times FNR)$$

一般来说，希望 ACC、F_1 和 MCC 的值要高，BER 的值要低。

4.2.2 多元分类

当超越简单的二元分类时，可能会经常处理关于多个类别的问题，如 $C = \{$'Summer',

'Fall','Winter','Spring'} 或 $C = \{0,1,2,3\}$ 。这在一定程度上限制了我们衡量错误或成功的方式。

考察图 4.6 中关于多元分类的混淆矩阵。

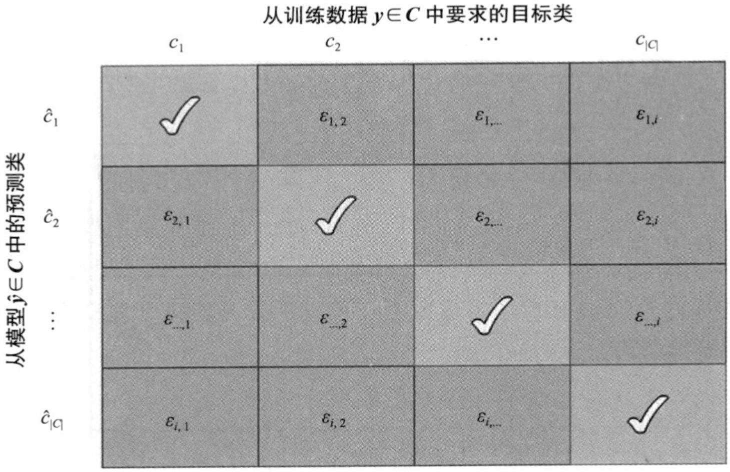

从训练数据 $y \in C$ 中要求的目标类

图 4.6　多元分类的混淆矩阵

从图中可以看出，正类或负类的概念已经消失了，因为不再只有正类和负类，而是有限类的集合：

$$C = \{c_1, c_2, c_3, \cdots\}$$

单个的类 c_i 可以是字符串或数字，只要它们遵循集合的规则。也就是说，类别集合 C 必须是有限的和唯一的。

为了测量 ACC，我们将计算混淆矩阵中主对角线上的所有元素，并将其除以样本总数：

$$\text{ACC} = \frac{\text{tr}(E_\varepsilon)}{N}$$

式中 E_ε 表示混淆矩阵，$\text{tr}(\cdot)$ 为迹运算，也就是说计算方阵中所有主对角线元素之和。因此，总误差为 $1 - \text{ACC}$ 。但是，在样本数据点的类别分布不平衡的情况下，误差度量指标或简单的准确度指标可能具有欺骗性。为此，我们必须使用 BER 度量指标，对于多个类别的情形，可以将其定义为：

$$\text{BER} = 1 - \frac{1}{|C|} \times \sum_{i=1}^{|C|} \frac{\varepsilon_{i,i}}{\sum_{j=1}^{|C|} \varepsilon_{j,i}}$$

在新的 BER 公式中，$\varepsilon_{j,i}$ 表示混淆矩阵 E_ε 中第 j 行第 i 列的元素。

ℹ️ 一些机器学习学派使用混淆矩阵的行表示真实标签，用列表示预测标签。它们背后的指标分析理论和对指标的解释都是一样的。不要担心 sklearn 使用的是翻转过来的方法，这是两码事，在接下来的讨论中你应该不会有这方面的问题。

作为示例，考虑图 4.1 所示的数据集。如果我们运行一个五层的神经网络分类器，那么可以得到图 4.7 中的判定边界。

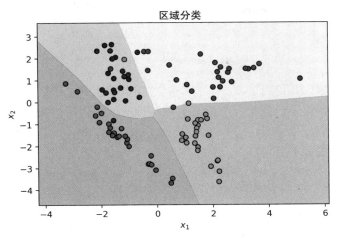

图 4.7 使用五层神经网络对二维数据集的分类效果

显然，数据集不能被非线性超平面完全准确分类，每个类别都有一些跨越边界的数据点。在前图中，可以看到只有 Summer 类没有基于分类边界被错误分类的点。

如果进行实际计算并显示混淆矩阵，就会更加明显，如图 4.8 所示。

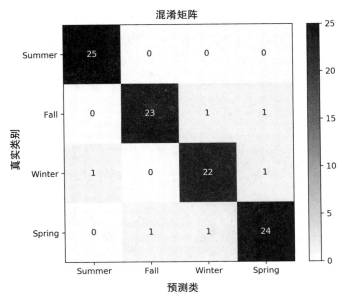

图 4.8 由二维数据集样本上的训练误差得到的混淆矩阵

在这种情况下，准确度的算式为 $\text{ACC} = (25 + 23 + 22 + 24)/100$，由此可以得到 ACC 的

值为 0.94，看起来似乎不错，错误率仅为 $1 - ACC = 0.06$。这个特定的例子有轻微的样本类别分布不平衡。下面是每个类别的样本数：

❑ Summer：25

❑ Fall：25

❑ Winter：24

❑ Spring：26

冬季组的样本数比其他组的要少，春季组的样本数比其他组的要多。虽然这是一个非常小的类别不平衡，但是已经足以产生具有欺骗性的低错误率。我们现在必须计算平均错误率 BER。

BER 的计算方法如下：

$$BER = 1 - \frac{1}{4} \times \left(\frac{25}{25} + \frac{23}{25} + \frac{22}{24} + \frac{24}{26} \right)$$

$$BER = 1 - \frac{1 + 0.92 + 0.9166 + 0.9231}{4} = 1 - 0.9309 = 0.0601$$

在这里，BER 和错误率之间的差值不足 0.01%。然而，对于高度不平衡的类别，差距可能会更大，我们有责任仔细测量并报告适当的误差度量值 BER。

另一个关于 BER 的有趣事实是，它在直观上是平衡准确度的对应，这就意味着，如果我们去掉 BER 方程中的 1 项，将得到平衡准确度。更进一步，如果我们检查分子各项，就可以发现其中作为加项的每个分数分别表示的某个特定类别的准确度；例如，第一类 Summer 准确率的为 100%，第二类 Fall 的准确率为 92%，以此类推。

在 Python 中，sklearn 库有一个类，它可以根据真实标签和预测标签自动确定混淆矩阵。这个类名为 confusion_matrix，它属于 metrics 超类，可以这样使用：

```
from sklearn.metrics import confusion_matrix
cm = confusion_matrix(y, y_pred)
print(cm)
```

如果 y 包含真标签且 y_pred 包含预测标签，那么上述指令将输出如下：

```
[[25 0 0 0]
 [ 0 23 1 1]
 [ 1 0 22 1]
 [ 0 1 1 24]]
```

可以这样简单地计算 BER：

```
BER = []
for i in range(len(cm)):
 BER.append(cm[i,i]/sum(cm[i,:]))
print('BER:', 1 - sum(BER)/len(BER))
```

输出如下：

```
BER: 0.06006410256410266
```

另外，`sklearn` 有一个内置函数来计算与混淆矩阵具有相同超类中的平衡准确度。这个类名为 `balanced_accuracy_score`，可以通过以下操作计算 BER：

```
from sklearn.metrics import balanced_accuracy_score
print('BER', 1- balanced_accuracy_score(y, y_pred))
```

输出如下：

```
BER: 0.06006410256410266
```

现在，我们来讨论回归分析矩阵。

4.2.3 回归分析矩阵

目前最流行的度量指标是均方误差（MSE），我们在前面介绍线性回归的工作原理时已经讨论过它。然而，将它解释为超参数选择的函数。在这里，我们在一般意义上重新定义 MSE：

$$MSE = \frac{1}{N}\sum_{i=1}^{N}(\hat{y}_i - y_i)^2$$

另一个与 MSE 非常相似的度量指标是**平均绝对误差（MAE）**。MSE 对大错误的惩罚更多（二次幂），对小错误的惩罚更少，而 MAE 对所有错误的惩罚都与真值与预测值之间的误差绝对值成正比。MAE 的正式定义如下：

$$MAE = \frac{1}{N}\sum_{i=1}^{N}|\hat{y}_i - y_i|$$

最后，对于回归分析的其他度量指标，深度学习中最为流行的是 R^2 **得分**，也称为**决定系数**。这个度量指标表示方差的比例，可以使用模型中的自变量来解释。它衡量模型在与训练数据遵循相同统计分布的不可见数据上良好表现的可能性。决定系数的定义如下：

$$R^2 = 1 - \frac{\sum_{i=1}^{N}(\hat{y}_i - y_i)^2}{\sum_{i=1}^{N}(y_i - \overline{y})^2}$$

其中样本均值 $\overline{y}$ 的定义如下：

$$\overline{y} = \frac{1}{N}\sum_{i=1}^{N}y_i$$

scikit-learn 对这些指标中都有相应的类可用，如下表所示：

回归矩阵	scikit-learn 类
R2 得分	`sklearn.metrics.r2_score`
MAE	`sklearn.metrics.mean_absolute_error`
MSE	`sklearn.metrics.mean_squared_error`

所有这些类都使用真实标签和预测标签作为输入参数。

例如，以图 4.3 和图 4.4 所示的数据和线性回归模型作为输入，可以确定三个误差度量指标，具体做法如下：

```
from sklearn.metrics import mean_absolute_error
from sklearn.metrics import mean_squared_error
from sklearn.metrics import r2_score

r2 = r2_score(y,y_pred)
mae = mean_absolute_error(y,y_pred)
mse = mean_squared_error(y,y_pred)

print('R_2 score:', r2)
print('MAE:', mae)
print('MSE:', mse)
```

上述代码的输出结果如下：

```
R_2 score: 0.9350586211501963
MAE: 0.1259473720654865
MSE: 0.022262066145814736
```

图 4.9 表示用于回归分析的样本数据及预测效果。显然，这三个误差度量指标的度量效果都比较好。

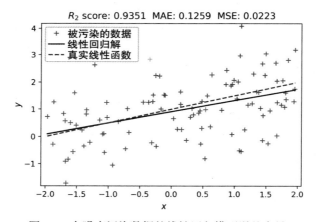

图 4.9　白噪声污染数据的线性回归模型误差度量

一般来说，你总是希望有一个尽可能接近 1 的决定系数，并且所有的误差（MSE 和 MAE）尽可能接近 0。但是，虽然所有这些都是报告模型预测性能的良好度量标准，但是我们必须十分小心地在不可见验证或测试数据上给出这些度量标准。这样就可以准确地测量模型的泛化能力，并在它成为灾难性错误之前识别出模型中的过拟合现象。

4.3　识别过拟合和泛化

当我们处于受控的机器学习环境中时，通常会得到一个用于训练的数据集和另外一个用于测试的不同的数据集。其理念在于，你只在**训练**数据上运行学习算法，但是当需要检查模型的预测效果时，可以向模型输入**测试**数据并观察输出结果。对于编程竞赛之类的活动，典型的做法是给出测试数据但保留与之相关的标签信息，因为需要基于对模型的测试数据来选择获胜者，而且你不想让这些模型通过作弊查看标签的方式调整测试数据。如果是这样的话，我们可以使用**验证**数据集，可以通过取出一部分训练数据来创建。

拥有独立的验证数据集或测试数据集的全部意义在于，在已知模型没有使用这些样本数据进行训练的情况下，使用它们测试模型的预测性能。对于模型不可见的验证数据或测试数据，如果该模型与训练样本数据具有同样的或者基本上同样的良好预测能力，则称该模型具有良好的**泛化**性能。

ℹ️ 良好的泛化性能是大多数学习算法的最终目标，我们所有深度学习的专业人士和实践者都梦想所有的模型都具有伟大的泛化性能。同样，我们最大的噩梦是过拟合。

过拟合是泛化的对立面。当模型在训练数据上表现得非常好，但当遇到验证数据或测试数据时，性能会显著下降。这表明我们的模型几乎记住了训练数据的复杂之处，而忽略了样本空间的总体概括性质，这种概括性质正是建立良好模型的基础。

本章及以后的章节将遵循下列数据分割规则：

❑ 如果我们得到测试数据（带有标签），将在训练集上进行训练，并根据测试集给出模型的性能
❑ 如果我们没有得到测试数据（或者有无标签的测试数据），将分割训练集，创建一个验证集，然后使用交叉验证策略给出模型的性能

下面分别讨论这两种情形。

4.3.1 拥有测试数据的情形

为了开始这个讨论，假设深度学习模型有一组超参数 θ，可以是模型的权重、神经元的数量、层数、学习率和丢弃率等。然后，使用训练数据 $\mathcal{D} = \{x_i, y_i\}_{i=1}^N$ 训练的模型 H_θ 带参数 θ，得到如下模型准确度：

$$\text{ACC}(H_\theta(\mathcal{D})) = \frac{\text{tr}(E_\varepsilon)}{N}$$

这就是模型对训练数据的训练准确度。因此，假设对于给定带标记的测试数据集具有 M 个数据点：$\mathcal{T} = \{x_i, y_i\}_{i=1}^M$，那么可以使用下面的计算公式简单地估计测试准确度：

$$\text{ACC}(H_\theta(\mathcal{T})) = \frac{\text{tr}(E_\varepsilon)}{M}$$

在大多数情况下，模型给出的测试准确度的一个重要特性，即所有的测试准确度通常都低于训练准确度，再加上一些由于参数选择不当造成的噪声：

$$\text{ACC}(H_\theta(\mathcal{D})) \leq \text{ACC}(H_\theta(\mathcal{D})) + \varepsilon_\theta$$

这通常意味着，如果测试准确度明显大于训练准确度，那么被训练的模型可能存在问题。除此之外，还需要考虑测试数据与训练数据可能在统计分布或多维表示形式方面存在较大的差异。

总之，如果我们拥有经过适当选择的测试数据，那么模型给出的测试集的性能是非常重要的。尽管如此，测试准确度比训练准确度差一些也是完全正常的。然而，如果测试准确度明显较低，则模型可能存在过拟合的问题，如果测试准确度明显较高，则可能存在代码、模型甚至测试数据选择的问题。可以通过选择更好的参数 θ 或选择不同的模型 H_θ 来解决过拟合的问题，这将在下一节中讨论。

现在，让我们简要讨论没有测试数据或没有测试数据标签的情形。

4.3.2　没有测试数据的情形

交叉验证技术将训练数据 $\mathcal{D} = \{\boldsymbol{x}_i, y_i\}_{i=1}^N$ 划分成若干更小的组，以达到模型训练的目的。需要记住的最重要的一点是，各个小组的样本数量大致相同是一种比较理想的划分方式，并且轮流选择作为训练集或验证集的小组。

让我们讨论一种著名的交叉验证策略，即 **k 折交叉验证**（Kohavi, R., 1995）。这种策略的基本思路是：首先将训练数据等分（在理想情况下）为 k 组，然后选择其中的 $k-1$ 组来作为训练样本来训练模型，并将剩下的一组样本用于测试模型的性能。接下来进行轮换选择，确定另外一个小组作为测试样本集，如此下去，直到所有的小组都被选中作为测试样本集为止。

前面的小节讨论了使用标准准确度 ACC 来度量模型的性能，但是也可以使用任何其他的性能指标。为了证明这一点，现在计算 MSE。k 折交叉验证算法的基本步骤如下：

1）输入数据集 $\mathcal{D}$、模型 H、参数 θ 和折叠次数 K。

2）将下标索引集 $S = \{1, 2, 3, \cdots, N\}$ 分成 K 组（理想情况下每组的规模相等），$s_i \subset S$，故有 $S = \{s_1, s_2, \cdots, s_K\}$。

3）对于 $k \in \{1, 2, \cdots, K\}$，进行下列操作：

❏ 选取训练样本的下标索引集为 $S_{\mathcal{D}} = \{s_1, s_2, \cdots, s_K\} - \{s_k\}$，形成训练数据集 $\mathcal{D} = \{\boldsymbol{x}_i, y_i\}_{i \in S_{\mathcal{D}}}$。

❏ 选择用于验证模型的下标索引集 $S_{\mathcal{V}} = \{s_k\}$，并形成验证集 $\mathcal{V} = \{\boldsymbol{x}_i, y_i\}_{i \in S_{\mathcal{V}}}$。

❏ 在训练数据集上通过模型训练算法选择并确定参数：$H_\theta(\mathcal{D})$。

❏ 在验证集上计算模型的误差 H_θ：

$$\text{MSE}_k(H_\theta(\mathcal{V})) = \frac{1}{|S_{\mathcal{V}}|} \sum_{i \in S_{\mathcal{V}}} (\hat{y}_i - y_i)^2$$

4）返回所有关于 $k \in \{1, 2, \cdots, K\}$ 的 MSE_k。

由此，我们可以使用下列公式计算交叉验证的误差（MSE）：

$$\bar{E}_{\text{MSE}} = \frac{1}{K} \sum_{k=1}^{K} \text{MSE}_k$$

还可以进一步计算其对应的标准差：

$$\sigma_{\text{MSE}} = \sqrt{\frac{1}{K-1} \sum_{i=1}^{K} \left(\text{MSE}_i - \bar{E}_{\text{MSE}}\right)^2}$$

查看模型性能指标的标准差通常是一个好主意——不管选择什么性能指标——因为标准差可以让我们了解模型在多个在验证集上的性能一致性程度。在理想情况下，我们希望交叉验证的 MSE 为 0，$\bar{E}_{\text{MSE}} \approx 0$，标准差为 1，$\sigma_{\text{MSE}} \approx 1$。

为了解释这一点，可以使用对被白噪声污染的样本数据进行回归分析的例子，如图 4.3 和图 4.4 所示。为了简化这个例子，这里使用 100 个样本，$N = 100$，进行 3 折交叉验证。我们在 model_selection 超类中使用 scikit-learn 的 KFold 类，可以获得交叉验证的 MSE 及其标准差。

可以使用下列代码实现上述过程：

```
import numpy as np
from sklearn.metrics import mean_absolute_error
from sklearn.metrics import mean_squared_error
from sklearn.metrics import r2_score
from sklearn.model_selection import KFold

# These will be used to save the performance at each split
cv_r2 = []
cv_mae = []
cv_mse = []

# Change this for more splits
kf = KFold(n_splits=3)
k = 0

# Assuming we have pre-loaded training data X and targets y
for S_D, S_V in kf.split(X):
  X_train, X_test = X[S_D], X[S_V]
  y_train, y_test = y[S_D], y[S_V]

  # Train your model here with X_train and y_train and...
  # ... test your model on X_test saving the output on y_pred

  r2 = r2_score(y_test,y_pred)
  mae = mean_absolute_error(y_test,y_pred)
  mse = mean_squared_error(y_test,y_pred)

  cv_r2.append(r2)
  cv_mae.append(mae)
  cv_mse.append(mse)

print("R_2: {0:.6}  Std: {1:0.5}".format(np.mean(cv_r2),np.std(cv_r2)))
print("MAE: {0:.6}  Std: {1:0.5}".format(np.mean(cv_mae),np.std(cv_mae)))
print("MSE: {0:.6}  Std: {1:0.5}".format(np.mean(cv_mse),np.std(cv_mse)))
```

以上代码的输出如下所示：

```
R_2: 0.935006  Std: 0.054835
```

```
MAE: 0.106212  Std: 0.042851
MSE: 0.0184534  Std: 0.014333
```

这些结果是交叉验证的，并为模型的泛化能力提供了更为清晰的画面。为了便于比较，请参见图 4.9 所示的结果。可以看到，在之前使用图 4.9 中整组数据的性能测试结果和现在的性能测试结果非常一致，仅使用了约 66% 的数据（因为将其分成了三组）进行训练，使用了约 33% 的数据进行验证，如图 4.10 所示。

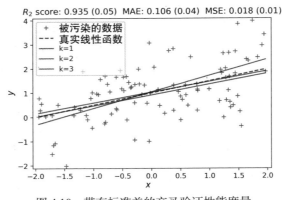

图 4.10　带有标准差的交叉验证性能度量

上一张图显示了每次数据划分的线性回归模型解的情况以及实际的线性模型，可以看出，通过回归分析得到线性模型与实际的线性模型非常接近，正如通过 R^2、MAE 和 MSE 性能指标衡量的那样，这里得到的线性回归模型具有比较好的性能。

💡 **练习**

可以继续改变折叠次数，逐步增加折叠次数，并记录观察结果。看看交叉验证的性能会发生什么变化？是保持不变、增加还是减少？交叉验证性能的标准差会发生什么变化？是保持不变、增加还是减少？你认为这有什么意义？

交叉验证通常是在数据集 $\mathcal{D}$、模型 H、参数训练 θ 上使用。然而，学习算法的最大挑战是通过找到最好的参数集，由此产生最好的（测试或交叉验证）性能。许多机器学习科学家认为，可以通过一些算法实现模型参数选择的自动化，其他人则认为模型参数的选择是一门艺术（Bergstra, J. S., et.al., 2011）。

4.4　机器学习背后的艺术

对于我们这些花了几十年时间研究机器学习的人来说，经验可以告诉我们如何为学习算法选择参数。但对于刚刚接触机器学习的人来说，这是一种需要开发的技能，而且这种技能是在学习算法的工作原理之后产生的。一旦读完这本书，我相信你会有足够的知识来明智地选择参数。同时，本文还讨论了一些使用标准算法和新算法来自动寻找参数的思路。

在做进一步的讨论之前，需要在这一点上做出区分，并定义在学习算法中两组很重要的主要参数。这两组参数如下：

- **模型参数**：作为由模型所表示的解的参数。例如，对于感知机模型和线性回归模型，模型参数是向量 w 和标量 b，而对于深度神经网络，模型参数是权重的矩阵 w，和偏置向量 b。对于卷积网络，模型参数则是滤波器集合。
- **超参数**：模型训练时用于指导训练过程，以方便寻找模型的解（模型参数）所需要的参数，通常使用 θ 表示超参数。例如，对于 PLA，其超参数是最大迭代次数；对于深度神经网络模型，其超参数是网络层数、神经元数量、神经元的激活函数和学习率；对于卷积神经网络（CNN），其超参数是滤波器的数量、滤波器的大小、步长、池大小等。

换句话说，模型参数的取值部分由超参数的选择决定。除非有数值异常，通常情况下所有的学习算法都会一致地为同一组超参数找到模型的解（模型参数）。因此，学习的一个主要任务就是找到最好的超参数集，从而得到最好的解（模型参数）。

为了考察改变模型超参数的效果，让我们再一次讨论前述关于四季分类的问题，如图 4.7 所示。假设使用完全连接神经网络，例如第 1 章中所描述的网络，需要确定的超参数是最佳层数。为了便于介绍，假设每一层的神经元数量以指数形式增加，如下表所示：

层数	每层的神经元数量
1	（8）
2	（16，8）
3	（32，16，8）
4	（64，32，16，8）
5	（128，64，32，16，8）
6	（256，128，64，32，16，8）
7	（512，256，128，64，32，16，8）

在上述配置中，括号中的第一个数字表示最接近输入层的神经元数量，括号中的最后一个数字表示最接近输出层的神经元数量（输出层由 4 个神经元组成，每个类别对应 1 个神经元）。

在这个例子中，用 θ 表示层数。如果循环使用每个配置并确定交叉验证的 BER，那么就可以确定哪种架构具有最佳的性能，也就是说，我们正在最优化 θ 的性能。得到的性能结果如下表所示：

层数-θ	1	2	3	4	5	6	7
BER	0.275	0.104	0.100	0.096	0.067	0.079	0.088
标准差	0.22	0.10	0.08	0.10	0.05	0.04	0.08

就上述性能结果而言，我们可以很容易确定最好的架构是一个五层神经网络，因为该网络结构具有最低的 BER 和第二小的标准差。实际上，我们可以为每个配置针对每种样本

划分收集所有的性能指标数据，生成如图 4.11 所示的箱线图：

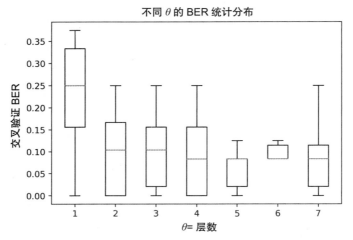

图 4.11 优化层数的交叉验证数据箱线图

这个箱线图表明了如下几个要点。首先，当层数增加到 5 层时，模型的 BER 指标有明显降低的趋势，然后随着层数的增加而增加。这在机器学习中很常见，称为**过拟合曲线**，通常是 u 形（或 n 形，表示性能指标越高越好）。在本例中，最低点表示超参数的最佳集合（在横坐标 5 处），左边的代表**欠拟合**，右边的代表**过拟合**。箱线图表明的第二个要点是，即使几个模型有相似的 BER，我们也会选择可变性较小和一致性较大的模型。

为了说明欠拟合、适度拟合和过拟合之间的差异，我们将给出由最差的欠拟合、最佳的适度拟合和最差的过拟合产生的判定边界。在这种情况下，最差的欠拟合是一层，最佳的适度拟合是五层，最差的过拟合是七层。这些模型的判定边界分别如图 4.12、图 4.13 和图 4.14 所示。

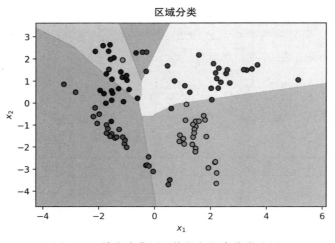

图 4.12 单个隐藏层网络的欠拟合分类边界

从图 4.12 中，我们可以看到该模型明显的不足，因为该模型给出的判定边界阻止了许多数据点被正确分类：

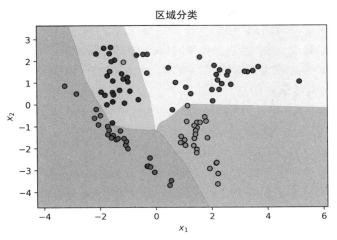

图 4.13 五个隐藏层网络的适度拟合分类边界

类似地，图 4.13 给出了五个隐藏层模型给出的判定边界。与图 4.12 相比，这些边界似乎为不同类别的数据点提供了更好的划分——一个很好的拟合效果。

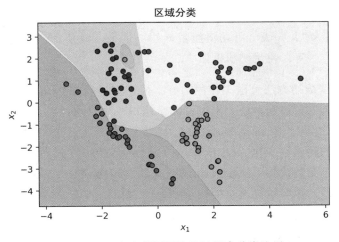

图 4.14 七个隐藏层网络的过拟合分类边界

如果仔细看，图 4.12 给出一些被划分得很差的区域，而在图 4.14 中，网络模型对所有的样本点都给出了完美的正确分类，当 Fall 类的异常值（浅色点）进入 Winter 类的区域（深色点）时，它会有自己的小区域，这可能会对未来的实际应用产生负面影响。图 4.13 中的分类效果相对于一些离群值似乎具有较好鲁棒性，并且在大多数情况下具有定义良好的区域。

随着本书的进展，我们将处理更加复杂的超参数集合。这里只处理了一个超参数，但使用的理论是一样的。这种寻找最佳超参数集的方法被称为穷举搜索。但是，还有其他查找超参数的方法，比如执行**网格搜索**。

假设没有一种固定的方法用于确定每一层的神经元数量（与前面的例子相反），只知道希望有 4 到 1024 个神经元和 1 到 100 个网络层来支持深度或浅层模型。在这种情况下，就不能进行穷举搜索，这样太费时间了！此时，网格搜索可以作为一种解决方案，该方法通常使用等间距区域对搜索空间进行采样。

例如，网格搜索可以对 [4,1024] 中的神经元数量以 100 为单位进行等间距采样——4,117,230,344,457,570,684,797,910,1024。网格搜索也可以对 [1,100] 中的神经元数量以 10 位单位进行等间距采样——1,12,23,34,45,56,67,78,89,100。这种等间距采样将进行 10*10 = 100 次搜索，而不是进行 1020*100 = 102 000 次搜索。

在 sklearn 中，可以使用类 GridSearchCV 在交叉验证中返回最好的模型参数和超参数，该类是 model_selection 超类的一个部分。同一个类组中有一个名为 RandomizedSearchCV 的另外一个类，这个类包含了基于随机搜索空间的方法，名为随机搜索。

随机搜索的前提是分别在神经元和层 [4,1024] 和 [1,100] 范围内随机地均匀取值，直到达到总迭代次数的最大值为止。

> **TIP** 通常，如果知道参数搜索空间的范围和分布，那么就可以在你认为可能有更好交叉验证性能的空间上尝试使用**网格搜索**方法。但是，如果对参数搜索空间知之甚少或一无所知，则可以使用**随机搜索**方法。在实践中，这两种方法都很有效。

还有其他更加复杂的方法可以工作得很好，但它们目前在 Python 中还没有比较标准的实现方式，这里不再进行详细讨论。不过，你应该知道它们的名字：

❏ 贝叶斯超参数优化（Feurer, M., et.al.，2015）
❏ 基于进化论的超参数优化（Loshchilov, I., et.al.，2016）
❏ 基于梯度的超参数优化（Maclaurin, D., et.al.，2015）
❏ 基于最小二乘的超参数优化（Rivas-Perea, P., et.al.，2014）

4.5　训练深度学习算法的伦理意蕴

对于训练深度学习模型的道德影响，有几件事情是值得讨论的。当处理表示人类感知的相关数据时，就会存在潜在的危害。但是，在创建基于这些数据的一般化模型之前，关于人类和人类交互的数据必须得到严格保护和仔细检查。下面具体给出关于这些问题的考虑。

4.5.1 使用适当的模型性能度量指标

要避免通过选择一个让你的模型看起来还不错的性能指标使得模型表现出伪装的良好性能。关于多元分类模型的性能报告和文章并不少见，这些模型在经过清洗的、分布不平衡的数据上进行训练，给出的性能报告则是标准的准确度。这些模型给出的很可能是偏高的准确度，因为模型将偏向于过度抽样的类别并且偏离相对抽样不足的类别。因此，这样的模型必须报告平衡准确度或平衡误差率。

类似地，对于其他类型的分类和回归问题，必须使用适当的性能度量指标来度量模型的性能。当存在疑问时，可以使用尽可能多的模型度量。不会有人抱怨使用太多的度量指标来报告模型的性能。

没有给出合适度量标准的后果是，存在偏差的模型未被检测到并被部署到生产系统中，由此带来灾难性的后果并产生误导性的信息，可能会损害我们对特定问题和模型执行方式的理解。必须要记住，我们的行为可能会影响他人，我们需要保持警惕。

4.5.2 小心对待并验证异常值

在学习过程中，异常值通常被视为不好的东西，我同意这种看法。模型应该对异常值是稳健的，除非它们不是真正的异常值。如果有一些对其一无所知的数据，那么将异常值解释为异常现象是安全的假设。

然而，如果知道关于数据的一些信息（因为我们收集了它，获得了关于数据的所有信息，或者知道产生数据的传感器），那么就可以验证异常值是否真的是异常值。我们必须确认这些异常值确实是由人为输入错误、传感器错误、数据转换错误，或者其他人为错误产生。因为如果某个异常值不是由这些因素产生的，那么我们就没有合理的理由将这样的数据假定为异常值。事实上，这样的数据为我们提供了重要的信息，这些信息可能是不会经常发生但最终会再次发生的事件情况，模型需要对此进行正确的响应。

考虑图 4.15 中给出的数据。如果我们在没有验证的情况下随意决定忽略异常值（比如在图中顶部的一些数据），而这些异常值可能实际上并不是真正的异常值，那么模型就会由此创建一个忽略异常值的狭隘决策空间。在这个例子中，得到的结果是一个数据点被错误地归类为另一个类别，而另一个数据点则可能被排除在多数类别之外。

然而，如果对数据进行验证，发现异常值其实是完全有效的输入，那么模型就可能学习到一个能够处理异常情形的更好的判定空间。尽管如此，这可能会产生一个次要问题，即一个数据点被划分为属于两个不同类别的群体，具有不同的隶属度。虽然这是一个问题，但它比错误分类的风险要小得多。如果某个数据点有 60% 的概率属于某个类别，40% 的概率属于另外一个类别，那么这总比以 100% 的概率对其进行错误划分要好。

如果你仔细想想，通过忽略异常值而建立的模型，然后将其部署到政府系统中，就有可能导致歧视问题。这种模型可能会对少数群体或受保护群体表现出偏见。如果将其应用到新生选拔中，就有可能导致优秀学生被拒之门外。如果应用到 DNA 分类系统中，它有可能错误地忽略两个非常接近的 DNA 组的相似性。因此，如果可以的话，一定要认真验证异常值。

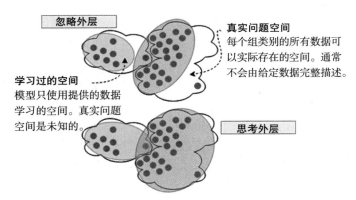

图 4.15　模型学习空间的差异。上图表示忽略异常值的结果。下图表示包含异常值的结果

4.5.3　抽样不足组的权重类

如果数据类别分布不平衡，如图 4.15 所示，建议通过获取更多数据而不是减少数据来平衡数据的类别分布。如果这不是一种选择，那么可以考虑允许对不同类别的样本数据取不同权重的算法，以平衡数据分布的不平衡。下面是一些最常见的技巧：

❏ 对于小型数据集，可以使用 sklearn 和 class_weight 选项。训练模型时，它会根据所提供的权重对错误进行惩罚。还有一些自动的替代选项也会有帮助，比如 class_weight="auto" 和 class_weight="balanced"。

❏ 对于使用批处理训练的大型数据集，使用 Keras 的 BalancedBatchGenerator 类。这个类给出一个关于样本（批次）的每次始终保持均衡的选择，从而指导学习算法考虑所有数据组之间的平衡。这个类是 imblearn.keras 的一部分。

每当需要不偏向多数样本数据的模型时，都应该尝试使用上述策略。其伦理意义与前面提到的观点类似。但最重要的是，我们必须保护生命，尊重他人，所有的人都具有平等的、无限的价值。

4.6　小结

在这个基础性的章节中，我们首先讨论了学习算法的基本知识及其目的。然后，使用准确度、误差和其他统计方法进行模型性能分析，介绍了衡量成功和失败的基本方法。我们还研究了过拟合问题及与之相关的非常重要的模型泛化概念。然后讨论了模型超参数正确选择及自动搜索策略背后的艺术。

    阅读完本章之后，现在能够解释分类和回归之间的技术差异，如何计算不同的模型性能度量指标，如 ACC、BER、MSE，以及其他适合不同任务的指标。现在，可以使用交叉验证策略通过训练、验证和测试数据集检测模型过拟合现象，可以试验和观察改变学习模型超参数对输出结果产生的影响。还可以批判性地思考为预防深度学习算法对人类造成伤害应采取的预防措施。

    第 5 章是对第 1 章中介绍的神经元概念进行修正和扩展，介绍单个神经元在 Python 中的实现，使用不同类型的数据集，即线性和非线性可分数据集，分析不同数据的潜在影响。然而，在我们开始学习之前，请试着用下面的问题来测试一下自己。

4.7 习题与答案

1. 当做交叉验证的练习时候，标准差发生了什么？那意味着什么？

    答：在更多的折叠上，标准差稳定并减少。这意味着对性能的度量更加可靠，它是对泛化或过拟合的精确度量。

2. 超参数和模型参数的区别是什么？

    答：模型参数是学习算法的数值解；超参数是模型训练算法进行有效求解时需要设定的参数。

3. 网格搜索比超参数的随机搜索更快吗？

    答：视情况而定。如果超参数的选择会影响学习算法的计算复杂度，那么两者的行为就会不同。然而，在类似的搜索空间和平摊的情况下，两者应该在大约相同的时间内完成。

4. 可以使用基于回归的学习算法来解决分类问题吗？

    答：可以，只要将标签、类别或组别映射到实数集合中的某个数字。

5. 可以使用基于分类的学习算法来解决回归问题吗？

    答：不可以。

6. 损失函数的概念和误差度量是一样的吗？

    答：可以说是，也可以说不是。就损失函数衡量的模型性能而言，可以说是。然而，模型性能不一定取决于对数据进行分类或回归的准确度，它可能与其他因素有关，如信息论空间中群的质量或距离。例如，线性回归算法是基于 MSE 损失函数最小化，而 k 均值算法的损失函数是数据与其均值之间距离的平方总和，虽然这个损失函数的目标是最小化，但这并不一定意味着它一定是误差值。可以将后一种情形的损失函数理解为集群质量度量。

4.8 参考文献

- Lorena, A. C., De Carvalho, A. C., & Gama, J. M. (2008), A review on the combination of binary classifiers in multiclass problems, *Artificial Intelligence Review*, 30(1-4), 19.
- Hochreiter, S., Younger, A. S., & Conwell, P. R. (2001, August), Learning to learn using gradient descent, in *International Conference on Artificial Neural Networks* (pp. 87-94), Springer: Berlin, Heidelberg.

- Ruder, S. (2016), An overview of gradient descent optimization algorithms, *arXiv preprint* arXiv:1609.04747.
- Tan, X., Zhang, Y., Tang, S., Shao, J., Wu, F., & Zhuang, Y. (2012, October), Logistic tensor regression for classification, in *International Conference on Intelligent Science and Intelligent Data Engineering* (pp. 573-581), Springer: Berlin, Heidelberg.
- Krejn, S. G. E. (1982), *Linear Equations in Banach Spaces*, Birkhäuser: Boston.
- Golub, G., & Kahan, W. (1965), Calculating the singular values and pseudo-inverse of a matrix, *Journal of the Society for Industrial and Applied Mathematics, Series B: Numerical Analysis*, 2(2), (pp. 205-224).
- Kohavi, R. (1995, August), A study of cross-validation and bootstrap for accuracy estimation and model selection, in *IJCAI*, 14(2), (pp. 1137-1145).
- Bergstra, J. S., Bardenet, R., Bengio, Y., & Kégl, B. (2011), Algorithms for hyper-parameter optimization, in *Advances in Neural Information Processing Systems*, (pp. 2546-2554).
- Feurer, M., Springenberg, J. T., & Hutter, F. (2015, February), Initializing Bayesian hyperparameter optimization via meta-learning, in *Twenty-Ninth AAAI Conference on Artificial Intelligence*.
- Loshchilov, I., & Hutter, F. (2016), CMA-ES for hyperparameter optimization of deep neural networks, *arXiv preprint* arXiv:1604.07269.
- Maclaurin, D., Duvenaud, D., & Adams, R. (2015, June), Gradient-based hyperparameter optimization through reversible learning, in *International Conference on Machine Learning* (pp. 2113-2122).
- Rivas-Perea, P., Cota-Ruiz, J., & Rosiles, J. G. (2014), A nonlinear least squares quasi-Newton strategy for LP-SVR hyper-parameters selection, *International Journal of Machine Learning and Cybernetics*, 5(4), (pp.579-597).

第 5 章 Chapter 5

训练单个神经元

掌握了从数据中学习的有关概念之后，我们现在着重考察一种模型训练算法，该算法主要用于训练一种最基本的基于神经元的模型，即感知机。我们将研究算法运行所需要的步骤，以及算法停止运行的条件。本章将详细介绍作为第一个代表神经元模型的感知机模型，该模型旨在以简单的方式从数据中学习。感知机模型是深入理解从数据中学习的基本和高级神经网络模型的关键。本章还将讨论与线性不可分数据相关的问题和注意事项。

在学完本章之后，你应该对关于感知机模型的讨论和用于训练它的学习算法感到很熟悉，并能在线性可分数据和线性不可分数据上实现这种算法。

本章主要内容如下：
- 感知机模型
- 感知机学习算法
- 处理线性不可分数据的感知机

5.1　感知机模型

第 1 章简要介绍了神经元的基本模型和感知机学习算法（PLA）。在本章中，我们将重新审视与之相关的概念并对其进行扩展，然后介绍如何使用 Python 编写和实现相关的代码。下面从基本定义开始。

5.1.1　概念的可视化

感知机是受到人脑启发通过模仿人脑而构建的一种信息处理单元，最初由 F. Rosenblatt

构想出来并使用图 5.1 所示的模型进行描述（Rosenblatt, F., 1958）。在该模型中，输入由向量 $\boldsymbol{x}$ 表示，神经元的激活机制由函数 $z(\cdot)$ 确定，输出为 y。神经元的参数为 $\boldsymbol{w}$ 和 b。

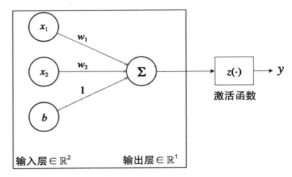

图 5.1　感知机的基本模型

感知机的可训练参数是 $(\boldsymbol{w},b)$，它们是未知的。因此，可以使用 PLA 通过输入的训练数据 $\mathcal{D} = \{\boldsymbol{x}_i, y_i\}_{i=1}^{N}$ 来确定这些参数。从图 5.1 中可以看出，x_1 乘以 w_1，x_2 再乘以 w_2，b 再乘以 1，将所有这些乘积相加，然后传递到 sign 激活函数中，在感知机的 sign 激活函数计算公式如下：

$$\mathrm{sign}(\boldsymbol{w}^{\mathrm{T}}\boldsymbol{x}+b) = \begin{cases} +1 & \boldsymbol{w}^{\mathrm{T}}\boldsymbol{x}+b \geq 0 \\ -1 & \text{其他} \end{cases}$$

ⓘ sign 激活函数的主要目的是将模型的任何响应映射到二进制输出：$\{-1, +1\}$。

下面我们从一般意义上讨论与感知机模型训练相关的张量运算。

5.1.2　张量运算

在 Python 中，感知机模型的实现需要一些简单的张量（向量）运算。这些运算可以通过标准 NumPy 功能完成。首先，我们可以假设给定数据集 $\mathcal{D} = \{x_i, y_i\}_{i=1}^{N}$ 的形式是一个包含多个向量 $\boldsymbol{x}$ 的向量（一个矩阵），用 $\boldsymbol{x} = \{\boldsymbol{x}_i\}_{i=1}^{N}$ 进行表示，多个单个的目标数据表示为向量 $\boldsymbol{y} = \{y_i\}_{i=1}^{N}$。但请注意，为了更容易实现感知机，有必要将 b 包括在 $\boldsymbol{w}$ 之内，如图 5.1 所示。如果将 $\boldsymbol{x}$ 修改为 $\boldsymbol{x} = [1, x_1, x_2, \cdots, x_d]$ 并将 $\boldsymbol{w}$ 修改为 $\boldsymbol{w} = [b, w_1, w_2, \cdots, w_d]$，那么就可以简化表达式 $x_1 w_1 + x_2 w_2 + \cdots + x_d w_d + b = \boldsymbol{w}^{\mathrm{T}}\boldsymbol{x} + b$ 中的乘积与和运算。这样一来，就可以将感知机模型对输入 $\boldsymbol{x} = [1, x_1, x_2, \cdots, x_d]$ 的响应简化为：

$$\mathrm{sign}(\boldsymbol{w}^{\mathrm{T}}\boldsymbol{x}) = \begin{cases} +1 & \boldsymbol{w}^{\mathrm{T}}\boldsymbol{x} \geq 0 \\ -1 & \text{其他} \end{cases}$$

注意，现在 b 隐藏在 $\boldsymbol{w}$ 之中。

假设我们想要训练数据 X，那么需要为感知机准备数据，可以使用简单的线性可分数据集来实现这一点，该数据集可以通过 scikitlearn 的数据集方法 make_classification 生成，如下所示：

```
from sklearn.datasets import make_classification

X, y = make_classification(n_samples=100, n_features=2, n_classes=2,
                           n_informative=2, n_redundant=0, n_repeated=0,
                           n_clusters_per_class=1, class_sep=1.5,
                           random_state=5)
```

这里，使用 make_classification 构造函数为两个类别（n_classes）生成 100 个数据点（n_samples），并使用足够的分离度（class_sep）使得数据线性可分。但是，数据集所生成的 y 取值为集合 {0,1} 中二进制值，需要将其转化为集合 {−1,+1} 中的取值。要实现这个目标，只需采取以下方式将零目标替换为负目标：

```
y[y==0] = -1
```

生成的数据集如图 5.2 所示。

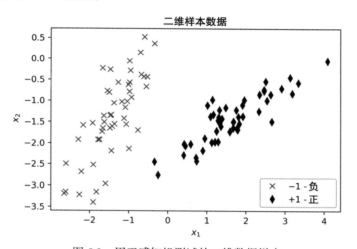

图 5.2　用于感知机测试的二维数据样本

接下来，我们可以将数字 1 加到每个输入向量上，方法是将这些向量加载到长度为 N=100 的向量 X 上，如下所示：

```
import numpy as np
X = np.append(np.ones((N,1)), X, 1)
```

现在关于 X 的新数据中包含一个全为 1 的向量，这将简化对于 $i \in \{1,2,\cdots,N\}$ 的所有张量运算 $w^{\mathsf{T}} x_i$ 的计算。这个常见的张量运算可以在一个步骤中完成，并且可以将矩阵 $X = [1 \ \{x_i\}_{i=1}^{N}]$ 简单地看作 $w^{\mathsf{T}} X = w^{\mathsf{T}} x_i |_{i=1}^{N}$。我们甚至可以把这个运算和符号激活函数合并在一个步骤中，如下所示：

```
np.sign(w.T.dot(X[n]))
```

这相当于数学上的张量运算 $sign(\boldsymbol{w}^T\boldsymbol{X})$。基于这种想法，下面让我们使用前述数据集和刚才所介绍的运算更加详细地回顾 PLA。

5.2　感知机学习算法

感知机学习算法（PLA）的基本过程如下：

输入：二元分类数据集 $\mathcal{D} = \{\boldsymbol{x}_i, y_i\}_{i=1}^{N}$

❑ 将 $\boldsymbol{w}$ 初始化为零，将迭代次数设置为 $t = 0$

❑ 当出现任何分类不正确的样本时：

- 选择一个分类不正确的样本并表示为 $\boldsymbol{x}^*$，其真实标签是 y^*
- 将 $\boldsymbol{w}$ 升级为：$\boldsymbol{w}_{t+1} = \boldsymbol{w}_t + y^*\boldsymbol{x}^*$
- 增加迭代次数 $t = t+1$，并返回

输出：$\boldsymbol{w}$ 的值

现在，我们使用 Python 完成感知机学习算法的代码实现。

Python 中的 PLA

下面我们将一部分一部分地讨论 PLA 的 Python 代码实现，其中的一些算法步骤在前面已经讨论过了：

```
N = 100 # number of samples to generate
random.seed(a = 7) # add this to achieve for reproducibility

X, y = make_classification(n_samples=N, n_features=2, n_classes=2,
                           n_informative=2, n_redundant=0, n_repeated=0,
                           n_clusters_per_class=1, class_sep=1.2,
                           random_state=5)

y[y==0] = -1

X_train = np.append(np.ones((N,1)), X, 1) # add a column of ones

# initialize the weights to zeros
w = np.zeros(X_train.shape[1])
it = 0

# Iterate until all points are correctly classified
while classification_error(w, X_train, y) != 0:
  it += 1
  # Pick random misclassified point
  x, s = choose_miscl_point(w, X_train, y)
  # Update weights
  w = w + s*x
  print("Total iterations: ", it)
```

上述代码的前面几行已经在 5.1.2 节讨论过了。将 $\boldsymbol{w}$ 初始化为零由 w = np.zeros(X_ train.shape[1]) 完成。这个向量的大小取决于输入的维数。接下来，它要做的工作仅仅是作为迭代计数器来跟踪迭代次数，直到 PLA 收敛为止。

classification_error() 方法是一个辅助方法，它需要将当前的模型参数 w、输入样本数据 X_train 和相应的目标数据 y 作为该方法的参数。这种方法的目的是计算对于参数 *w* 的当前取值状态，被模型错误分类数据点的数量。如果有被分类错误的数据点，就返回被错分数据的总数。该方法的定义如下：

```
def classification_error(w, X, y):
  err_cnt = 0
  N = len(X)
  for n in range(N):
    s = np.sign(w.T.dot(X[n]))
    if y[n] != s:
      err_cnt += 1      # we could break here on large datasets
  return err_cnt        # returns total number of errors
```

可将该方法简化为：

```
def classification_error(w, X, y):
  s = np.sign(X.dot(w))
  return sum(s != y)
```

然而，虽然这种方法对于小数据集而言是一个很好的优化方法，但是对于大数据集而言，可能没有必要计算所有的错分数据点。因此，我们可以根据所期望的数据集类型来使用和修改第一个（和更长的）方法，如果我们知道要处理的是大型数据集，那么就可以在出现第一个错分数据时中断该方法。

代码中的第二个辅助方法是 choose_miscl_point()。这种方法的主要目的是：如果有被错误分类的数据点，则随机选择其中一个。它将模型参数向量 w 的当前取值、输入数据 X_train 和相应的目标数据 y 作为参数。它返回被错误分类的数据点 x 和相应的目标取值 s。该方法的实现过程如下：

```
def choose_miscl_point(w, X, y):
  mispts = []
  for n in range(len(X)):
    if np.sign(w.T.dot(X[n])) != y[n]:
      mispts.append((X[n], y[n]))
  return mispts[random.randrange(0,len(mispts))]
```

类似地，可以随机化索引列表，通过对索引列表的遍历实现对错分样本的搜索并返回第一个错分样本，由此优化计算速度，如下所示：

```
def choose_miscl_point(w, X, y):
  for idx in random.permutation(len(X)):
    if np.sign(w.T.dot(X[idx])) != y[idx]:
      return X[idx], y[idx]
```

然而，第一种实现方式对于那些绝对的初学者或者那些想对错分数据点做一些额外分析的人而言，是比较有用的。可以在列表 mispts 中方便地获得关于这些错分数据点的信息。

关键在于，无论对于什么样的实现方式，对错分数据点的选择都是随机的。

最后，使用当前参数、错分数据点以及正在执行 w = w + s*x 的行上相应的目标数据对模型参数进行更新。

如果你运行了完整的程序，那么应该得到如下输出：

```
Total iterations: 14
```

迭代的总次数可能取决于数据的类型和对错分数据点的随机选择。对于我们使用的特定数据集来说，可以得到如图 5.3 所示的决策边界。

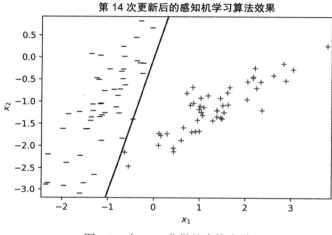

图 5.3　由 PLA 获得的决策边界

迭代次数也取决于特征空间中数据点之间的分离程度或间隔程度。数据之间的间隔程度越大，就越容易找到分类的解决方案，反之亦然。最糟糕的情况是数据为线性不可分的情形，我们将在下一节讨论这种情况。

5.3　处理线性不可分数据的感知机

正如我们之前讨论过的，如果数据集是线性是可分的，感知机模型会在有限的时间内找到一个分类方案。然而，需要进行多少次迭代计算才能找到一个解决方案，则取决于在特征空间中这些（类别）组彼此之间的距离。

ⓘ **收敛**是指学习算法找到一个解决方案或者达到学习模型设计者可以接受的稳定状态。

下列各个小节将讨论关于线性可分和线性不可分这两种不同类型数据的算法收敛问题。

5.3.1　线性可分数据的收敛

对于我们在本章前面内容中用到的特定数据集来说，分属两个类别的两组数据点之间的分离是一个可以变化的参数（这通常是由实际数据产生的问题）。这个参数是 class_ sep，可以取实数，例如：

```
X, y = make_classification(..., class_sep=2.0, ...)
```

我们可以由此展开研究，如果改变分离参数的取值，那么感知机算法收敛的平均迭代次数将会发生怎样的变化。该实验的设计方案如下：

❑ 从大到小设置不同的分离系数：2.0,1.9,⋯,1.2,1.1，并记录算法收敛所需的迭代次数
❑ 重复此操作 1000 次，并记录平均迭代次数和相应的标准差

注意，我们将分离系数的最小值定为 1.1，因为值为 1.0 的分离系数已经产生了一个线性不可分的数据集。如果进行这个实验，就可以把实验结果记录在一个表中，得到如下表格数据：

运行次数	2.0	1.9	1.8	1.7	1.6	1.5	1.4	1.3	1.2	1.1
1	2	2	2	2	7	10	4	15	13	86
2	5	1	2	2	4	8	6	26	62	169
3	4	4	5	6	6	10	11	29	27	293
...	...	...	...	...	...	...	...	...	...	...
998	2	5	3	1	9	3	11	9	35	198
999	2	2	4	7	6	8	2	4	14	135
1000	2	1	2	2	2	8	13	25	27	36
平均值	2.79	3.05	3.34	3.67	4.13	4.90	6.67	10.32	24.22	184.41
标准差	1.2	1.3	1.6	1.9	2.4	3.0	4.7	7.8	15.9	75.5

从这个表格中的数据可以看出，当数据点被很好地分离时，算法的平均迭代次数是相当稳定的。然而，随着分离间隙的减少，算法的迭代次数会显著增加。为了直观地表达这一点，图 5.4 以对数尺度展示了上表中的数据。

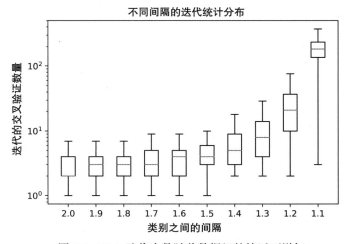

图 5.4 PLA 迭代次数随着数据组的接近而增加

很明显，随着分离值的缩小，迭代次数会呈指数级增长。图 5.5 描绘了最大间距 2.0 的情形，表明 PLA 经过四次迭代就可以找到分类方案。

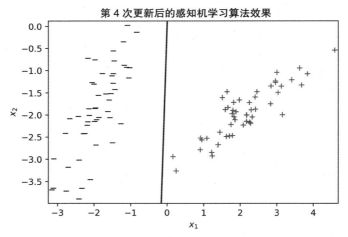

图 5.5 感知机在四次迭代后找到分离值为 2.0 的分类方案

类似地，图 5.6 表示最小分离值 1.1 的情形，PLA 需要进行 183 次迭代计算。仔细观察该图，就可以发现：很难找到关于后一种情形的分类方案，因为分属不同类别的数据组之间的距离太近了。

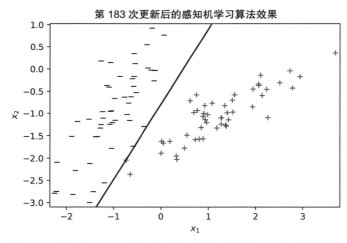

图 5.6 感知机在 183 次迭代后找到了分离值为 1.1 的分类方案

如前所述，分离值 1.0 所产生的数据集是线性不可分的，PLA 的运行将处于无限循环的状态，因为总会有一个数据点被感知机模型错误分类，方法 classification_error() 永远不会返回一个 0 值。针对这种情况，可以通过修改 PLA 以允许它在线性不可分数据集上找到解决方案，我们将在下一小节专门讨论这个问题。

5.3.2 线性不可分数据的收敛

对原始 PLA 的修改相当简单，但是这种修改已经足以让 PLA 可以找到在大多数情况下可以被接受的分类方案。对 PLA 的修改，主要是对其增加如下两个机制：

❑ 防止算法运行陷入死循环的机制

❑ 储存最佳解决方案的机制

对于第一点，可以简单地指定算法的最大迭代次数。对于第二点，可以简单地在存储空间中保存某个解决方案，并将它与经过当前迭代计算所产生的解决方案进行比较。

下面是对原始 PLA 的修改代码，新的变化已用加粗字体标注，并将对其进行详细讨论：

```
X, y = make_classification(n_samples=N, n_features=2, n_classes=2,
 n_informative=2, n_redundant=0, n_repeated=0,
 n_clusters_per_class=1, class_sep=1.0,
 random_state=5)

y[y==0] = -1

X_train = np.append(np.ones((N,1)), X, 1) # add a column of ones

# initialize the weights to zeros
w = np.zeros(X_train.shape[1])
it = 0
bestW = {}
bestW['err'] = N + 1 # dictionary to keep best solution
bestW['w'] = []
bestW['it'] = it

# Iterate until all points are correctly classified
#   or maximum iterations (i.e. 1000) are reached
while it < 1000:
  err = classification_error(w, X_train, y)
  if err < bestW['err']:    # enter to save a new w
    bestW['err'] = err
    bestW['it'] = it
    bestW['w'] = list(w)
  if err == 0:  # exit loop if there are no errors
    break
  it += 1
  # Pick random misclassified point
  x, s = choose_miscl_point(w, X_train, y)
  # Update weights
  w += s*x

print("Best found at iteration: ", bestW['it'])
print("Number of misclassified points: ", bestW['err'])
```

在这段代码中，bestW 是一个字典，用于持续跟踪到目前为止的最佳结果，将其初始化为某个合理的取值。首先需要注意的是，循环的上界是 1000，这是目前允许执行的最大迭代次数，可以将其更改为所希望的最大迭代次数。对于每次迭代计算都很昂贵的大型数据集或高维数据集来说，适当减少最大迭代次数是比较合理的设置。

下一个更改包含条件语句 if err < bestW['err']，它决定是否应该存储一组新

的参数。当每次错误（由被错误分类样本的总数决定）小于当前存储参数所产生的错误时，就进行一次更新。为了完成分类，我们仍然需要检查有没有错误，没有错误就表明数据是线性可分的，并且找到了一个解（分类方案），循环需要终止。

最后几个打印语句只是在获得最佳分类方案时给出相应的迭代次数和错分样本点的数目。其输出如下：

```
Best found at iteration: 95
Number of misclassified points: 1
```

这个输出是在分离值为 1.0 数据集上运行更新后的 PLA 产生的，如图 5.7 所示。

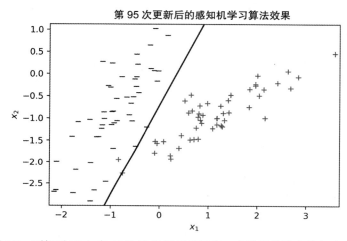

图 5.7　更新后 PLA 在 95 次迭代后找到只有一个错误分类点的解决方案

从图 5-7 中可以看出，正类中只有一个样本分类错误。这个例子中总共有 100 个数据点，因此可以确定分类准确度是 99/100。

这种类型的算法存储到目前为止的最佳解决方案，通常称之为**口袋算法**（Muselli, M.，1997）。而早期的终止学习算法的思想主要是受到了著名的数值优化方法的启发。

感知机模型的一个一般性的限制是感知机只能生成基于二维直线或多维线性超平面的分类方案。然而，我们可以很容易地突破这个限制：可以将几个感知机放在一起，使用多层神经元产生高度复杂的关于线性可分和线性不可分问题的非线性解决方案。这正是第 6 章要介绍的主题。

5.4　小结

本章给出了经典感知机模型的概述，介绍了线性可分数据集和线性不可分数据集的理论模型及其在 Python 语言中的实现。在这一点上，你应该确信对感知机有了足够的了解，可以自己去实现感知机模型。你应该能够在神经元的背景下识别感知机模型。此外，你现在应该能够在感知机模型实现口袋算法和早期终止策略，或任何其他学习算法。

因为感知机是为构建深度神经网络模型铺平道路的最基本的要素，在掌握了感知机的基本知识之后，下一步的任务是进入第 6 章，你将面临使用多层感知机算法进行深度学习的挑战，例如用于误差最小化的梯度下降技术，以及用于实现模型泛化性能的超参数最优化技术。但在继续学习新的知识之前，请用下列问题测试一下自己的知识水平。

5.5 习题与答案

1. 数据的可分性与 PLA 的迭代次数有什么关系？

答：随着数据类别组彼此接近，迭代次数会呈指数级速度增长。

2. PLA 是否总会收敛？

答：不会总是收敛，只有对于线性可分数据集才会收敛。

3. PLA 可以在线性不可分数据集上收敛吗？

答：不可以。然而，你可以找到一个可接受的解决方案，例如使用口袋算法修改 PLA。

4. 为什么感知机很重要？

答：因为感知机是一种最基本的学习策略，它帮助我们构思了机器学习的可能性。如果没有感知机模型，科学界可能还需要更长的时间来实现基于计算机的自动学习算法的潜力。

5.6 参考文献

- Rosenblatt, F. (1958). The perceptron: a probabilistic model for information storage and organization in the brain. *Psychological review*, 65(6), 386.
- Muselli, M. (1997). On convergence properties of the pocket algorithm. *IEEE Transactions on Neural Networks*, 8(3), 623-629.

Chapter 6 第 6 章

训练多层神经元

在第 5 章中，我们介绍了一种包含单个神经元和感知机概念的神经网络模型。感知机模型的一个局限性是它最多只能获得基于多维超平面的线性解。然而，我们可以通过使用多个神经元和多层神经元比较容易地突破这个局限，以产生高度复杂的面向线性可分和线性不可分问题的非线性解。本章向你介绍使用**多层感知机（MLP）**算法进行深度学习面临的第一个挑战，例如，用于误差最小化的梯度下降技术，以及后续的用于获得可信准确度的模型超参数优化实验。

本章主要内容如下：

❑ MLP 模型
❑ 最小化误差
❑ 寻找最佳超参数

6.1 MLP 模型

我们在第 5 章已经了解到，Rosenblatt 的感知机模型对于某些问题是简单而强大的（Rosenblatt, F., 1958）。然而，对于更复杂和高度非线性的问题，Rosenblatt 则没有给予足够的关注，他的模型需要连接更多不同结构的神经元，包括更深层次的网络模型（Tappert, C., 2019）。

20 世纪 90 年代，2019 年度图灵奖获得者 Geoffrey Hinton 教授继续致力于连接更多神经元的网络模型研究，因为这种模型比简单的神经元模型更像大脑（Hinton, G., 1990）。如今，大多数人将这种方法称为连接主义者，其主要思想是将神经元以一种类似大脑连接的不同方式连接起来。第一个成功的模型是 MLP，它使用基于监督梯度下降的学习算法来训练用于近似函数 $f(x)$ 的模型，使用的是带标签数据 $\mathcal{D} = \{x_i, y_i\}_{i=1}^{N}$。

图 6.1 描述了一个由多个神经元组成的单隐藏层 MLP 模型，表示输入数据如何通过权重连接到所有神经元，该权重刺激神经元产生较大的（非零）数值响应，这取决于需要学习的可变权重的取值。

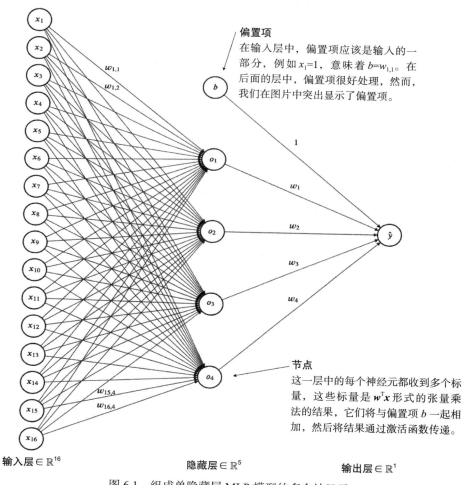

图 6.1　组成单隐藏层 MLP 模型的多个神经元

为了完整起见，图 6.2 从竖直的方向表示相同的网络结构并且显示了浅灰色的正权重和深灰色的负权重。图 6.2 旨在说明某些特征可能比其他特征更能刺激某些神经元。

对于图 6.2 表示的模型，最上面的神经元层称为**输入层**。这些特征连接到**隐藏层**中多个不同的神经元。隐藏层通常包含至少一层神经元，但在深度学习中，隐藏层通常包含更多层的神经元。

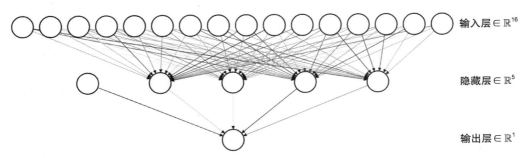

图 6.2 使用灰度表示权重的 MLP：浅灰色表示正权重，深灰色表示负权重

ⓘ 关于接近输入层权重的解释：MLP 和感知机的一个关键区别在于，除非隐藏层只有一个神经元，否则会在 MLP 中丢失输入层权重的解释。在感知机中，通常可以认为某些特征的重要性与其相关联的值（权重）直接相关。例如，与特征相关联的最小负权重会对输出结果产生最为显著的负面影响，与特征相关联的最大正权重会对输出结果产生最为显著的正面影响。因此，研究感知机（和线性回归）中权重的绝对值可以告诉我们各个特征的重要性。而 MLP 模型就不是这样了：MLP 模型中参与的神经元越多，参与的层越多，能够正确解释权重取值和特征重要性之间关系的机会就会显著降低。注意，不能过分依赖第一层的权重来推断某些特性的重要性。

我们可以从图 6.1 中看出，神经元 $o(\boldsymbol{w}^{\mathrm{T}}\boldsymbol{x})$ 被简化意味着标量上存在一些非线性激活函数 $o(\cdot)$，这个标量 $\boldsymbol{w}^{\mathrm{T}}\boldsymbol{x}$ 是由这些特征和与特征和神经元相关的权重进行相乘相加得到的。对于更深的 MLP 层，其输入不再是来自输入层 X 的数据，而是来自前一层神经元的输出：$\boldsymbol{w}^{\mathrm{T}}o(\boldsymbol{w}^{\mathrm{T}}\boldsymbol{x})$。我们将在下一节中对这种表示符号进行一些修改，以便更为形式化地描述这个过程。

现在，你需要知道的是 MLP 比感知机好很多的原因在于它有能力通过数据训练学习到高度复杂的非线性模型。感知机只能提供线性模型。但是伴随着这种力量的是巨大的责任。MLP 具有非凸和非光滑的损失函数，限制了学习过程的实现，虽然已经在这方面取得了很大的进展，但这种问题仍然存在。MLP 模型的另一个缺点是，学习算法可能需要其他超参数，以确保算法的成功（收敛）。最后，值得注意的是，MLP 需要对输入特征进行预处理（归一化），以减轻神经元对特定特征的过拟合。

现在，让我们来看学习过程究竟是如何产生的。

6.2 最小化误差

自 MLP 概念产生以来，使用 MLP 从数据中学习一直是主要问题之一。正如我们之前指出的，神经网络的一个主要问题是更深层次模型的计算可行性，另外一个问题是如何获得能够收敛到合理最小值的稳定学习算法。机器学习的一个主要突破是基于反向传播的学习算法的提出，这个算法为深度学习的发展铺平了道路。20 世纪 60 年代，很多科学家独立地推导和应用了反向传播形式，然而，大部分的功劳要归结于 G. E. Hinton 教授和他的团队（Rumelhart, D. E., et.al., 1986）。下面我们将讨论这个算法，该算法的唯一目的是使得模型在训练过程中由预测错误所造成的误差**最小化**。

首先，我们将给出称为**螺旋线**的数据集。这是一个众所周知的基准数据集，它有两个可分离但高度非线性的类别。当正类和负类从中心向外围扩展时，在二维空间的相对两侧相互环绕，如图 6.3 所示。

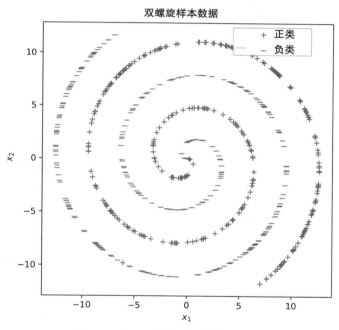

图 6.3 来自双螺旋基准的样本数据

我们可以在 Python 中使用下列函数生成该数据集：

```
def twoSpirals(N):
  np.random.seed(1)
  n = np.sqrt(np.random.rand(N,1)) * 780 * (2*np.pi)/360
  x = -np.cos(n)*n
  y = np.sin(n)*n
  return (np.vstack((np.hstack((x,y)),np.hstack((-x,-y)))),
          np.hstack((np.ones(N)*-1,np.ones(N))))

X, y = twoSpirals(300)  #Produce 300 samples
```

这段代码中，使用变量 X 接收一个两列矩阵，它的行是螺旋数据集的样本数据，变量 y 则包含从集合 {-1,+1} 中取值的相应目标类。图 6.3 是由此代码片段生成的样本数据集，其中包含 300 个样本。

我们使用一个非常简单的 MLP 模型结构，模型中只有一个包含三个神经元的隐藏层，这只是为了尽可能清楚地解释反向传播。这个 MLP 如图 6.4 所示。

💡 现今的专业人士通常将反向传播称为 backprop。如果你在互联网上读到关于它的在线讨论，人们很可能将它简称为 backprop。

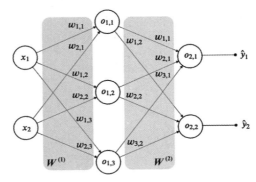

图 6.4　螺旋数据集上基于反向传播算法进行训练的简单 MLP 结构

对于图 6.4 所示的简单 MLP 网络结构，假设有一个定义良好的输入向量，其中包含多个向量 X（一个矩阵），用向量 $X = \{x_i\}_{i=1}^{N}$ 表示，多个单独的目标数据用向量 $y = \{y_i\}_{i=1}^{N}$ 表示。而且对于每一层 $l = \{1,2\}$，都有一个像第一层那样的权重矩阵 $W^{(l)}$。例如，图 6.4 所示模型的权重矩阵如下：

$$W^{(1)} = \begin{bmatrix} w_{1,1} & w_{1,2} & w_{1,3} \\ w_{2,1} & w_{2,2} & w_{2,3} \end{bmatrix}$$

$$W^{(2)} = \begin{bmatrix} w_{1,1} & w_{1,2} \\ w_{2,1} & w_{2,2} \\ w_{3,1} & w_{3,2} \end{bmatrix}$$

这些矩阵中所有元素的初始值均为随机实数值。隐藏层 $l = 1$ 由三个神经元组成。每个神经元接收一个观察值的加权和作为输入，即 $z_i^{(1)}$。这个加权和为样本特征值与指向第 i 个神经元的权重之间的内积，例如，第一个神经元加权和为：

$$z_1^{(1)} = [x_1 \quad x_2] \begin{bmatrix} w_{1,1} \\ w_{2,1} \end{bmatrix}$$

这里，$o(z_1^{(1)})$ 表示第一层第一个神经元的激活函数输出，在这里激活函数 o 是一个 S 型函数。

ℹ️ S 型激活函数的表达式为：$o(z) = \dfrac{1}{1+e^{-z}}$。这个函数很有趣，因为它可以接收任何值作为输入，并将其压缩映射到从 0 到 1 之间的值。它也是可以计算梯度的性质优良的函数，因为它的导数众所周知并且很容易计算：$\dfrac{\mathrm{d}}{\mathrm{d}z}o(z)=o(z)(1-o(z))$。

在 Python 中，我们可以像下面这样轻松地编写 S 型函数：

```
def sigmoid(z, grad=False):
  if grad:
    return z * (1. - z)
  return 1. / (1. + np.exp(-z))
```

最后，模型的输出层由两个神经元组成，在这种情况下，我们将使用这两个神经元分别对每个目标类型建模，即分别对正螺旋类型和负螺旋类型建模。

在学习了上述知识之后，我们可以通过 backprop 来优化调整基于梯度方向的模型权重，使得给定的一组标记样本的误差最小化，更多的相关细节，请参考此教程（Florez, O. U., 2017）。我们将遵循下列计算步骤。

6.2.1 步骤 1：初始化

首先，执行初始化步骤，随机初始化网络模型的权重。在我们的例子中，使用下列取值：

$$\boldsymbol{W}^{(1)}=\begin{bmatrix} w_{1,1} & w_{1,2} & w_{1,3} \\ w_{2,1} & w_{2,2} & w_{2,3} \end{bmatrix}=\begin{bmatrix} -0.16595599 & 0.44064899 & -0.99977125 \\ -0.39533485 & -0.70648822 & -0.81532281 \end{bmatrix}$$

$$\boldsymbol{W}^{(2)}=\begin{bmatrix} w_{1,1} & w_{1,2} \\ w_{2,1} & w_{2,2} \\ w_{3,1} & w_{3,2} \end{bmatrix}=\begin{bmatrix} -0.62747958 & -0.30887855 \\ -0.20646505 & 0.07763347 \\ -0.16161097 & 0.370439 \end{bmatrix}$$

在 Python 中，我们可以使用以下方法生成 -1 和 1 之间的随机权重：

```
w1 = 2.0*np.random.random((2, 3))-1.0
w2 = 2.0*np.random.random((3, 2))-1.0
```

6.2.2 步骤 2：前向传播

下一步是**前向传播**。在这一步中，输入层接收的输入向量 $\boldsymbol{X}=\{\boldsymbol{x}_i\}_{i=1}^{N}$ 在网络模型中向前传播，直到在输出层输出模型所产生的向量。在我们的小型例子中，前向传播的具体计算过程如下。首先从单个样本 $\boldsymbol{x}_i$ 的线性变换开始，在第一层使用权重矩阵 $\boldsymbol{W}^{(1)}$：

$$\boldsymbol{z}^{(1)}=\boldsymbol{x}_i\boldsymbol{W}^{(1)}=[x_1 \quad x_2]\begin{bmatrix} w_{1,1} & w_{1,2} & w_{1,3} \\ w_{2,1} & w_{2,2} & w_{2,3} \end{bmatrix}$$

此时，对于 $x_1=[7.08535569 \quad 5.20423916]$ 的计算过程如下：

$$\boldsymbol{z}^{(1)}=\boldsymbol{x}_i\boldsymbol{W}^{(1)}=[7.08535569 \quad 5.20423916]\begin{bmatrix} -0.16595599 & 0.44064899 & -0.99977125 \\ -0.39533485 & -0.70648822 & -0.81532281 \end{bmatrix}$$

计算结果如下：

$$z^{(1)} = [-3.23327435 \quad -0.55457885 \quad -11.32686981]$$

然后，将 $z^{(1)}$ 传递到 S 型函数，得到 $o_1(\cdot)$，它是第一个隐藏层三个神经元的输出。输出结果如下：

$$o_1(z^{(1)}) = \text{sigmoid}([-3.23327435 \quad -0.55457885 \quad -11.32686981])$$

$$o_1(z^{(1)}) = [0.03793257 \quad 0.36480273 \quad 0.00001204]$$

上述计算过程可以通过下列代码实现：

```
o1 = sigmoid(np.matmul(X, w1))
```

要了解到目前为止第一层中到底完成了什么工作，一个有趣的方法是，我们已经将二维的输入数据映射成了三维数据，现在再通过对三维数据的处理获得二维的数据输出。

对隐藏层组中的任何后续层重复相同的过程。在我们的例子中，只需对输出层再做一次计算，具体计算过程如下：

$$z^{(2)} = o_1(z^{(1)})W^{(2)} = [o_{1,1} \quad o_{1,2} \quad o_{1,3}]\begin{bmatrix} w_{1,1} & w_{1,2} \\ w_{2,1} & w_{2,2} \\ w_{3,1} & w_{3,2} \end{bmatrix}$$

计算结果如下：

$$z^{(2)} = [0.03793257 \quad 0.36480273 \quad 0.00001204]\begin{bmatrix} -0.62747958 & -0.30887855 \\ -0.20646505 & 0.07763347 \\ -0.16161097 & 0.370439 \end{bmatrix}$$

最后得到：

$$z^{(2)} = [-0.09912288 \quad 0.01660881]$$

再一次，我们将 $z^{(2)}$ 传递到 S 型函数，得到 $o_2(\cdot)$，它是输出层中两个神经元的输出。输出结果如下：

$$o_2(z^{(2)}) = \text{sigmoid}([-0.09912288 \quad 0.01660881])$$

$$o_2(z^{(2)}) = [0.47523955 \quad 0.50415211]$$

可以通过下列代码实现上述计算过程：

```
o2 = sigmoid(np.matmul(o1, w2))
```

此时，我们需要给这些模型输出赋予一些含义，以便确定下一步的计算过程。最后两个神经元中给出的输出正是我们想要的输入数据 x_i 属于正类 $o_{2,1}$ 的概率和属于负类 $o_{2,2}$ 的概率。下一步是为了进行模型训练而对误差进行度量。

💡 误差度量，或误差函数，也称为**损失**函数

6.2.3 步骤3：计算损失

这一步是定义和**计算总损失**。第4章中讨论了一些误差度量（或损失）指标，如**均方误差（MSE）**：

$$L = \frac{1}{N} \sum_{i=1}^{N} (\boldsymbol{y}_i - \hat{\boldsymbol{y}}_i)^2$$

从导数的角度来看，这个损失函数是非常重要的。因为我们想根据损失函数给出的梯度来调整网络模型的权重。因此，可以对这个损失函数做一些小的改变，而不影响学习过程的总体结果，但可以得到很好的导数。例如，如果对其求导，平方的导数意味着乘以2倍，我们可以通过对MSE稍做修改，引入除以2的运算来抵消这种影响，如下所示：

$$L = \frac{1}{2N} \sum_{i=1}^{N} (\boldsymbol{y}_i - \hat{\boldsymbol{y}}_i)^2$$

因此，可以使用这种损失确定模型预测值与实际的目标结果之间的"错误"程度。前面例子期望结果如下：

$$\boldsymbol{y}_1 = [1 \quad 0]$$

模型预测值为：

$$\hat{\boldsymbol{y}}_1 = [0.47523955 \quad 0.50415211]$$

这个预测值是正常的，因为权重是随机初始化的，因此，该模型的预测性能较差。通过使用一种流行的方法来进一步改进该网络的预测性能，这种方法可以惩罚权重，使得模型权重参数不能取非常大的值。在神经网络中，总是存在着梯度*爆炸*或*消失*的风险，而减少大梯度影响的一种简单技术是对权重所能承受的数值范围设置限制。这就是众所周知的**正则化策略**。这种策略还引出了其他优良特性，如模型的稀疏性。可以对损失函数做如下正则化修改：

$$L = \frac{1}{2N} \sum_{i=1}^{N} (\boldsymbol{y}_i - \hat{\boldsymbol{y}}_i)^2 + \frac{\lambda}{2L} \sum_{j=1}^{L} \left\| \boldsymbol{W}^{(j)} \right\|_2^2$$

这种损失函数的实现代码如下：

```
L = np.square(y-o2).sum()/(2*N) +
lambda*(np.square(w1).sum()+np.square(w2).sum())/(2*N)
```

新增的正则化项将每一层的权重相加，大的权重会根据λ参数的取值得到惩罚。λ是一个需要我们自己设定和调整的超参数。大的λ取值会严重惩罚任何大的权重，小的λ取值则在学习过程中忽略权重的任何影响。这正是将在这个模型中使用的损失函数，请注意，正则化项也很容易微分。

6.2.4 步骤4：反向传播

下一步是执行**反向传播**。目标是根据损失的比例和减少损失的方向调整网络模型的权重。我们首先计算损失函数关于输出层权重的偏导数 $\dfrac{\partial L}{\partial \boldsymbol{W}^{(2)}}$，然后计算损失函数关于第一

层权重的偏导数 $\dfrac{\partial L}{\partial \boldsymbol{W}^{(1)}}$。

我们从求解一阶偏导数开始进行反向传播计算。使用众所周知的链式法则将主偏导数等值地分解成多个局部偏导数的乘积；具体分解过程如下：

$$\frac{\partial L}{\partial \boldsymbol{W}^{(2)}} = \frac{\partial L}{\partial \boldsymbol{o}_2}\frac{\partial \boldsymbol{o}_2}{\partial \boldsymbol{z}^{(2)}}\frac{\partial \boldsymbol{z}^{(2)}}{\partial \boldsymbol{W}^{(2)}}$$

在这里，对于所有的 $l \in \{1,2\}$，都有 $\boldsymbol{o}_l = o_l(\boldsymbol{z}^{(l)})$。如果我们单独地计算每个局部偏导数，则可以得到以下结果：

$$\frac{\partial L}{\partial \boldsymbol{o}_2} = -(\boldsymbol{y}-\boldsymbol{o}_2)$$

$$\frac{\partial \boldsymbol{o}_2}{\partial \boldsymbol{z}^{(2)}} = \boldsymbol{o}_2(1-\boldsymbol{z}^{(2)})$$

$$\frac{\partial \boldsymbol{z}^{(2)}}{\partial \boldsymbol{W}^{(2)}} = \boldsymbol{o}_1$$

这三个偏导数每次都有精确的计算结果。本例中的计算结果如下：

$$\frac{\partial L}{\partial \boldsymbol{o}_2} = -([1\quad 0]-[0.47523955\quad 0.50415211]) = [-0.52476045\quad 0.50415211]$$

$$\frac{\partial \boldsymbol{o}_2}{\partial \boldsymbol{z}^{(2)}} = [0.47523955\quad 0.50415211](1-[-0.09912288\quad 0.01660881])$$

$$= [-0.10894822\quad 0.01633295]$$

$$\frac{\partial \boldsymbol{z}^{(2)}}{\partial \boldsymbol{W}^{(2)}} = [0.03793257\quad 0.36480273\quad 0.00001204]$$

由于我们需要更新一个 3×2 阶的权重矩阵 $\boldsymbol{W}^{(2)} \in \mathbb{R}^{3\times 2}$，故我们需要使用一个 3×2 阶的矩阵表示主导数，使用局部偏导数向量的乘积来构造这个矩阵，具体的计算过程如下：

$$\frac{\partial L}{\partial \boldsymbol{W}^2} = \begin{bmatrix} 0.03793257 \\ 0.36480273 \\ 0.00001204 \end{bmatrix}[-0.10894822\quad 0.01633295][-0.52476045\quad 0.50415211]$$

$$= \begin{bmatrix} 0.00216867 & 0.0031235 \\ 0.0208564 & 0.00300389 \\ 0.00000069 & 0.0000001 \end{bmatrix}$$

为了得到这种形式的计算结果，首先需要对右边的两个向量执行元素级的乘法，然后对左边转置后的（列）向量执行常规的矩阵乘法。在 Python 中，可以这样做：

```
dL_do2 = -(y - o2)
do2_dz2 = sigmoid(o2, grad=True)
```

```
dz2_dw2 = o1
dL_dw2 = dz2_dw2.T.dot(dL_do2*do2_dz2) + lambda*np.square(w2).sum()
```

现在我们已经计算出了导数，就可以使用传统的比例因子，即学习率，实现对权重的更新。新网络权重值 $\boldsymbol{W}_*^{(2)}$ 的计算过程如下：

$$\boldsymbol{W}_*^{(2)} = \boldsymbol{W}^{(2)} - \alpha \frac{\partial L}{\partial \boldsymbol{W}^{(2)}}$$

$$\boldsymbol{W}_*^{(2)} = \begin{bmatrix} -0.62747958 & -0.30887855 \\ -0.20646505 & 0.07763347 \\ -0.16161097 & 0.370439 \end{bmatrix} - 0.001 \begin{bmatrix} 0.00216867 & 0.0031235 \\ 0.0208564 & 0.00300389 \\ 0.00000069 & 0.0000001 \end{bmatrix}$$

$$= \begin{bmatrix} -0.62748175 & -0.30887886 \\ -0.20648591 & 0.07763046 \\ -0.16161097 & 0.370439 \end{bmatrix}$$

ℹ **学习率**是机器学习中用来制约导数对权重更新过程影响程度的一种机制。导数的含义是给定输入数据关于权重的变化率。较大的学习率可能会过于重视导数的方向和大小，存在跳过良好的局部最小值的风险。较小的学习率只是部分地考虑了导数信息，存在向局部最小值的进展非常缓慢的风险。学习率是另一个需要调整的超参数。

现在，我们继续计算下一个偏导数 $\frac{\partial L}{\partial \boldsymbol{W}^{(1)}}$。可以使用这个导数实现对权重 $\boldsymbol{W}^{(1)}$ 的更新。首先给出这个偏导数的如下定义并试图简化对它的计算：

$$\frac{\partial L}{\partial \boldsymbol{W}^{(1)}} = \frac{\partial L}{\partial \boldsymbol{o}_1} \frac{\partial \boldsymbol{o}_1}{\partial \boldsymbol{z}^{(1)}} \frac{\partial \boldsymbol{z}^{(1)}}{\partial \boldsymbol{W}^{(1)}}$$

如果我们仔细观察第一个偏导数 $\frac{\partial L}{\partial \boldsymbol{o}_1}$，就不难发现可以使用下列计算公式给出该导数的定义：

$$\frac{\partial L}{\partial \boldsymbol{o}_1} = \frac{\partial L}{\partial \boldsymbol{z}^{(2)}} \frac{\partial \boldsymbol{z}^{(2)}}{\partial \boldsymbol{o}_1}$$

其实，上式中带下划线的项之前已经计算过了！请注意，下面加下划线的项与前面定义等式中加下划线的项是等价的：

$$\frac{\partial L}{\partial \boldsymbol{W}^{(2)}} = \frac{\partial L}{\partial \boldsymbol{o}_2} \frac{\partial \boldsymbol{o}_2}{\partial \boldsymbol{z}^{(2)}} \frac{\partial \boldsymbol{z}^{(2)}}{\partial \boldsymbol{W}^{(2)}}$$

这是一个很好的性质，根据微分链式法则，这个性质是成立的。这个性质允许进行*循环*计算，并且由此得到一个更有效的学习算法。这个很好的性质还表明，确实将更深层的信息合并到更接近输入层的层中。现在，我们已经做出了一些成果，下面继续分别计算每个偏导数。

因为 $\dfrac{\partial \boldsymbol{z}^{(2)}}{\partial \boldsymbol{o}_1} = \boldsymbol{W}^{(2)}$ ，所以可以将第一项表示为：

$$\frac{\partial L}{\partial \boldsymbol{o}_1} = \frac{\partial L}{\partial \boldsymbol{o}_2}\frac{\partial \boldsymbol{o}_2}{\partial \boldsymbol{z}^{(2)}}\frac{\partial \boldsymbol{z}^{(2)}}{\partial \boldsymbol{o}_1} = \left(-\boldsymbol{y}-\boldsymbol{o}_2\right)\boldsymbol{o}_2(1-\boldsymbol{z}^{(2)})\boldsymbol{W}^{(2)}$$

在本例子中的计算结果如下：

$$\frac{\partial L}{\partial \boldsymbol{o}_1} = [-0.10894822 \quad 0.01633295][-0.52476045 \quad 0.50415211]\begin{bmatrix} -0.62747958 & -0.30887855 \\ -0.206446505 & 0.07769947 \\ -0.16161097 & 0.370439 \end{bmatrix}^{\mathrm{T}}$$

$$= [-0.03841748 \quad -0.0111647 \quad -0.0061892]$$

现在，第二个偏导数的计算过程如下：

$$\frac{\partial \boldsymbol{o}_1}{\partial \boldsymbol{z}^{(1)}} = \boldsymbol{o}(1-\boldsymbol{z}^{(1)})$$

$$= [0.03793257 \quad 0.36480273 \quad 0.00001204][1-[-3.23327435 \quad -0.55457885 \quad -11.32686981]]$$

得到结果如下：

$$\frac{\partial \boldsymbol{o}_1}{\partial \boldsymbol{z}^{(1)}} = [0.16057899 \quad 0.56711462 \quad 0.00014847]$$

下面我们计算最后一项偏导数，可以对其进行如下直接计算：

$$\frac{\partial \boldsymbol{z}^{(1)}}{\partial \boldsymbol{W}^{(1)}} = \boldsymbol{x}_1 = [7.08535569 \quad 5.20423916]$$

最后，把各个偏导数的计算结果代入基于链式法则的乘积表达式：

$$\frac{\partial L}{\partial \boldsymbol{W}^{(1)}} = \frac{\partial L}{\partial \boldsymbol{o}_1}\frac{\partial \boldsymbol{o}_1}{\partial \boldsymbol{z}^{(1)}}\frac{\partial \boldsymbol{z}^{(1)}}{\partial \boldsymbol{W}^{(1)}}$$

$$= \begin{bmatrix} 7.08535569 \\ 5.20423916 \end{bmatrix}[-0.03841748 \quad -0.0111647 \quad -0.0061892]$$

$$[0.16057899 \quad 0.56711462 \quad 0.00014847]$$

下面是通过对向量的重新排列来获得与权重矩阵维数一致的结果矩阵，$\boldsymbol{W}^{(1)} \in \mathbb{R}^{2\times3}$。向量乘积的具体结果如下：

$$\frac{\partial L}{\partial \boldsymbol{W}^{(1)}} = \begin{bmatrix} -0.04370984 & -0.04486212 & -0.00000651 \\ -0.03210516 & -0.03295151 & -0.0000478 \end{bmatrix}$$

在 Python 中，我们可以这样做：

```
dL_dz2 = dL_do2 * do2_dz2
dz2_do1 = w2
dL_do1 = dL_dz2.dot(dz2_do1.T)
do1_dz1 = sigmoid(o1, grad=True)
```

```
dz1_dw1 = X
dL_dw1 = dz1_dw1.T.dot(dL_do1*do1_dz1) + lambda*np.square(w1).sum()
```

最后，关于新权重 $\boldsymbol{W}_*^{(1)}$ 的更新计算过程与结果如下：

$$\boldsymbol{W}_*^{(1)} = \boldsymbol{W}^{(1)} - \alpha \frac{\partial L}{\partial \boldsymbol{W}^{(1)}}$$

$$\boldsymbol{W}_*^{(1)} = \begin{bmatrix} -0.16595599 & 0.44064899 & -0.99977125 \\ -0.39533485 & -0.70648822 & -0.81532281 \end{bmatrix} - 0.001 \begin{bmatrix} -0.04370984 & -0.04486212 & -0.00000651 \\ -0.03210516 & -0.03295151 & -0.0000478 \end{bmatrix}$$

$$= \begin{bmatrix} -0.16591288 & 0.44069385 & -0.99977124 \\ -0.39530275 & -0.70645527 & -0.81532281 \end{bmatrix}$$

通过进行第 t 次（或历元）的迭代赋值 $\boldsymbol{W}_{t+1}^{(1)} = \boldsymbol{W}_*^{(1)}$ 和 $\boldsymbol{W}_{t+1}^{(2)} = \boldsymbol{W}_*^{(2)}$，结束反向传播算法。这里使用如下方法实现：

```
w1 += -alpha*dL_dw1
w2 += -alpha*dL_dw2
```

我们希望这个过程重复任意个历元。让算法在运行过程中使用以下参数：

$$t = 100000$$
$$\lambda = 0.00001$$
$$\alpha = 0.001$$

然后，得到如图 6.5 所示的分离超平面。

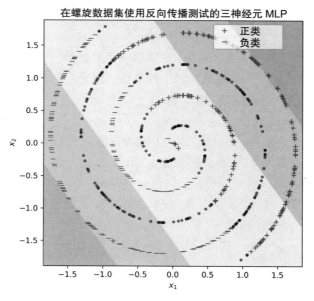

图 6.5　三神经元 MLP 样本超平面的分离

从图中可以看出，有很多样本被错误分类了，如图中的黑点所示。这个模型的总准确率为 62%。显然，使用三个神经元就足以产生比随机概率更好的分类器，然而，这并不是最好的结果。我们现在要做的是通过改变超参数以及神经元或层的数量来调整分类器模型。这正是下面要讨论的内容。

6.3　寻找最佳超参数

还有一种更加简单的编码方法，可以使用 Keras 来编写前面一节中的代码。可以依赖的事实是，Keras 中关于反向传播的代码是正确的，并且在稳定性方面得到了改进，还可以使用一组更加丰富的其他特性和算法以改进学习过程。开始优化关于 MLP 模型的超参数集之前，应该指出什么是使用 Keras 的等价实现。下面的代码应该复制相同的模型、几乎相同的损失函数和几乎相同的反向传播算法：

```
from tensorflow.keras.models import Sequential
from tensorflow.keras.layers import Dense

mlp = Sequential()
mlp.add(Dense(3, input_dim=2, activation='sigmoid'))
mlp.add(Dense(2, activation='sigmoid'))

mlp.compile(loss='mean_squared_error',
            optimizer='sgd',
            metrics=['accuracy'])

# This assumes that you still have X, y from earlier
# when we called X, y = twoSpirals(300)
mlp.fit(X, y, epochs=1000, batch_size=60)
```

上述代码产生 62.3% 的错误率和如图 6.6 所示的决策边界。

这张图与图 6.5 非常相似，这是意料之中的事情，因为它们是相同的模型。不过，还是让我们简要回顾一下代码中描述模型的含义。

如前所述，from tensorflow.keras.models import Sequential 导入序列库，可以使用这个序列库创建一个序列模型，而不是使用函数方法创建模型，mlp = Sequential()，而且它还能够让我们往模型中添加一些元素，mlp.add()，例如多层神经元（密集层）：Dense(…)。

对于序列模型的第一层，必须在该层指定输入向量的维数（输入层的大小），在本例中为 2，以及作为激活函数的 S 型函数：mlp.add(Dense(3, input_dim=2, activation='sigmoid'))。这里的数字 3 表示该模型的第一个隐藏层中包含多少个神经元。

第二层（和最后一层）与此类似，但要表明输出层中的两个神经元：mlp.add(Dense(2, activation='sigmoid'))。

一旦确定了序列模型，我们必须对这个模型进行编译，mlp.compile(…)，定义最小的损失，loss='mean_squared_error'，使用最优化（反向传播）算法，optimizer='sgd'，还有一系列用于报告每次迭代训练后模型准确度的度量指标，metrics=['accuracy']。这里定义的均方损失不包括前面描述的正则化项，但在这里应该不会有比较大的影响，因此，这种损失是我们以前见过的：

$$L = \frac{1}{N} \sum_{i=1}^{N} (\boldsymbol{y}_i - \hat{\boldsymbol{y}}_i)^2$$

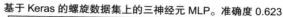

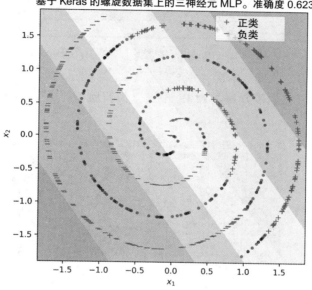

图 6.6　与图 6.5 模型相同的基于 Keras 的 MLP

sgd 优化器定义了一种名为**随机梯度下降**的算法。这是一种计算梯度并进行权重相应更新比较稳健的方法，自 20 世纪 50 年代以来就一直存在（Amari, s.i., 1993）。在 Keras 中，这个算法的默认学习率是 $\alpha = 0.001$，然而，这个比率包含一个衰减策略，使得学习率在学习过程中具有自适应性质。

请务必牢记上述内容，我们将改变下列超参数：

❑ 学习率 $\alpha \geq 1$，它是自适应的

❑ 层数，介于 2、3 和 4 之间，每个层有 16 个神经元（输出层除外）

❑ 激活函数，ReLU 函数或 S 型函数

可以通过几个交叉验证方法来实现上述模型训练过程，如第 4 章所述。下表给出了 5 次交叉验证得到的实验结果：

实验	超参数	准确度平均值	标准差
1	（16-S 型函数，2-S 型函数）	0.6088	0.004

（续）

实验	超参数	准确度平均值	标准差
2	（16-ReLU，2-S 型函数）	0.7125	0.038
3	（16-S 型函数，16-S 型函数，2-S 型函数）	0.6128	0.010
4	（16-ReLU，16-S 型函数，2-S 型函数）	0.7040	0.067
5	（16-S 型函数，16-S 型函数，16-S 型函数，2-S 型函数）	0.6188	0.010
6	（16-ReLU，16-S 型函数，16-ReLU，2-S 型函数）	0.7895	0.113
7	（16-ReLU，16-ReLU，16-S 型函数，2-S 型函数）	0.9175	0.143
8	（16-ReLU，16-ReLU，16-ReLU，2-S 型函数）	0.9050	0.094
9	（16-ReLU，16-S 型函数，16-S 型函数，2-S 型函数）	0.6608	0.073

需要注意的是，其他实验使用了额外的第五层，但是这种模型的平均性能和可变性方面并没有得到较大的提升。具有四层且每层只有 16 个神经元（除了输出层有 2 个神经元之外）的网络模型就足以产生较好分类效果。图 6.7 为实验 7 的运行结果，该模型的性能最高，准确率达到了 99%。

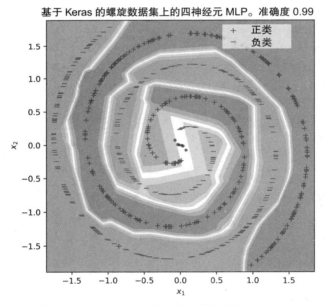

图 6.7 四层 (16,16,16,2) 神经网络产生的分类边界，对应表 1 中实验 7

从图 6.7 中可以看出，最大的混淆边缘位于螺旋起源的中心区域，彼此之间非常接近。我们还注意到，分离超平面在某些区域似乎并不光滑，这是典型的 MLP 模型的分类效果。一些人士认为，产生这种现象原因是输入层的神经元使用线性函数来近似某个函数，更深的层则是通过对这些线性函数的组合产生基于这些线性函数的非线性函数。当然，实际情况可能要比这要复杂得多，但这里确实需要注意一下。

结束本章的内容之前，提醒大家注意一下，模型还存在其他的超参数，可以使用经验信息来优化这些超参数的取值。我们可以选择不同的优化器，比如 adam 或 rmsprop；可以尝试其他的激活函数，如 tanh 或 softmax；还可以尝试更多的层；或者以递增、递减或混合的顺序尝试使用更多（或更少）和不同数量的神经元。然而，就目前的情况而言，这些实验已经足以证明，使用不同的东西进行实验是找到最适合特定应用模型的关键，或者是实现对问题求解的关键。

介绍性的内容到本章为止，接下来的章节将着眼于具有特定目的的特定类型的网络结构，而不是具有多用途的、基础性的 MLP 神经网络模型。我们将在第 7 章讨论自编码器，可以将自编码器看作是一种特殊的神经网络，其目的是将输入数据编码到更小维数的空间，然后将其重构回原来的输入空间，并且最大限度地减少重构数据的信息损失。使用自编码器，我们可以实现对数据的压缩，并且可以从没有标签的数据中学习。后者使得自编码器成为一种特殊类型的神经网络，这种网络的学习方式被归类为**无监督学习方式**。

6.4 小结

这个承上启下的介绍性章节展示了 MLP 模型的设计方法及其功能的实现范例。我们介绍组成模型的各要素背后的理论框架，并对众所周知的在损失函数上执行梯度下降算法中的反向传播机制进行了充分的讨论和处理。理解反向传播算法是理解后续章节内容的关键，因为有些模型是专门为克服反向传播的一些潜在困难而设计的。你应该有信心，所学到的关于反向传播的知识将帮助你更好地了解什么是深度学习。这种反向传播算法是使得深度学习成为令人兴奋的研究领域的原因之一。现在，你应该能够理解 MLP 模型，并且能够使用不同的层和不同的神经元来设计自己的 MLP 模型。此外，你应该有信心调节它的参数，我们将在进一步的阅读中讨论更多的这方面的内容。

第 7 章将介绍非常类似于 MLP 的神经网络架构，这种网络目前已经被广泛应用于与数据表示学习相关的许多不同类型的学习任务。这一章开始了一个新的知识内容，这部分内容致力于基于学习类型的无监督学习算法和模型。使用这种学习算法和模型，可以从没有标签的数据中学习。

6.5 习题与答案

1. 为什么 MLP 比感知机模型要好？

答：MLP 具有更多的神经元数量和层数，因而在对非线性问题的建模和解决更复杂的模式识别问题方面优于感知机模型。

2. 为什么反向传播如此重要？

答：因为反向传播算法可以让神经网络在大数据时代进行学习。

3. MLP 总会收敛吗？

答：可以说是，也可以说不是。对于损失函数来说，它总是收敛到局部最小值，然而，损失函数并不能保证收敛到全局最小值，因为通常大多数损失函数是非凸的和非光滑的。

4. 为什么要优化模型的超参数？

答：因为任何人都可以训练一个简单的神经网络，然而，并不是每个人都知道要改变什么才能让这个模型变得更好。模型的成功很大程度上取决于所尝试不同的东西，并向自己（和他人）证明你的模型是最好的。这将使得你成为更好的学习者和更好的深度学习专家。

6.6 参考文献

- Rosenblatt, F. (1958). The perceptron: a probabilistic model for information storage and organization in the brain. *Psychological Review*, 65(6), 386.
- Tappert, C. C. (2019). Who is the Father of Deep Learning? *Symposium on Artificial Intelligence.*
- Hinton, G. E. (1990). Connectionist learning procedures. *Machine learning.* Morgan Kaufmann, 555-610.
- Rumelhart, D. E., Hinton, G. E., & Williams, R. J. (1986). Learning representations by back-propagating errors. *Nature*, 323(6088), 533-536.
- Florez, O. U. (2017). One LEGO at a time: Explaining the Math of How Neural Networks Learn. *Online*: https://omar-florez.github.io/scratch_mlp/.
- Amari, S. I. (1993). Backpropagation and stochastic gradient descent method. *Neurocomputing*, 5(4-5), 185-196.

无监督深度学习

在介绍了第一个有监督模型 MLP 的有关知识之后，第二部分将重点介绍无监督学习算法。从简单的自编码器开始，然后转向层数更深、规模更大的神经网络模型。

第二部分由下列几章组成：

- ❏ 第 7 章，自编码器
- ❏ 第 8 章，深度自编码器
- ❏ 第 9 章，变分自编码器
- ❏ 第 10 章，受限玻尔兹曼机

Chapter 7 第 7 章

自 编 码 器

本章通过解释编码层和解码层之间的关系来介绍自编码器模型。我们将展示一个无监督学习网络模型。本章还将介绍一个通常与自编码器模型相关的损失函数,并将其应用于MNIST 数据的降维及数据在由自编码器导出的潜在空间中的可视化。

本章主要内容如下:

❑ 无监督学习简介
❑ 编码层与解码层
❑ 降维与可视化应用
❑ 无监督学习的伦理意蕴

7.1　无监督学习简介

随着机器学习在过去几年内的不断发展,我见识到了很多分属不同类型的机器学习方法。最近,在加拿大蒙特利尔举办的 2018 年度 NeurIPS 会议上,Alex Graves 博士分享了关于不同类型学习方式的信息,如图 7.1 所示。

时至今日,还有很多学习算法正在被研究和改进,因此对所有学习算法进行分类的研究是非常有用的。图 7.1 的第一行描述了主动学习,这意味着在学习算法和数据之间存在一种交互。例如,在对有标签数据进行强化学习和主动学习时,奖励策略可以告知模型在接下来的迭代中读取哪种类型的数据。然而,对于传统的监督学习,也就是我们迄今为止所研究的内容,并不涉及与数据来源的交互,而是假设数据集是固定的,其维度和形状不会发生改变,这些非互动的方法称为被动学习。

	有标签的数据	无标签的数据
主动	强化学习 主动学习	存在激励 定义探索
被动	监督学习	无监督学习

图 7.1 不同类型的学习方式

图 7.1 的第二列表示一种特殊的学习算法，它不需要标签就可以从数据中学习。其他算法则要求你拥有一个数据集 X，并且要求该数据集中的每个样本数据都有与之相关联的目标标签 y，即有 $\mathcal{D} = \{x_i, y_i\}_{i=1}^N$。然而，无监督算法不需要数据具有标签信息。

> 💡 你可以把标签想象成**老师**。老师告诉学习者，x 对应于 y，以及学习者尝试学习 x 与 y 之间的关系，并通过反复试验和校正错误，调整模型的信念（参数），直到模型得到正确的关系为止。然而，如果没有老师，学习者就不知道任何关于标签 y 的信息，因此，模型需要利用数据的边界来自学一些关于 x 的信息，并在对 y 一无所知的情况下通过自学形成对于 x 的信念。

在接下来的章节中，我们将研究**无监督学习**。这种学习方式假设我们拥有的数据在其形状或形式上不会发生改变，并且在学习过程和部署过程中保持一致。学习算法由标签信息以外的信息指导，例如一种用于数据压缩的独特的损失函数。此外，还有一些其他类型的算法，它们具有探索机制或某种特定的动机，以交互的方式从数据中学习，这些算法属于**主动学习**算法。我们不会在本书中讨论这些主动学习算法，因为本书是为初学者准备的入门教程。不过，我们将详细讨论一些最具有鲁棒性的无监督深度学习模型。

我们将从对**自编码器**的介绍开始。自编码器的唯一目的是将输入数据输入由**编码器**和**解码器**这两部分组成的神经网络模型。模型中的编码器部分承担对输入数据进行编码的任务，通常将输入数据编码到较低维的数据空间，从而实现对输入数据的编码或压缩。模型中的解码器部分承担对编码（或压缩）后输入数据的潜在表示，然后在不丢失任何数据信息的情况下将其重构回数据的原始形状和原始值。也就是说，对于理想的自编码器，输入数据应该等于输出数据。下面让我们更详细地讨论这个问题。

7.2 编码层与解码层

自编码器可以分为两个主要部件，它们在无监督学习过程中服务于各自特定的目的。图 7.2 左侧表示一个由全连接（密集）网络层实现的自编码器模型。该模型接收一个向量

$x \in \mathbb{R}^8$ 作为输入，然后进入六个隐藏层。前三个隐藏层分别包含 6 个、4 个和 2 个神经元，用于将输入数据压缩到二维，因为第三个隐藏层中两个神经元的输出是两个标量值。第一组层称为**编码器**。

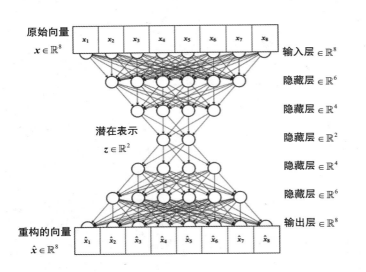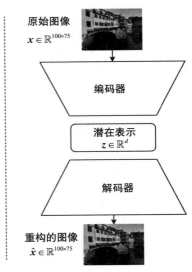

图 7.2　自编码器的两种表示。左：完整的描述性模型。右：紧凑和抽象的模型表示

第二组是分别由 4 个、6 个和 8 个神经元组成的三层网络，完成的功能是将输入数据重构回其原始维度和值 $\hat{x} \in \mathbb{R}^8$，这部分网络层构成**解码器**。

注意，自编码器的最后一层必须具有与输入向量的维数相同的神经元数量。否则，重构出来的输出数据将不能匹配输入数据。

在这种情况下，图 7.2 左侧的自编码器充当一个压缩网络，通过训练后的模型来实现对输入数据良好的重构。如果我们断开解码器，神经网络模型则将输入数据编码成为具有两个维度（或我们选定的其他任何尺寸）的数据。与监督学习模型相比，这有一个独特的优势：对于监督学习模型，我们的目标是让网络模型寻找某种特定的模式，以便将样本数据与给定的目标标签进行正确关联，然而，对于无监督学习（或者这种自编码器），不再要求网络寻找某种特定的模式，而是让模型学会以适当的方式保留输入数据最具代表性和最重要的信息，以便解码器模型能够实现对输入数据进行良好的重构。

想象一下，如果分别向神经网络和自编码器输入猫和狗的图像，对于传统的神经网络，则可以通过训练来区分狗和猫，神经网络的任务是在狗和猫的图像中寻找重要的模式来实现对这两种图像的区分。然而，自编码器则是通过模型训练获得某种最重要的模式，以便使用该模式保存样本数据中最具代表性的信息来重构出样本数据，而不关心这种数据标签是猫还是狗。从某种程度上讲，传统监督神经网络倾向于从"是猫还是狗"的角度来看待数据，自编码器则可以自由地从数据中学习，并不局限于"是猫还是狗"。

图 7.2 右侧给出了自编码器的另外一种更抽象和紧凑的表示形式。当网络层数大到难以逐个表示所有神经元和所有层时（如图 7.2 左侧所示），这种表示形式在描述一个相对较深的自编码器时非常有用。我们将使用这些梯形来表示编码器 / 解码器，还注意到，这种抽象表示形式将允许我们自由地使用其他类型的网络层，而不仅仅是密集（全连接）层。图 7.2 右侧描述了一个自编码器，它将图像作为输入，然后将输入数据编码到 d 维潜在空间以形成潜在向量，以便可以将潜在向量重构回输入（图像）空间。

ⓘ **潜在空间**是指学习到的被模型映射为较低维模式所在的空间，也称为学到的表征空间。理想情况下，这个潜在空间包含了大量关于输入数据的重要信息，并且比输入数据的维数更少，但不会丢失输入数据的任何信息。

下面基于图 7.2 左侧的简单模型实现每个自编码器部件。

7.2.1 编码层

我们使用的 TensorFlow 和 Keras 库来自 tensorFlow.keras.layers 的 Input 和 Dense，以及 tensorFlow.keras.models 的 Model。我们将使用 keras 函数方法，而不是使用序列建模方式。导入下列代码：

```
from tensorflow.keras.layers import Input, Dense
from tensorflow.keras.models import Model
```

使用输入层描述输入向量的维数，在本例中的维数是 8：

```
inpt_dim = 8
ltnt_dim = 2

inpt_vec = Input(shape=(inpt_dim,))
```

然后，考虑到这里所有的激活函数都是 S 型函数，关于这个例子，可以定义编码器层的管道如下：

```
elayer1 = Dense(6, activation='sigmoid')(inpt_vec)
elayer2 = Dense(4, activation='sigmoid') (elayer1)
encoder = Dense(ltnt_dim, activation='sigmoid') (elayer2)
```

Dense 类构造函数接收神经元的数量和激活函数作为参数，在定义的最后（右边），我们必须包含该层的输入向量并且在左边为该层分配一个名称。因此，在 elayer1 = Dense(6, activation='sigmoid')(inpt_vec) 这一行中，分配给该层的名称是 elayer1，6 是神经元的数量，activation='sigmoid' 给密集层分配一个 sigmoid 激活函数，而 inpt_vec 则是管道中该层的输入向量。

在上述三行代码中，我们定义了编码器的层，并且使用 encoder 变量指向一个对象，如果将它作为一个模型并调用函数 predict()，则可以输出潜在变量：

```
latent_ncdr = Model(inpt_vec, encoder)
```

在这行代码中，`latent_ncdr` 包含一个模型，该模型可以在训练后将输入数据映射到潜在空间。但在此之前，让我们继续以类似的方式定义解码器的层。

7.2.2 解码层

我们将解码器的层定义为：

```
dlayer1 = Dense(4, activation='sigmoid')(encoder)
dlayer2 = Dense(6, activation='sigmoid') (dlayer1)
decoder = Dense(inpt_dim, activation='sigmoid') (dlayer2)
```

请注意，在上述代码中，神经元的数量通常是依次递增的，直到与输入维度匹配的最后一层为止。在本例中，4、6 和 8 被定义为 `inpt_dim`。类似地，如果将解码器作为模型并对其调用 `predict()` 函数，那么 `decoder` 变量就指向可以输出重构输入数据的对象。

在这里，我们有意将编码器和解码器分开，主要是为了表明如果这样做，就可以访问网络模型的不同组件。然而，我们也可以使用 `Model` 类将自编码器作为一个整体进行定义，从输入到输出的表示如下所示：

```
autoencoder = Model(inpt_vec, decoder)
```

这正是我们之前所说的 "如果将其作为一个模型并调用 `predict()`" 的含义。该声明将创建一个模型，该模型将 `inpt_vec` 中定义的输入向量作为输入，并从 `decoder` 层获得输出。然后，我们可以将它作为模型对象，在 Keras 中有一些性能良好的函数，这些函数将允许我们传递输入、读取输出、训练和做其他将在接下来的章节中讨论的事情。现在，已经定义了模型，在训练该模型之前，还需要定义训练的目标是什么，也就是损失函数是什么。

7.2.3 损失函数

我们的损失函数必须与自编码器的目标相关。这个目标是完美地重构输入数据。这就意味着在理想的自编码器中，输入 $x \in \mathbb{R}^8$ 和重构 $\hat{x} \in \mathbb{R}^8$ 必须是相同的。也就是说，差的绝对值必须为零：

$$|x - \hat{x}| = 0$$

然而，这可能是不现实的，这个表达式不是一个容易求导的函数。为此，我们可以回到经典的均方误差函数，其定义如下：

$$L = \frac{1}{N} \sum_{i=1}^{N} (x_i - \hat{x}_i)^2$$

需要尽可能地减小 L 的取值，在理想情况下，我们希望 $L = 0$。我们将这个损失函数解释为最小化输入和重构之间的平方差的平均值。如果使用标准的反向传播策略，例如某种类型的标准梯度下降技术，就可以编译模型并准备训练，如下所示：

```
autoencoder.compile(loss='mean_squared_error', optimizer='sgd')
```

compile() 方法为训练准备模型。前面定义的损失函数是该方法的一个参数，即 loss='mean_squared_error'，这里选择的优化技术称为**随机梯度下降（SGD）**，即 optimizer='sgd'。有关 SGD 的更多信息，请参阅文献（Amari, S.I., 1993）。

7.2.4 学习与测试

由于这是一个简单的自编码器的介绍性示例，故只使用一个数据点进行训练，并开始学习过程。我们还希望显示编码版本和重构版本的数据。

这里使用 8 位二进制数字 39，它对应于 00100111。我们将把它声明为输入向量，如下所示：

```
import numpy as np
x = np.array([[0., 0., 1., 0., 0., 1., 1., 1.]])
```

然后，我们可以进行下列训练：

```
hist = autoencoder.fit(x, x, epochs=10000, verbose=0)

encdd = latent_ncdr.predict(x)
x_hat = autoencoder.predict(x)
```

fit() 方法用于执行训练。该方法的前两个参数是输入数据和期望的目标输出，对于自编码器的情形，这两个参数都是 x。历元的数量被指定为 epochs=10000，因为此时模型可以产生一个合适的输出，并且使用 verbose=0 将详细信息设置为 0，因为我们不需要可视化每个历元。

💡 对于谷歌 Colab 或 Jupyter Notebook，在屏幕上同时显示 1000 多个历元并不是一个好主意。Web 浏览器可能会对负责显示所有这些历元的 JavaScript 代码失去响应。要小心。

潜在编码器模型中的 predict() 方法 latent_ncdr 和自编码器模型中的 predict() 方法在指定的层上产生输出。如果我们检索 encdd，就可以看到输入数据的潜在表示；如果我们检索 x_hat，就可以看到重构出来的数据。我们甚至可以手动计算均方误差，具体代码如下：

```
print(encdd)
print(x_hat)
print(np.mean(np.square(x-x_hat)))    # MSE
```

输出结果如下：

```
[[0.54846555 0.4299447 ]]
[[0.07678119 0.07935049 0.91219556 0.07693048 0.07255505 0.9112366
0.9168126 0.9168152 ]]
0.0066003498745448655
```

由于学习算法为无监督学习方式，因此这里的数字会有所不同。第一个输出向量可以是任何实数。第二个输出向量可能是接近于 0 和接近于 1 的实数，类似于原始的二进制向量，但每次具体的取值都会发生变化。

第一个向量中的两个元素都是潜在表示形式，即 [0.55,0.43]，这一点可能对我们来说意义不大，但在数据压缩方面是非常重要的。这意味着可以用二维数据表示 8 位数字。

虽然这里只是一个小例子，使用两个数字表示二进制数并不是一件令人兴奋的事情，但其背后的理论是，我们可以在 [0,1] 范围内任取 8 个浮点数，并将它们压缩为相同取值范围内的两位数。

第二个向量显示了良好重构的效果：应为 0 的值是 0.08，应为 1 的值是 0.91。手工计算得到的**均方误差（MSE）**为 0.007，尽管它不是零，但已经足够小了。

在模型的整个训练阶段，可以使用存储于 hist 对象中的信息来可视化 MSE 的衰减过程，hist 对象调用 fit() 函数进行定义。该对象包含各个历元的损失函数取值，并允许我们使用下列代码来对损失函数的计算进程进行可视化：

```python
import matplotlib.pyplot as plt

plt.plot(hist.history['loss'])
plt.title('Model reconstruction loss')
plt.ylabel('MSE')
plt.xlabel('Epoch')
plt.show()
```

计算结果如图 7.3 所示。

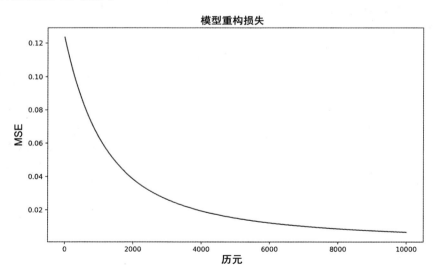

图 7.3　自编码器训练各历元的重构数据 MSE 损失

再一次声明，这是一个只有一个数据点的小例子。在实际情况下，我们永远不会这么做。为了说明这是一个多么糟糕的想法，我们对用于训练模型的二进制字符串的每一位进行取反运算，得到 11011000（或十进制的 216）。如果把这个数传给自编码器，会期待得到一个良好的重构。但是，让我们先来看，如果试图这样做会发生什么情况吧：

```
x = np.array([[1., 1., 0., 1., 1., 0., 0., 0.]])  #216

encdd = latent_ncdr.predict(x)
x_hat = autoencoder.predict(x)

print(encdd)
print(x_hat)
print(np.mean(np.square(x-x_hat)))
```

输出结果如下：

```
[[0.51493704 0.43615338]]
[[0.07677279 0.07933337 0.9122421 0.07690183 0.07254466 0.9112378 0.9167745
  0.91684484]]
0.8444848864148122
```

ℹ️ 同样，由于学习算法的无监督性质，这里的数字会有所不同。如果你得到的结果和这里看到的不一样（我确信会不一样），那不是问题。

如果将这些结果与之前的结果进行比较，你会注意到它们的潜在表示之间并没有太大的差异，并且重构的输出数据与给定的输入数据完全不匹配。很明显，模型**记住**了被训练的输入数据。这是显而易见的，当计算 MSE 时，我们得到的值为 0.84，与之前的值相比较大。

当然，解决这个问题的方法可以是添加更多的数据。但是，这就结束了自编码器构建的小例子。在此之后，真正改变的是数据的类型与数量、层的数量和层的类型。在下一节中，我们将查看简单自编码器在数据降维问题中的应用。

7.3 数据降维与可视化应用

自编码器最有趣的一个应用是数据降维（Wang, Y., et al., 2016）。鉴于我们生活在一个数据易于存取和可以负担的时代，大量的数据无处不在。然而，并不是所有的信息都是相关的。例如，一个总是面向某个特定方向的家庭安全摄像头的视频记录数据库。在每一帧视频或图像中都很可能存在大量的重复数据，而且收集到的数据中只有很少一部分是有用的。因此，需要一个策略来看这些图像中真正重要的信息是什么。图像在本质上就存在很多冗余信息，图像区域之间通常存在一定的相关性，这使得自编码器在图像信息压缩方面非常有用（Petscharnig, S., et al., 2017）。

为了较好地展示自编码器在图像降维领域的适用性，我们将使用著名的 MNIST 数据集。

7.3.1 MNIST 数据的准备

有关 MNIST 数据集的详细信息请参见第 3 章。这里将只关注如何将 MNIST 数据缩放到 [0,1] 范围。还需要将 28×28 位的图像数据重构为 784 维的向量，将所有图像数据转化为向量数据。这个过程可以通过下列代码实现：

```
from tensorflow.keras.datasets import mnist

(x_train, y_train), (x_test, y_test) = mnist.load_data()

x_train = x_train.astype('float32') / 255.
x_test = x_test.astype('float32') / 255.

x_train = x_train.reshape((len(x_train), 28*28))
x_test = x_test.reshape((len(x_test), 28*28))
```

我们使用 x_train 来训练自编码器，并使用 x_test 来测试自编码器对 MNIST 数字进行编码和解码的泛化能力。为了实现可视化，我们需要 y_test，但可以忽略 y_train，因为无监督机器学习不需要使用标签信息。

图 7.4 表示 x_test 中前 8 个实例。我们将在几个不同的实验中使用这些实例，以展示多个不同自编码器模型的功能。

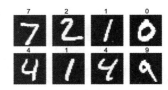

图 7.4　用于测试自编码器模型功能的 MNIST 数字

7.3.2 MNIST 的自编码器

可以设计一些具有不同层数的模型进行实验，以便考察自编码器是如何改变其对 MNIST 数据的性能的。我们可以从四层的自编码器开始，总是使用二维的潜在空间。这样做是为了便于在由自编码器导出的二维空间中实现对 MNIST 数字的可视化。

基于前述关于自编码器的定义，可以给出下列四层自编码器：

```
inpt_dim = 28*28
ltnt_dim = 2

inpt_vec = Input(shape=(inpt_dim,))

elayer1 = Dense(392, activation='sigmoid')(inpt_vec)
elayer2 = Dense(28, activation='sigmoid') (elayer1)
elayer3 = Dense(10, activation='sigmoid') (elayer2)
encoder = Dense(ltnt_dim, activation='tanh')(elayer3)

dlayer1 = Dense(10, activation='sigmoid')(encoder)
dlayer2 = Dense(28, activation='sigmoid')(dlayer1)
dlayer3 = Dense(392, activation='sigmoid')(dlayer2)
decoder = Dense(inpt_dim, activation='sigmoid')(dlayer3)

latent_ncdr = Model(inpt_vec, encoder)
autoencoder = Model(inpt_vec, decoder)

autoencoder.compile(loss='binary_crossentropy', optimizer='adam')
```

```
hist = autoencoder.fit(x_train, x_train, epochs=100, batch_size=256,
                       shuffle=True, validation_data=(x_test, x_test))
```

这些将是后续模型的基础。这里突出显示了一些新的内容，需要对它们进行适当的介绍。第一个重要内容是一个名为**双曲正切**的新激活函数。这个激活函数的定义如下：

$$\tanh(z) = \frac{\sinh(z)}{\cosh(z)} = \frac{e^z - e^{-z}}{e^z + e^{-z}}$$

它的一阶导数比较简单：

$$\frac{d}{dz}\tanh(z) = \frac{d}{dz}\frac{\sinh(z)}{\cosh(z)} = 1 - \frac{\sinh^2(z)}{\cosh^2(z)} = 1 - \tanh^2(z)$$

这个双曲正切激活函数除了有一个表达形式良好、容易计算的导数外，还有一个很好的输出范围 $[-1,1]$。这是一个允许存在中立性质的范围，不一定局限于 sigmoid 范围 $[0,1]$。为了便于可视化，有时会在双曲正切函数的取值范围内进行可视化，但这不是必需的。

这里引入的另外一个新元素是名为二元交叉熵的损失函数：

$$L = -\frac{1}{N}\sum_{i=1}^{N} \boldsymbol{x}_i \cdot \log(p(\hat{\boldsymbol{x}}_i)) + (1 - \boldsymbol{x}_i) \cdot \log(1 - p(\hat{\boldsymbol{x}}_i))$$

一般而言，二元交叉熵使用信息论的思想计算目标数据 $\boldsymbol{x}$ 与重构（或预测）数据 $\hat{\boldsymbol{x}}$ 之间的误差。在某种程度上，它衡量了目标值 $\boldsymbol{x}$ 和预测值 $\hat{\boldsymbol{x}}$ 之间的熵值，或惊讶程度。例如，对于一个理想的自编码器，目标值 $\boldsymbol{x}$ 应该等于其重构值 $\hat{\boldsymbol{x}}$，损失应该为零，这并不令人惊讶。然而，如果目标值 $\boldsymbol{x}$ 与其重构值 $\hat{\boldsymbol{x}}$ 不相等，则令人惊讶，并根据惊讶的程度产生损失值。

有关使用交叉熵损失的自编码器的更完整讨论，请参见文献（Creswell,A., et. al., 2017）。

我们这里还引入了一种名为 Adam 的新优化器（Kingma, D. P.,et.al，2014）。它是一种随机优化算法，使用自适应的学习率，已在一些深度学习应用中被证明是非常快速的优化算法。当我们处理深度学习模型和大型数据集时，速度是一个很重要的属性。时间是最重要的，Adam 提供了一个很好的方法。目前，Adam 已经成为一种十分流行的最优化算法。

最后，我们添加的一个新内容是 fit() 方法。这里有两个新的参数：shuffle=True，允许在训练过程中对数据进行随机排序；validation_data=(,)，这个参数指定一个数据元组，以便使用一些数据来考察模型损失值的情况，这些数据是验证数据，或者训练过程中模型从未见过的数据，或者永远不会用于对模型进行训练的数据。

这些就是我们引入的所有新内容。下一步将介绍在实验中进行尝试的自编码器结构。实验中关于自编码器的几种配置如图 7.5 所示。

在图 7.5 中，你会发现这里使用了自编码器的抽象表示形式，图 7.5 的右侧是自编码器网络结构的不同网络层。图中第一个网络结构对应于本节中给出的代码。也就是说，编码层分别包含 392、28、10 和 2 个神经元，解码层分别包含 10、28、392 和 784 个神经元。

右边的下一个模型包含了相同的网络层，只是去掉了包含 392 个神经元的那对层，其余模型的网络结构以此类推。

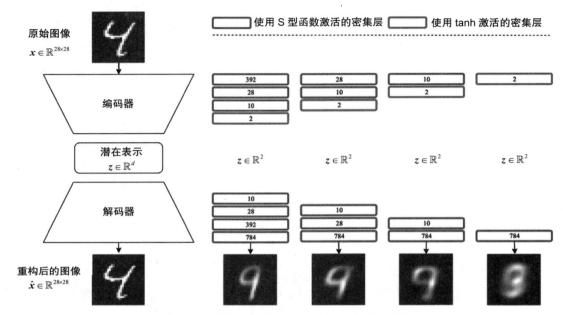

图 7.5 不同自编码器配置的潜在表示质量差异

最后一个自编码器模型只包含两个层，一个编码层（2 个神经元）和一个解码层（784个神经元）。此时，你应该能够修改 Python 代码以删除一些多余的层并复制图 7.5 所示的模型。下一步是训练图 7.5 中的模型，并可视化输出的质量。

7.3.3　模型训练与可视化

对 `autoencoder.fit()` 执行 100 个历元，就可以得到一个可用的模型，该模型可以按照指定的方式轻松地将样本数据编码为两个维度的数据。仔细观察模型训练过程中的损失函数值的变化，我们可以发现该损失函数收敛得很好，如图 7.6 所示。

一旦模型被成功训练，就可以使用下列方式获得样本数据的编码表示：

```
encdd = latent_ncdr.predict(x_test)
```

我们使用的是测试集 `x_test`。编码器将按照指定的方式将测试集中的样本数据编码为二维数据，并产生取值在 [-1,1] 范围内的潜在表示。类似地，我们总是可以使用自编码器来压缩测试数据集并重构出测试样本数据，以便考察输入数据与重构数据之间的相似程度。我们是这样做的：

```
x_hat = autoencoder.predict(x_test)
```

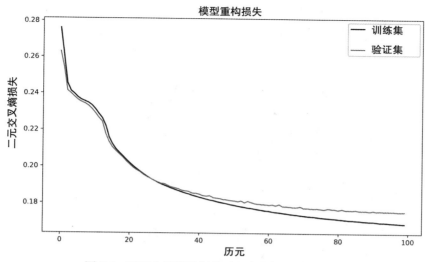

图 7.6 四层自编码器训练过程中的损失函数监测

在考察从 MNIST 中学习到的数据潜在表示之前,可以研究一下数据重构的质量,这是评估模型学习质量的一种方法。图 7.7 给出了将图 7.4 中图像数据作为每个模型的输入数据而得到的重构结果(x_hat 格式)。可以将图 7.7 中的图像分为四个部分,每个部分分别对应图 7.5 中的某一种模型:a) 八层模型;b) 六层模型;c) 四层模型;d) 两层模型。

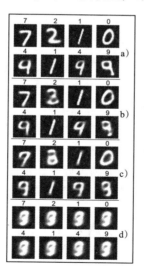

图 7.7 使用图 7.5 中模型进行自编码器数据重构的结果:a) 八层模型;b) 六层模型;c) 四层模型;d) 两层模型

图 7.7a 是使用八层(392, 28, 10, 2, 10, 28, 392, 784)模型得到的重构数据,可以看出,除了数字 4 和 9 之外,重构效果一般都很好。很明显,这两个数字是密切相关的(从视

觉上看），自编码器难以清楚地区分这两个数字。为了进一步探索这个观察结果，我们可以在潜在空间中可视化相应的测试数据（在 encdd 中），如图 7.8 所示。

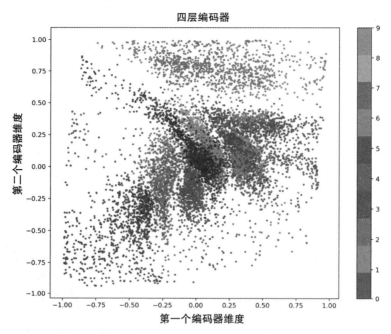

图 7.8　使用四层编码器的 MNIST 测试数据潜在空间

在自编码器产生的潜在空间中，数字 4 和 9 之间的重叠十分明显。然而，大多数其他类型的数字都有相对清晰的独立集群。图 7.8 也解释了其他数字彼此相似的自然紧密性，例如，1 和 7 看起来很接近，0 和 6、3 和 8 也是如此。然而，看起来不一样的数字在潜在空间中则处在相反的位置上——例如，数字 0 和 1。

图 7.9 给出了三层编码器得到的潜在空间，这个三层编码器去掉了含有 392 个神经元的层，留下了一个（28，10，2）的神经元结构。显然，虽然模型的主要结构是一致的，但是潜在空间的质量显著地降低了。也就是说，数字 0 和 1 虽然仍然在相反的两边，但是其他看起来相似的数字则靠得更近。与图 7.8 相比，重叠部分更大。三层自编码器的重构质量一直较低，如图 7.7b 所示。

在图 7.10 中，我们可以观察到包含 10 个和 2 个神经元的两层自编码器的编码结果，同样，这个编码结果比之前的编码结果有更大的数字重叠，在图 7.7c 所示的较差重构效果中也能明显看出这一点。

最后，图 7.11 给出了单层自编码器的潜在空间。显然，这是个非常糟糕的主意。想想要求自编码器做什么：我们要求只用两个神经元找到一种方法来查看某个数字的整个图像，并找到一种方法（学习权重 W）来将所有图像映射到二维空间。这是不可能的。从逻辑上讲，如果只有一层神经元，则希望至少要有 10 个神经元来充分模拟 MNIST 中的 10 位数字。

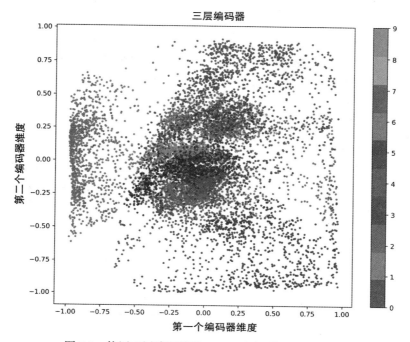

图 7.9　使用三层编码器的 MNIST 测试数据潜在空间

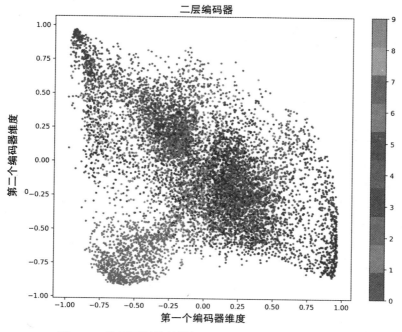

图 7.10　使用两层编码器的 MNIST 测试数据潜在空间

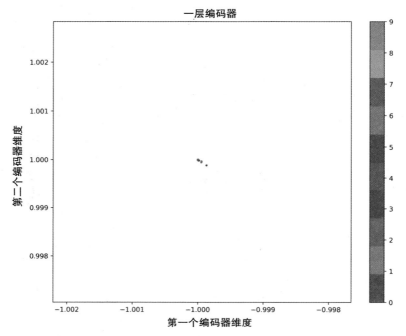

图 7.11 使用单层编码器的 MNIST 测试数据潜在空间———一个糟糕的主意

通过仔细观察图 7.11，也可以清楚地看到，轴的尺度变化很小，这可以解释为编码器不能将 MNIST 的所有数字分隔在潜在空间中的不同区域。事实上，请不要使用只有几层和几个神经元的自编码器，除非输入空间的维数已经很低了。如本实验所示，自编码器在深度配置中可能更成功。让我们在第 8 章中学习更多关于深度自编码器的知识吧。

7.4 无监督学习的伦理意蕴

无监督学习并不神奇，就像我们迄今为止在自编码器中学到的知识那样。这是一种比较完善的学习方式，有非常严格的已知和预定义边界。它没有能力在样本数据的限制之外学习新的内容。请记住，如本章介绍部分所说的那样，无监督学习是**被动**学习。

然而，即使是最具有健壮性的无监督学习模式也存在与之相关的伦理风险。其中一个主要问题是，当处理可能包含边缘情况的异常值或数据时，它们会产生困难。例如，假设有大量用于 IT 招聘的数据，其中包括应聘者的多年经验、目前的薪水和熟悉的编程语言。如果数据主要包含关于候选人使用同一种编程语言的经验，而且只有少数人知道 Python，那么那些知道 Python 语言的候选人可能被置于难以进行明显可视化的边界或区域，因为模型得知由于 Python 是一种罕见的语言，可能与数据压缩、降维或数据可视化无关。此外，考虑如果 5 年后使用相同的模型，存在 5 年前模型训练时还不知道的较新的编程语言，会发生什么情况。对于可视化或数据压缩应用程序，模型可能正确地映射此类信息，也可能对这些数据进行不正确的映射。

必须非常认真地考虑使用什么数据来训练自编码器，并且拥有包含各种情况的样本数据对于任何模型的可靠性都是非常重要的。如果样本数据中没有足够的多样性，那么自编码器将倾向于只从一个输入空间学习。想象一下，你对早期的 10 个 MNIST 数字图像训练了自编码器，不会期望这个自编码器能够正确处理猫的图像。这将是一个错误，并可能产生意想不到的结果。例如，在使用人的图像时，必须确保训练数据具有足够的多样性和丰富性，以便能够进行适当的训练并产生一个具有健壮性的模型，使得该模型对于非训练数据的人的图像不会出现错误。

7.5　小结

本章给出了一个非常简单的自编码器模型，可以用于满足不同需要的数据编码和解码任务，如数据压缩、数据可视化以及简单地寻找只保留重要特性的潜在空间。我们验证了自编码器的神经元的数量和层数对模型的成功至关重要。更深（更多层）和更宽（更多神经元）的特征通常是好的模型的组成部分，即使这样会延长训练时间。

现在，你应该了解了监督学习和无监督学习在被动学习方面的区别。在学习实现自编码器的两个基本组件——编码器和解码器时，你也应该感到很自在。类似地，你应该能够修改自编码器的网络结构，对其进行微调，以获得更好的模型性能。以本章讨论的例子为例，你应该能够将自编码器应用于降维问题或数据可视化问题。此外，当涉及用于训练无监督学习算法的数据时，应该考虑与之相关的风险和责任。

第 8 章将接着介绍更深和更宽的自编码器网络，超越本章所介绍的知识范围。将介绍深度信念网络的概念以及这种深度无监督学习的重要性，通过介绍深度自编码器并将其与浅层自编码器进行对比来解释这些概念。还将给出一些关于优化神经元数量和层数的重要建议，以最大限度地提高模型性能。

7.6　习题与答案

1. 对自编码器来说，过拟合是一件坏事吗？

　　答：事实上并不是。你希望自编码器过拟合！也就是说，希望模型输出能够准确地复制输入数据。然而，有一点需要注意，与模型的大小相比，你的数据集必须非常大。否则，模型对数据的记忆将阻止将该模型泛化到未见的数据。

2. 为什么我们在编码器的最后一层使用两个神经元？

　　答：只是为了可视化。这两个神经元产生的二维潜在空间能够使我们很容易地将潜在空间中的数据进行可视化展示。在第 8 章中，我们将使用不需要二维潜在空间的其他构造方式。

3. 自编码器有什么特点？

　　答：自编码器是一种比较简单的神经网络模型，可以在没有老师（无人监督）的情况下进行学习。

它们不偏向于学习特定的标签（类别）。通过迭代观察来了解数据世界，旨在学习数据中最具代表性和相关性的特征。可以将它们用作特征提取模型，我们将在后面的章节中讨论更多内容。

7.7　参考文献

- Amari, S. I. (1993). Backpropagation and stochastic gradient descent method. *Neurocomputing*, 5(4-5), 185-196.
- Wang, Y., Yao, H., & Zhao, S. (2016). Auto-encoder based dimensionality reduction. *Neurocomputing*, 184, 232-242.
- Petscharnig, S., Lux, M., & Chatzichristofis, S. (2017). Dimensionality reduction for image features using deep learning and autoencoders. In *Proceedings of the 15th International Workshop on Content-Based Multimedia Indexing* (p. 23). ACM.
- Creswell, A., Arulkumaran, K., & Bharath, A. A. (2017). On denoising autoencoders trained to minimize binary cross-entropy. *arXiv preprint* arXiv:1708.08487.
- Kingma, D. P., & Ba, J. (2014). Adam: A method for stochastic optimization. arXiv preprint arXiv:1412.6980.

第 8 章 *Chapter 8*

深度自编码器

本章介绍深度信念网络的相关概念以及这种深度无监督学习的重要意义。我们通过引入深度自编码器和两种有助于创建健壮性模型的正则化技术来解释这些概念。这两种正则化技术，即批归一化和随机失活，目前已经被广泛用于提升深度学习模型的性能。我们将在 MNIST 和 CIFAR-10 这两个数据集上展示深度自编码器的强大功能，由于 CIFAR-10 数据集中包含彩色图像，因此学习难度更大。

在本章的末尾，你将通过观察深度信念网络所提供的建模简易性和模型输出质量，体会到建立这种网络模型的好处。你将能够实现属于自己的深度自编码器，并证明，对于大多数机器学习任务而言，深度模型比浅层模型更好。你将熟悉用于优化模型和最大化模型性能的批归一化和随机失活策略。

本章主要内容如下：
- 深度信念网络简介
- 建立深度自编码器
- 探索自编码器的潜在空间

8.1 深度信念网络简介

在机器学习领域讨论**深度学习**的相关知识时，经常会提到一个名为**深度信念网络**（DBN）（Sutskever, I., and Hinton, G. E., 2008）的术语。一般来说，也将这个术语用于诸如**受限玻尔兹曼机**之类的基于图的机器学习模型。然而，DBN 通常被认为是 DL 家族的一部分，深度自编码器则是该家族的一个著名成员。

深度自编码器之所以被认为是 DBN，是因为深度自编码器中存在潜在变量，从正向方向上看，仅对单层是可见的。与只有一对网络层的自编码器相比，深度自编码器通常具有很多的网络层。一般而言，DL 和 DBN 之间的一个共同的主要原则是，在学习过程中，使用不同的网络层表示不同的知识。这种知识表示形式使用特征学习方式进行学习而不会偏向于某个特定的类别或标签。此外，目前已经证明，这种知识表现出一定的层次性。例如，对于图像数据而言，靠近输入层的网络层会学习到比较底层的特征（即边），更深的网络层则可以学习到比较高层的特征，即定义良好的形状、模式或对象（Sainath, T. N., et.al., 2012）。

就像在大多数 DL 模型中一样，DBN 的特征空间通常很难理解，可解释性较差。通过查看第一层的网络权重信息，通常可以获得所学习特征或特征图的外观信息，然而，由于更深的网络层存在高度非线性性质，使得特征图的可解释性一直是一个难以解决的问题，需要进行比较细致的考虑（Wu, K., et.al., 2016）。尽管如此，DBN 在特征学习方面的表现非常良好。在接下来的几节中，我们将在高度复杂的数据集上介绍具有更深网络层的自编码器。我们将引入一对新型网络层并将其混入网络模型当中，从而表明模型的层数可以有多深。

8.2 建立深度自编码器

只要某个自编码器包含多于一对（编码层和解码层）的网络层，就可以将其称为深度自编码器。将自编码器中的网络层以适当的方式进行堆叠是一个很好的策略，可以提高网络模型的特征学习能力，进而有机会发现一些性质独特的潜在空间。这些独特的潜在空间具有高度的可区分性，可用于对样本进行分类或回归分析。在第 7 章中，已经讨论过如何在自编码器上进行网络层的堆叠，我们还会这样做，不过这次将使用一些新类型的网络层，与我们一直使用的密集层有着很大的不同。这些新类型的网络层是**批归一化**层和**随机失活**层。

这些层中没有神经元，然而，它们作为一种机制，在模型训练过程中具有非常特定的目的，可以有效地防止模型对训练数据的过拟合和减少输出结果取值的不稳定性，获得更为成功的输出结果。让我们分别讨论这两种新的网络层，然后在一些重要的数据集上进行试验。

8.2.1 批归一化

自 2015 年 DL 引入以来，基于批处理的标准化技术一直是其不可或缺的组成部分（Ioffe, S., and Szegedy, C.，2015）。批归一化通常具有扭转乾坤的重要性，原因在于它有下面两个非常好的性质：

❑ 可以有效防止循环网络模型中经常出现的**梯度消失**或**梯度爆炸**现象（Hochreiter, S.，1998）。

❑ 可以作为一种正则化机制，加快模型训练速度（Van Laarhoven, T.，2017）。

图 8.1 给出了表示批归一化的模块图示和性质总结。

图 8.1　批归一化层及其主要性质

批标准化（通常被数据科学家这么称呼）的作者引入了批归一化这种简单的机制，通过提供梯度计算的稳定性以及适当影响神经元层间的权值更新，来提高模型的收敛速度，加速模型训练的进程。原因在于批归一化可以防止发生梯度消失或梯度爆炸现象。这两种现象是在 DL 模型上运行基于梯度的优化算法时，一般都会产生的自然结果。换言之，对于具有较深网络层的模型，更深层中的神经元在梯度的影响下可能产生非常大的更新或非常小的更新，从而导致变量数值溢出或者恒为零。

如图 8.2 上半部分所示，批归一化可以通过对输入数据的归一化处理调节输入数据的边界，从而使输出数据服从正态分布。该图的下半部分给出了神经元将输出发送到下一层之前，使用批归一化处理的地方。

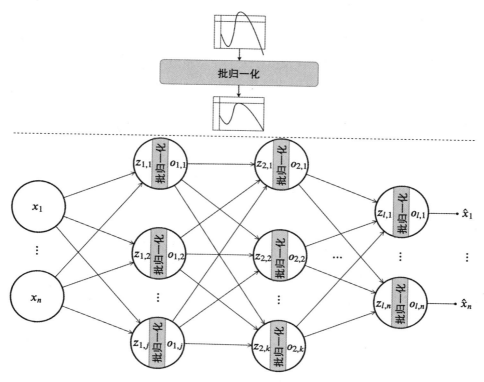

图 8.2　一个简单的自编码器上的批归一化

对于一个批量为 n 的（小型）批数据 B，我们定义以下计算公式。首先，该批在层 l 上的平均值计算公式为：

$$\mu_l = \frac{1}{n} \sum_{i=1}^{n} z_{l,i}$$

相应的标准差计算公式为：

$$\sigma_l^2 = \frac{1}{n} \sum_{i=1}^{n} (z_{l,i} - \mu_l)^2$$

然后，对层 l 中每个神经元 i 进行归一化，计算公式如下：

$$\hat{z}_{l,i} = \frac{z_{l,i} - \mu_l}{\sqrt{\sigma_l^2 + \varepsilon}}$$

这里的 $\varepsilon = 0.001$ 是为保证数值稳定性而引入的一个常数，可以根据需要进行调整。最后，计算层 l 内每个神经元 i 的归一化输出 $\tilde{z}_{l,i}$，然后输入激活函数：

$$\tilde{z}_{l,i} = \gamma_{l,i} * \hat{z}_{l,i} + \beta_{l,i}$$

这里的 γ 和 β 是每个神经单元需要学习的参数。在此之后，任何层 l 中神经元 i 的激活函数都将接收归一化输入 $o_{l,i}(\tilde{z}_{l,i})$，产生最佳的归一化的输出，使损失函数最小化。

可以使用一种简单的方法查看对数据使用归一化处理的好处，这种方法就是想象一下归一化处理的过程：尽管归一化处理发生在每个神经元的内部，但学习过程本身就决定了实现模型性能最大化所需要的最佳归一化（损失最小化）方式。因此，对于那些不必进行归一化的特征或潜在空间，则既可以消除归一化的影响，也可以使用归一化的影响。需要记住的重点是，在使用批归一化的时候，学习算法将学会如何最合理地使用归一化技术。

可以使用 tensorflow.keras.layers.BatchNormalization 创建批归一化层，如下所示：

```
from tensorflow.keras.layers import BatchNormalization
...
bn_layer = BatchNormalization()(prev_layer)
...
```

这显然是使用函数范式完成的。下面考察一个与电影评论相关的数据集，这个数据集名为 IMDb（Maas, A. L., et al.，2011），我们将在第 13 章中对其进行详细解释。在本例中，我们只是试图证明添加批归一化层与不添加批归一化层的效果差别。仔细观察下面的代码片段：

```
from tensorflow.keras.models import Model
from tensorflow.keras.layers import Dense, Activation, Input
from tensorflow.keras.layers import BatchNormalization
from keras.datasets import imdb
from keras.preprocessing import sequence
import numpy as np
```

```
inpt_dim = 512        #input dimensions
ltnt_dim = 256        #latent dimensions

# -- the explanation for this will come later --
(x_train, y_train), (x_test, y_test) = imdb.load_data()
x_train = sequence.pad_sequences(x_train, maxlen=inpt_dim)
x_test = sequence.pad_sequences(x_test, maxlen=inpt_dim)
# -------------------------------------------------
```

我们继续构建模型：

```
x_train = x_train.astype('float32')
x_test = x_test.astype('float32')

# model with batch norm
inpt_vec = Input(shape=(inpt_dim,))
el1 = Dense(ltnt_dim)(inpt_vec)          #dense layer followed by
el2 = BatchNormalization()(el1)          #batch norm
encoder = Activation('sigmoid')(el2)
decoder = Dense(inpt_dim, activation='sigmoid') (encoder)
autoencoder = Model(inpt_vec, decoder)

# compile and train model with bn
autoencoder.compile(loss='binary_crossentropy', optimizer='adam')
autoencoder.fit(x_train, x_train, epochs=20, batch_size=64,
                shuffle=True, validation_data=(x_test, x_test))
```

在上述代码片段中，批归一化放置在激活层之前。因此，这将对激活函数（在本例中是 S 型函数）的输入数据进行归一化处理。类似地，可以在不使用批归一化层的情况下构建相同的模型，如下所示：

```
# model without batch normalization
inpt_vec = Input(shape=(inpt_dim,))
el1 = Dense(ltnt_dim)(inpt_vec) #no batch norm after this
encoder = Activation('sigmoid')(el1)
latent_ncdr = Model(inpt_vec, encoder)
decoder = Dense(inpt_dim, activation='sigmoid') (encoder)
autoencoder = Model(inpt_vec, decoder)

# compile and train model with bn
autoencoder.compile(loss='binary_crossentropy', optimizer='adam')
autoencoder.fit(x_train, x_train, epochs=20, batch_size=64,
                shuffle=True, validation_data=(x_test, x_test))
```

如果训练这两个模型，并在最小化损失函数的过程中绘制出损失函数变化曲线，那么很快就会注意到，进行批归一化是有好处的，如图 8.3 所示。

从图 8.3 中可以看出，对于数据的训练集和验证集，进行批归一化处理都会产生降低损失函数值的效果。这些效果与你自己可以尝试的许多其他实验是一致的！然而，正如之前所说的，并不一定保证这种情况会一直发生。这是一种相对现代的技术，到目前为止已经证明可以正常工作，但这并不意味着它适用于我们知道的所有事情。

> 💡 强烈建议你的所有模型，第一次应该尝试使用没有批归一化的模型解决问题，然后一旦熟悉了模型的性能，就回过头来使用批归一化技术，看是否可以略微提高

模型的**性能**和提升**训练速度**。

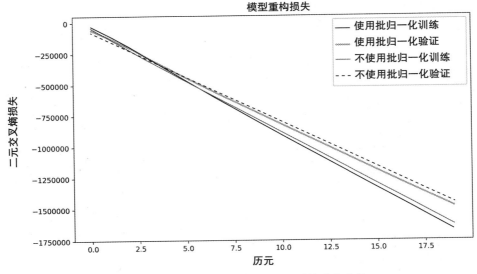

图 8.3 使用和不使用批归一化的训练进度比较

假设你已经尝试了批归一化处理，并且获得了性能、速度或二者均有的提升，然而，你发现模型一直都存在过拟合现象。不要害怕！还有一种有趣而新颖的技术，叫作随机失活。这种技术可以提供减少过拟合的另外一种模型，我们将在下一小节中讨论它。

8.2.2　随机失活

随机失活是一种发表于 2014 年的技术，在那之后不久就变得越来越流行（Srivastava, N., Hinton, G., et.al., 2014）。这是一种可以用于对抗过拟合的非传统方法。对抗过拟合是它的一个主要性质，可以将这个性质概括为：

- ☐ 可以减少产生过拟合的概率。
- ☐ 可以使模型产生更好的泛化性能。
- ☐ 可以减少支配神经元产生的影响。
- ☐ 可以促进神经元类型的多样性。
- ☐ 可以促进神经元之间更好地协同工作。

图 8.4 给出了随机失活的模块图及其主要性质。

随机失活的策略之所以比较有效，是因为网络模型能够通过断开其中表示特定假设（或模型）的特定数量的

图 8.4　随机失活的性质

神经元，来寻找替代假设以解决问题，可以使用一种简单方法来理解这个策略。例如，考察下面这个问题：假设你请来一些专家，给他们的任务是判断图像中的目标是猫还是椅子，可能有大量的专家以适度把握相信图像中的目标是一把椅子。但是，如果有一位专家以特别响亮的声音表示完全相信图像中的目标是一只猫，那么就很有可能说服决策者听从这个声音特别响亮的专家的意见，而忽略了其他专家的意见。在这个类比中，每个专家其实就是一个神经元。

可能会有一些神经元特别相信（有时并不正确，原因在于过拟合了无关特性）的某些事实信息，它们的输出值比该层其他神经元输出值的置信度高出很多，以至于更深的网络层在学习中会更多地遵照这些特定的网络层给出的信息，从而使更深层的网络层永远存在过拟合现象。**随机失活**是一种机制，它会在某网络层中选择一定数量的神经元，并将它们与其相关的网络层完全断开，使这些神经元既没有输入，又没有输出，如图 8.5 所示。

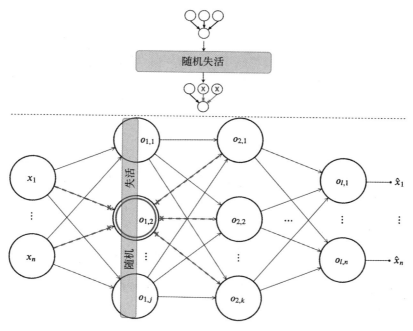

图 8.5 第一个隐藏层上的随机失活机制。这里的"随机失活"是将某个神经元与其相关的网络层完全断开

在图 8.5 中，第一个隐藏层的随机失活的比例为 1/3。这意味着，在完全随机的情况下，有 1/3 数量的神经元将被断开。图 8.5 给出了第一个隐藏层中的第二个神经元被断开连接的例子：既没有来自输入层的输入，又没有输出。模型完全忽略了这个神经元的存在，实际上，这已经是另外一个不同的神经网络！

然而，被断开连接的神经元只是在某一个训练步骤中被断开：它们的权重也只是在某一个训练步骤中保持不变，而其他所有神经元的权重都在更新。这里有一些有趣的含义：

❑ 由于神经元的随机选择，那些倾向于在特定特征上占主导地位（过拟合）的*麻烦制造者*必然会在某些点上被选中，而其余的神经元将学会处理没有这些*麻烦制造者*的特征空间。这样就可以防止和减少过拟合，同时促进不同领域的专家神经元之间的协作。

❑ 由于神经元不断被忽视和断开，这个网络有可能变得与之前完全不同——就好像我们每一步都在训练多个神经网络，而实际上并不需要同时建立多个不同的网络模型。这一切都是因为有随机失活机制存在。

为了改善深度网络中普遍存在的过拟合问题，建议在 DL 中使用随机失活技术。

为了表示使用随机失活所产生的模型性能差异，这里使用与前一节完全相同的数据集，但我们将在自编码器中添加一个额外的层，如下所示：

```
from tensorflow.keras.layers import Dropout
...
# encoder with dropout
inpt_vec = Input(shape=(inpt_dim,))
el1 = Dense(inpt_dim/2)(inpt_vec)
```

在此代码中，随机失活率为 10%，即在训练过程中，有 10% 的 e14 密集层中的神经元被随机断开多次。

```
el2 = Activation('relu')(el1)
el3 = Dropout(0.1)(el2)
el4 = Dense(ltnt_dim)(el3)
encoder = Activation('relu')(el4)
```

该解码器与之前的解码器完全相同，并且基线模型不包含随机失活层：

```
# without dropout
inpt_vec = Input(shape=(inpt_dim,))
el1 = Dense(inpt_dim/2)(inpt_vec)
el2 = Activation('relu')(el1)
el3 = Dense(ltnt_dim)(el2)
encoder = Activation('relu')(el3)
```

如果我们选择 'adagrad'，进行超过 100 次历元的训练并比较性能结果，就可以得到如图 8.6 所示的性能比较图。

完整的代码如下：

```
from tensorflow.keras.models import Model
from tensorflow.keras.layers import Dense, Activation, Input
from tensorflow.keras.layers import Dropout
from keras.datasets import imdb
from keras.preprocessing import sequence
import numpy as np
import matplotlib.pyplot as plt

inpt_dim = 512
ltnt_dim = 128
```

```
(x_train, y_train), (x_test, y_test) = imdb.load_data()
x_train = sequence.pad_sequences(x_train, maxlen=inpt_dim)
x_test = sequence.pad_sequences(x_test, maxlen=inpt_dim)

x_train = x_train.astype('float32')
x_test = x_test.astype('float32')
```

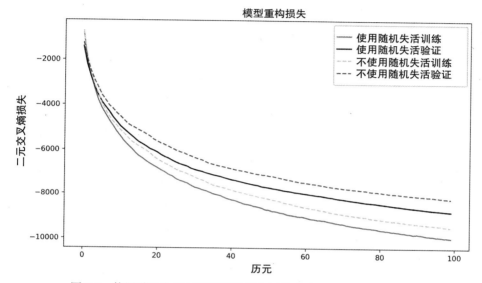

图 8.6　使用随机失活与不使用随机失活的自编码器重构损失比较

然后，我们使用随机失活来定义模型：

```
# with dropout
inpt_vec = Input(shape=(inpt_dim,))
el1 = Dense(inpt_dim/2)(inpt_vec)
el2 = Activation('relu')(el1)
el3 = Dropout(0.1)(el2)
el4 = Dense(ltnt_dim)(el3)
encoder = Activation('relu')(el4)

# model that takes input and encodes it into the latent space
latent_ncdr = Model(inpt_vec, encoder)

decoder = Dense(inpt_dim, activation='relu') (encoder)

# model that takes input, encodes it, and decodes it
autoencoder = Model(inpt_vec, decoder)
```

然后，编译、训练、存储训练历史并清除变量以重新使用，如下所示：

```
autoencoder.compile(loss='binary_crossentropy', optimizer='adagrad')

hist = autoencoder.fit(x_train, x_train, epochs=100, batch_size=64,
                    shuffle=True, validation_data=(x_test, x_test))

bn_loss = hist.history['loss']
```

```
bn_val_loss = hist.history['val_loss']

del autoencoder
del hist
```

然后，对不使用随机失活机制的模型做同样的处理：

```
# now without dropout
inpt_vec = Input(shape=(inpt_dim,))
el1 = Dense(inpt_dim/2)(inpt_vec)
el2 = Activation('relu')(el1)
el3 = Dense(ltnt_dim)(el2)
encoder = Activation('relu')(el3)

# model that takes input and encodes it into the latent space
latent_ncdr = Model(inpt_vec, encoder)

decoder = Dense(inpt_dim, activation='relu') (encoder)

# model that takes input, encodes it, and decodes it
autoencoder = Model(inpt_vec, decoder)
autoencoder.compile(loss='binary_crossentropy', optimizer='adagrad')

hist = autoencoder.fit(x_train, x_train, epochs=100, batch_size=64,
                       shuffle=True, validation_data=(x_test, x_test))
```

接下来，我们收集训练数据并绘制图像，代码如下：

```
loss = hist.history['loss']
val_loss = hist.history['val_loss']

fig = plt.figure(figsize=(10,6))
plt.plot(bn_loss, color='#785ef0')
plt.plot(bn_val_loss, color='#dc267f')
plt.plot(loss, '--', color='#648fff')
plt.plot(val_loss, '--', color='#fe6100')
plt.title('Model reconstruction loss')
plt.ylabel('Binary Cross-Entropy Loss')
plt.xlabel('Epoch')
plt.legend(['With Drop Out - Training',
            'With Drop Out - Validation',
            'Without Drop Out - Training',
            'Without Drop Out - Validation'], loc='upper right')
plt.show()
```

从图 8.6 可以看出，使用随机失活的模型性能要优于不使用随机失活的模型。这表明，不使用随机失活的训练具有更高的过拟合概率，原因是对于不使用随机失活机制训练得到的模型，在验证集上的性能曲线更差。

如前所述，adagrad 优化器被选择用于这个特定的任务。我们之所以做出这个决定，是因为对你来说，在同一时间一次性学习更多的优化器是一件非常重要的事情。Adagrad 是一种自适应算法，它会根据特征的频率自动进行参数更新（Duchi, J., et al., 2011）。该算法对于频繁出现的特征，则进行较小的参数更新，对于不寻常的特性，则进行较大的参数更新。

当**数据集稀疏**时，建议你使用 Adagrad。例如，对于本例中的单词嵌入情形，频繁出现的单词会导致较小的参数更新，而罕见的单词则需要进行较大的参数更新。

最后，值得一提的是，Dropout(rate) 属于 `tf.keras.layers.Dropout` 类。其中的 rate 为随机失活的参数，表示对每个特定的训练步骤，某个特定网络层中被随机断开连接的神经元所占的比例。

建议你使用 0.1 到 0.5 之间的随机失活参数值来实现对网络性能的显著改善。建议**只在深度网络中**使用随机失活。然而，这些都是一些经验性的指导信息，你有必要亲自进行试验。

我们已经介绍了批归一化和随机失活这两个相对较新的概念，下面将创建一个深度自编码器网络，这个模型相对简单，但是在寻找不偏向于某些特定标签的潜在表示方面具有强大的功能。

8.3　探索深度自编码器的潜在空间

正如我们在第 7 章中定义的那样，潜在空间在 DL 中非常重要，因为可以根据潜在空间构建一种基于丰富潜在表示设定的强大的决策系统。而且，这里再次指出，自编码器（和其他无监督模型）所产生的潜在空间具有丰富的表示形式，而不是给出偏向于某个特定标签的信息。

第 7 章处理的是 MNIST 数据集，这是 DL 中的一个标准数据集。处理结果已经表明，可以很容易地找到非常好的潜在表示，我们使用的自编码器模型一共只有 8 个网络层，其中编码器只包含很少的 4 个密集层。在下一节中，我们将介绍一个名为 CIFAR-10 的更为复杂的数据集，然后回过头来研究 IMDb 数据集的潜在表示形式，我们在本章的前几节中已经简要地讨论过这个数据集。

8.3.1　CIFAR-10

2009 年，加拿大高等研究院（CIFAR）发布了一组规模很大的图像数据集，用于训练能够识别各种物体的 DL 模型。我们将在本例中使用其中广为人知的 CIFAR-10 数据集，因为它只有 10 个类，总共有 60 000 张图片。图 8.7 描述了关于每个类的图像样本示例。

数据集中每个图像的分辨率都是 32×32 像素，可以使用三维数据来描述图像的颜色细节。从图中可以看出，这些小图像包含了标注对象之外的其他对象，如文字、背景、结构、风景等受到部分遮挡的对象，同时也保留了前景中感兴趣的主要对象。因此，这个数据集比 MNIST 数据集更具有挑战性。MNIST 数据集的图像背景总是黑色的，图像是灰度的，并且每张图像中只有一个数字。如果从未从事过计算机视觉应用程序开发的相关工作，那你可能不知道，与 MNIST 相比，处理 CIFAR-10 要复杂得多。因此，与处理 MNIST 数据集的模型相比，这里的模型需要具有更强的健壮性和更深度的网络层。

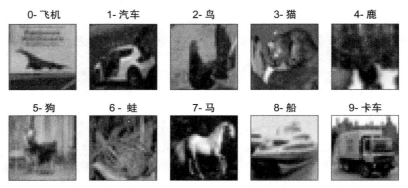

图 8.7 来自 CIFAR-10 数据集的示例图像。分别给每个类指定一个数值以方便表示

在 TensorFlow 和 Keras 开发平台中，可以使用下列代码轻松地加载和准备我们的数据集：

```python
import numpy as np
from tensorflow.keras.datasets import cifar10

(x_train, y_train), (x_test, y_test) = cifar10.load_data()
x_train = x_train.astype('float32') / 255.
x_test = x_test.astype('float32') / 255.
x_train = x_train.reshape((len(x_train), np.prod(x_train.shape[1:])))
x_test = x_test.reshape((len(x_test), np.prod(x_test.shape[1:])))

print('x_train shape is:', x_train.shape)
print('x_test shape is:', x_test.shape)
```

以上代码输出结果如下：

```
x_train shape is: (50000, 3072)
x_test shape is: (10000, 3072)
```

这就是说，我们将数据集的 1/6 (~16%) 取出来放在一边用于测试，而将剩下的数据作为训练数据用于模型训练。来自像素和通道的维数一共是 3072 维：$32 \times 32 \times 3 = 3072$。上述代码还将浮点数的范围从 [0,255] 变换到 [0.0,1.0]，实现对样本数据的归一化处理。

为了继续我们的例子，我们将构建一个深度自编码器，其架构如图 8.8 所示，该模型接受一个 3072 维的输入向量，并使用编码器将该向量编码为 64 维。

该模型架构使用 17 层的编码器和 15 层的解码器。图中将密集层中包含神经元的数量写在相应的块中。可以看出，该模型在对输入数据进行编码的过程中实现了一系列的批归一化策略和随机失活策略。在这个例子中，所有的随机失活层都有 20% 的随机失活率。

如果使用标准 adam 优化器和标准二元交叉熵损失对模型进行 200 历元的训练，就可以得到如图 8.9 所示的训练效果。

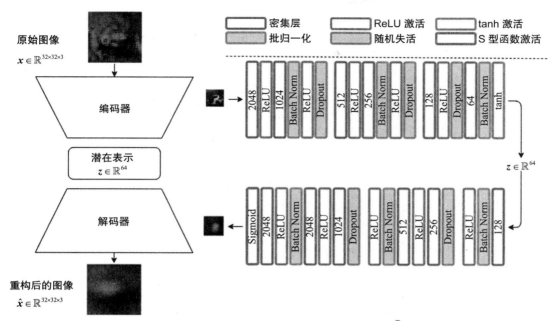

图 8.8 CIFAR-10 数据集深度自编码器的架构⊖

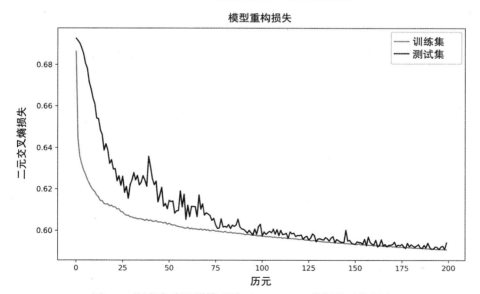

图 8.9 深度自编码器模型关于 CIFAR-10 数据的重构损失

完整的代码如下：

```
from tensorflow import keras
from tensorflow.keras.datasets import cifar10
from tensorflow.keras.models import Model
```

⊖ 本书彩色图像可以从华章图书官网 http://www.hzbook.com 获取。——编辑注

```python
from tensorflow.keras.layers import Dense, Dropout, Activation, Input
from tensorflow.keras.layers import BatchNormalization
import matplotlib.pyplot as plt
import numpy as np

inpt_dim = 32*32*3
ltnt_dim = 64

# The data, split between train and test sets:
(x_train, y_train), (x_test, y_test) = cifar10.load_data()
x_train = x_train.astype('float32') / 255.
x_test = x_test.astype('float32') / 255.
x_train = x_train.reshape((len(x_train), np.prod(x_train.shape[1:])))
x_test = x_test.reshape((len(x_test), np.prod(x_test.shape[1:])))
print('x_train shape:', x_train.shape)
print('x_test shape:', x_test.shape)
```

定义模型如下：

```python
inpt_vec = Input(shape=(inpt_dim,))
el1 = Dense(2048)(inpt_vec)
el2 = Activation('relu')(el1)
el3 = Dense(1024)(el2)
el4 = BatchNormalization()(el3)
el5 = Activation('relu')(el4)
el6 = Dropout(0.2)(el5)

el7 = Dense(512)(el6)
el8 = Activation('relu')(el7)
el9 = Dense(256)(el8)
el10 = BatchNormalization()(el9)
el11 = Activation('relu')(el10)
el12 = Dropout(0.2)(el11)

el13 = Dense(128)(el12)
el14 = Activation('relu')(el13)
el15 = Dropout(0.2)(el14)
el16 = Dense(ltnt_dim)(el15)
el17 = BatchNormalization()(el16)
encoder = Activation('tanh')(el17)

# model that takes input and encodes it into the latent space
latent_ncdr = Model(inpt_vec, encoder)
```

接下来，如下定义模型的解码器部分：

```python
dl1 = Dense(128)(encoder)
dl2 = BatchNormalization()(dl1)
dl3 = Activation('relu')(dl2)

dl4 = Dropout(0.2)(dl3)
dl5 = Dense(256)(dl4)
dl6 = Activation('relu')(dl5)
dl7 = Dense(512)(dl6)
dl8 = BatchNormalization()(dl7)
dl9 = Activation('relu')(dl8)

dl10 = Dropout(0.2)(dl9)
```

```
dl11 = Dense(1024)(dl10)
dl12 = Activation('relu')(dl11)
dl13 = Dense(2048)(dl12)
dl14 = BatchNormalization()(dl13)
dl15 = Activation('relu')(dl14)
decoder = Dense(inpt_dim, activation='sigmoid')(dl15)
```

将它们整合在自编码器模型中进行编译和训练，代码如下：

```
# model that takes input, encodes it, and decodes it
autoencoder = Model(inpt_vec, decoder)

# setup RMSprop optimizer
opt = keras.optimizers.RMSprop(learning_rate=0.0001, decay=1e-6, )

autoencoder.compile(loss='binary_crossentropy', optimizer=opt)

hist = autoencoder.fit(x_train, x_train, epochs=200, batch_size=10000,
                       shuffle=True, validation_data=(x_test, x_test))

# and now se visualize the results
fig = plt.figure(figsize=(10,6))
plt.plot(hist.history['loss'], color='#785ef0')
plt.plot(hist.history['val_loss'], color='#dc267f')
plt.title('Model reconstruction loss')
plt.ylabel('Binary Cross-Entropy Loss')
plt.xlabel('Epoch')
plt.legend(['Training Set', 'Test Set'], loc='upper right')
plt.show()
```

图 8.9 表明模型收敛得很好，损失同时在训练集和测试集上进行衰减，这意味着模型没有产生过拟合现象，并且随着时间的推移不断地对权重进行适当的调整。为了直观地表示模型对不可见数据（测试集）的处理性能，可以对测试集进行简单的随机抽样，得到如图8.10 所示的几张图像样本数据，模型对这几张图像的重构效果如图 8.11 所示。

从图 8.11 中可以看出，在对图像数据的重构过程中，模型正确地处理了输入数据的色谱。然而，很显然，重构这种图像所面临的问题要比重构 MNIST 图像数据困难得多。对于这些重构出来的图像，尽管目标形状似乎处于正确的空间位置，但是它们很模糊。图像中目标明显缺少了一定程度的细节信息。我们可以对自编码器的网络层进行加深，或者使用更长时间的模型训练过程，但这些问题可能仍然无法得到妥善的解决。可以用下列事实来验证这种性能：选择规模为 64 维的潜在表示，这是一个比 5×5 分辨率还小的图像，5×5×3=75 维。仔细考虑一下，就会发现这几乎是不可能的，因为从 3072 到 64 意味着有2.08% 的压缩率！

解决这个问题的办法不是让模型变大，而是承认潜在表示空间的尺寸可能不够大，不足以捕获输入数据的相关细节，从而实现良好的重构效果。当前的模型在降低特征空间的维数方面可能表现得过于激进。如果使用 UMAP 对 64 维潜在向量空间进行二维可视化，就可以得到如图 8.12 所示的图像效果。

我们之前没有谈论过 UMAP，这里需要对其进行简要说明，它是最近提出来并开始受到关注的一种开创性数据可视化工具（McInnes, L., et al., 2018）。对于我们的例子，只是使用 UMAP 来实现对数据分布的可视化，因为没有让自编码器将输入数据编码到二维空间。图 8.12 表明类的分布并没有得到足够清晰的定义，从而使得我们能够观察到数据的分离特性或者具有良好定义的簇。这就证实了深度自编码器的确没有捕获到足够的信息进行类分离的，但是，在潜在空间的某些部分中仍然存在明确定义的簇，例如底部中间和左侧的簇，其中一个簇与一组飞机图像相关联。这个**深度信念网络**已经很好地获取了关于输入空间的知识，以识别输入数据的某些不同方面。例如，它知道飞机和青蛙是完全不同的，或者至少它们可能出现在不同的条件下，也就是说，青蛙会出现在绿色背景下，飞机的背景则可能是蓝色的天空。

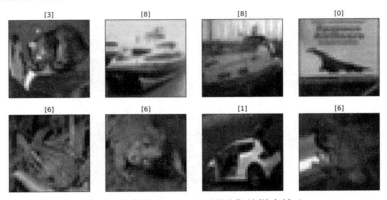

图 8.10　来自 CIFAR-10 测试集的样本输入

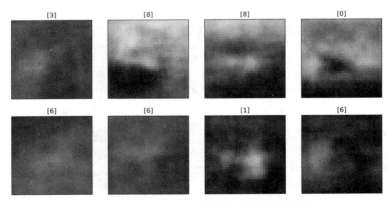

图 8.11　图 8.10 所示图像的（重构）输出效果

ℹ️ 对于诸如本例的大多数计算机视觉和图像分析问题而言，**卷积神经网络 (CNN)** 模型是一个更好的选择。我们将在第 12 章介绍这个模型。请耐心等待，我们将逐一介绍多个不同的模型。你将看到如何制作卷积自编码器，它的性能要比使用完全连接层的自编码器好得多。现在，我们继续使用自编码器。

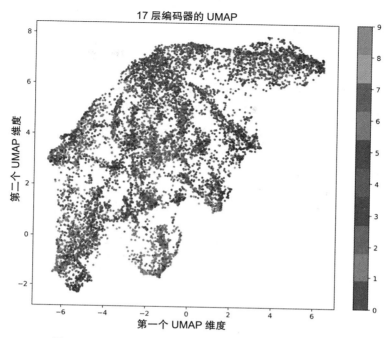

图 8.12 测试数据的潜在向量基于 UMAP 的二维表示

图 8.8 给出的模型可以使用如下的函数方法生成，编码器的定义如下：

```python
from tensorflow.keras.models import Model
from tensorflow.keras.layers import Dense, Dropout, Activation, Input
from tensorflow.keras.layers import BatchNormalization, MaxPooling1D
import numpy as np

inpt_dim = 32*32*3
ltnt_dim = 64

inpt_vec = Input(shape=(inpt_dim,))
el1 = Dense(2048)(inpt_vec)
el2 = Activation('relu')(el1)
el3 = Dense(1024)(el2)
el4 = BatchNormalization()(el3)
el5 = Activation('relu')(el4)
el6 = Dropout(0.2)(el5)

el7 = Dense(512)(el6)
el8 = Activation('relu')(el7)
el9 = Dense(256)(el8)
el10 = BatchNormalization()(el9)
el11 = Activation('relu')(el10)
el12 = Dropout(0.2)(el11)

el13 = Dense(128)(el12)
el14 = Activation('relu')(el13)
el15 = Dropout(0.2)(el14)
el16 = Dense(ltnt_dim)(el15)
```

```
el17 = BatchNormalization()(el16)
encoder = Activation('tanh')(el17)

# model that takes input and encodes it into the latent space
latent_ncdr = Model(inpt_vec, encoder)
```

需要注意的是，所有的随机失活网络层每次都有 20% 的失活比例。包含 17 层的编码器将输入数据从 `inpt_dim=3072` 个维度映射成 `ltnt_dim = 64` 个维度。编码器的最后一个激活函数是双曲正切 `tanh`，它提供的输出范围为 $[-1,1]$，这个选择只是为了方便对潜在空间进行可视化。

接下来，解码器的定义如下：

```
dl1 = Dense(128)(encoder)
dl2 = BatchNormalization()(dl1)
dl3 = Activation('relu')(dl2)

dl4 = Dropout(0.2)(dl3)
dl5 = Dense(256)(dl4)
dl6 = Activation('relu')(dl5)
dl7 = Dense(512)(dl6)
dl8 = BatchNormalization()(dl7)
dl9 = Activation('relu')(dl8)

dl10 = Dropout(0.2)(dl9)
dl11 = Dense(1024)(dl10)
dl12 = Activation('relu')(dl11)
dl13 = Dense(2048)(dl12)
dl14 = BatchNormalization()(dl13)
dl15 = Activation('relu')(dl14)
decoder = Dense(inpt_dim, activation='sigmoid') (dl15)

# model that takes input, encodes it, and decodes it
autoencoder = Model(inpt_vec, decoder)
```

解码器的最后一层有一个 S 型激活函数，它将数据映射回输入空间的取值范围，即 $[0.0,1.0]$。最后，可以像之前的定义那样使用 `binary_crossentropy` 损失和 200 历元的 `adam` 优化器来训练 `autoencoder` 模型：

```
autoencoder.compile(loss='binary_crossentropy', optimizer='adam')

hist = autoencoder.fit(x_train, x_train, epochs=200, batch_size=5000,
                       shuffle=True, validation_data=(x_test, x_test))
```

上述代码的运行结果如图 8.9 ～图 8.11 所示。再次访问 MNIST 数据集是一件很有趣的事情，不过，这次使用的是深度自编码器模型，我们将在下一小节中对此展开讨论。

8.3.2 MNIST

MNIST 数据集是一个很好的数据集示例，它比 CIFAR-10 数据集更加简单，并且可以用深度自编码器进行处理。前述第 7 章中讨论了浅层自编码器，并表明添加网络层数是有好处的。本节将进一步说明具有随机失活和批归一化层的深度自编码器在生成丰富的潜在表示方面可以表现得更好。图 8.13 给出了这种模型的基本架构。

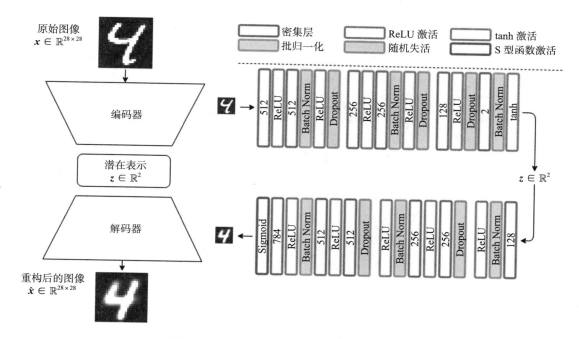

图 8.13 用于 MNIST 数据集的深度自编码器

这个模型的网络层数及层序列与图 8.8 相同，然而，密集层中的神经元数量和潜在表示的维数发生了变化。从 784 维压缩到 2 维，压缩率为 0.25%。

然而，重构效果非常好，如图 8.14 和图 8.15 所示。

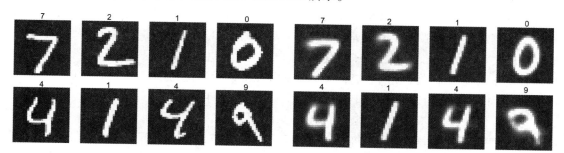

图 8.14 MNIST 测试集的部分原始数字样本　　图 8.15 对 MNIST 测试集原始数字样本的重构效果

尽管图中给出的重构效果似乎存在一些模糊的边缘，但是它们展示了非常好的细节。数字的大致形状似乎被模型很好地捕捉到了。测试集对应的潜在表示如图 8.16 所示。

从图 8.16 中，我们可以看出有明确定义的簇，然而，需要指出的是，自编码器对标签信息一无所知，只能从数据中学习这些簇。这就是自编码器最强大的力量。如果将编码器模型拆开，使用标签信息进行再训练，模型可能会表现得更好。然而，我们现在把这个想法留在这里，在接下来的第 9 章中继续讨论生成模型。

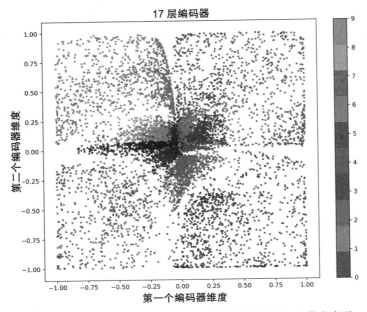

图 8.16 图 8.14 所示的部分 MNIST 测试集数字样本的潜在表示

8.4 小结

这个承上启下的章节介绍了深度自编码器与正则化策略（如随机失活和批归一化）相结合时所产生的威力。我们实现了一个超过30层的自编码器！这就是深度！我们发现，对于比较困难的问题，深度自编码器可以提供高度复杂数据的无偏潜在表示方式，就像大多数深度信念网络所做的那样。我们研究了随机失活策略是如何通过在每个学习步骤中随机忽略（断开）一部分神经元的方式来降低过拟合的风险的。此外，我们还了解到，批归一化可以通过逐步调整某些神经元的响应，使得激活函数值以及连接到这些神经元的其他神经元的输出值不会发生数值饱和或溢出，提高学习算法的稳定性。

此时，你应该有信心在深度自编码器模型中应用批归一化和随机失活策略。你应该能够创建自己的深度自编码器，并将它们应用于不同的任务，其中需要丰富的潜在表示来实现数据可视化、数据压缩或降维问题，以及其他类型的数据嵌入（需要低维表示）问题。

第9章将继续研究自编码器，但是从生成模型的角度展开研究。生成模型通过抽取概率密度函数的方式来生成数据，这是一种非常有趣的方式。我们将专门讨论变分自编码器模型，在存在噪声数据的情况下，它可以更好地替代深度自编码器。

8.5 习题与答案

1. 本章讨论的哪种正则化策略减轻了深度模型的过拟合？

答：随机失活。

2. **添加批归一化层是否导致学习算法必须学习更多的参数？**

答：事实上，并没有。对于使用批归一化的每一层，每个神经元只需要学习两个参数：σ 和 μ。如果你进行数学计算，新参数的增加是相当小的。

3. **还有其他类型的深度信念网络吗？**

答：例如，受限玻尔兹曼机是深度信念网络领域另外一个非常流行的例子。我们将在第 10 章进行更加详细的介绍。

4. **为什么深度自编码器在 MNIST 上比在 CIFAR-10 上表现得更好？**

答：实际上，我们没有一个客观的方式来说明深度自编码器在这些数据集上表现得更好。从群集和数据标签的角度来看是有偏见的。考察图 8.12 和图 8.16 中标签的潜在表现时可能会存在偏见，这使得我们无法考虑其他的可能性。考虑 CIFAR-10 的以下情况：如果使用自编码器学习纹理图像数据，会有怎样的效果？或者学习调色板彩色图像数据、几何图形数据，又会有怎样的效果？回答这些问题需要进一步理解自编码器内部的工作原理，以及模型为什么需要学习以这种方式表示数据的关键信息，但这需要掌握更加高级的技能以及花费更多的时间。总之，在回答这些问题之前，我们不能确定这个模型是否一定表现不佳；否则，如果我们仅仅针对类别、群体和标签进行考察，那么它可能也只是表现成我们所认为的样子。

8.6 参考文献

- Sutskever, I., & Hinton, G. E. (2008). Deep, narrow sigmoid belief networks are universal approximators. *Neural computation*, 20(11), 2629-2636.
- Sainath, T. N., Kingsbury, B., & Ramabhadran, B. (2012, March). Auto-encoder bottleneck features using deep belief networks. In 2012 *IEEE international conference on acoustics, speech and signal processing (ICASSP)* (pp. 4153-4156). IEEE.
- Wu, K., & Magdon-Ismail, M. (2016). Node-by-node greedy deep learning for interpretable features. *arXiv preprint* arXiv:1602.06183.
- Ioffe, S., & Szegedy, C. (2015, June). Batch Normalization: Accelerating Deep Network Training by Reducing Internal Covariate Shift. In *International Conference on Machine Learning (ICML)* (pp. 448-456).
- Srivastava, N., Hinton, G., Krizhevsky, A., Sutskever, I., & Salakhutdinov, R. (2014). Dropout: a simple way to prevent neural networks from overfitting. *The journal of machine learning research*, 15(1), 1929-1958.
- Duchi, J., Hazan, E., & Singer, Y. (2011). Adaptive subgradient methods for online learning and stochastic optimization. *Journal of machine learning research*, 12(Jul), 2121-2159.
- McInnes, L., Healy, J., & Umap, J. M. (2018). Uniform manifold approximation and projection for dimension reduction. *arXiv preprint* arXiv:1802.03426.
- Maas, A. L., Daly, R. E., Pham, P. T., Huang, D., Ng, A. Y., & Potts, C. (2011, June). Learning word vectors for sentiment analysis. In *Proceedings of the 49th annual meeting of the association for computational linguistics*: *Human language technologies*-volume 1 (pp. 142-150). Association for Computational Linguistics.
- Hochreiter, S. (1998). The vanishing gradient problem during learning recurrent neural nets and problem solutions. International Journal of Uncertainty, *Fuzziness and Knowledge-Based Systems*, 6(02), 107-116.
- Van Laarhoven, T. (2017). L2 regularization versus batch and weight normalization. *arXiv preprint* arXiv:1706.05350.

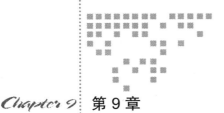

Chapter 9 | 第 9 章

变分自编码器

自编码器在寻找丰富的潜在空间方面非常强大。它们几乎是神奇的，如果告诉你变分自编码器（VAE）更令人印象深刻呢？它们确实如此。变分自编码器继承了传统自编码器的所有优点，并增加了可以从带参数的概率分布中生成数据的能力。

本章将介绍无监督深度学习领域生成模型背后的哲学，以及它们在新数据生成相关研究中的重要性。我们将介绍变分自编码器，它是比深度自编码器更好的另外一个可供选择的模型。在本章的最后，你将知道变分自编码器来自何方以及使用该模型的目的是什么。你将能够学习深度和浅层变分自编码器模型之间的区别，并将能够欣赏变分自编码器的数据生成属性。

本章主要内容如下：
❑ 深度生成模型简介
❑ 研究变分自编码器模型
❑ 深度和浅层 VAE 在 MNIST 上的性能比较
❑ 思考生成模型的伦理意蕴

9.1 深度生成模型简介

深度学习对通用机器学习的研究领域做出了非常有趣的贡献，特别是涉及深度判别模型和生成模型的时候。我们已经知道什么是判别模型——例如多层感知机（MLP）就是一个判别模型。对于判别模型，我们的任务是给定输入数据 x，然后猜测、预测或近似一个预期目标 y。如果使用统计理论的术语进行表达，就是对条件概率密度函数 $p(y \mid x)$ 进行建模。另一方面，关于生成模型，大多数人认为这种模型的含义是：

一种能根据输入或刺激 z 产生符合特定概率分布的数据 x 的模型。

在深度学习中，可以通过建立一个神经网络很好地模拟这个数据生成过程。在统计学方面，神经网络模型近似于条件概率密度函数 $p(x|z)$。虽然目前存在多种不同的生成模型，但本书中专门讨论三种生成模型。

首先将在下一节中讨论变分自编码器。然后将在第 10 章介绍一种图形化方法及其性质（Salakhutdinov, R., et al., 2007）。最后一种方法将在第 14 章中进行讨论。这些网络正在改变我们对模型健壮性和数据生成的思考方式（Goodfellow, I., et al., 2014）。

9.2 研究变分自编码器模型

VAE 是一种特殊的自编码器（Kingma, D. P., & Welling, M., 2013）。可以使用这种模型学习获得数据集的一些特定的统计性质，这里的数据集由贝叶斯方法产生。首先，定义一个随机潜变量（$z \in \mathbb{R}^d$）的先验概率密度函数 $p_\theta(z)$。然后，可以描述条件概率密度函数，$p_\theta(x|z)$，可以将其理解为能够产生数据的模型，例如 $x = \{x_i\}_{i=1}^N$。由此可知，可以使用条件概率分布和先验概率分布来近似后验概率密度函数，如下列公式所示：

$$p_\theta(z|x) \propto p_\theta(x|z)p_\theta z$$

事实证明，对精确后验概率分布的计算是一个非常棘手的问题，但是可以通过给出一些假设和使用有趣的想法来计算梯度，从而近似地解决这个问题。首先，我们可以假设先验概率分布服从各向同性的高斯分布，即 $p_\theta(z) \sim \mathcal{N}(0, I\sigma^2)$。我们还可以假设，可以使用神经网络模型对条件概率分布 $p_\theta(x|z)$ 进行参数化表示和建模，也就是说，对于给定某个潜在向量 z，用神经网络模型生成 x。在这种情况下，网络模型的权重记为 θ，该网络相当于解码器网络。参数分布的选择可以是高斯分布，输出 x 可以取各种不同的数值，或者是伯努利分布，如果输出 x 可能是二进制（或布尔）值的话。接下来，必须使用另外一个神经网络模型来实现对后验概率分布的近似表示，这里使用的是 $q_\phi(z|x)$ 以及单独的参数 ϕ。可以将这个网络理解为编码器网络，它以 x 为输入，生成潜在变量 z。

基于上述假设，我们可以定义下列损失函数：

$$L = \underbrace{-D_{\mathrm{KL}}(q_\phi(z|x_i) \| p_\theta(z))}_{\text{编码器}} + \underbrace{\mathbb{E}_{q_\phi(z|x_i)}[\log p_\theta(x_i|z)]}_{\text{解码器}}$$

关于上述损失函数完整的介绍和相关的数学推演可以从文献（Kingma, D. P., & Welling, M., 2013）中获得。在此仅做简要介绍，损失函数的第一项 $D_{\mathrm{KL}}(\cdot)$ 是 Kullback-Leibler 散度函数，主要是用于衡量先验概率分布 $p_\theta(z)$ 与后验概率分布 $q_\phi(z|x)$ 之间的差异。这是在编码器设计和研究经常要做的事情，确保 z 的先验和后验是紧密匹配的。第二项与解码器网络有关，其目的是基于条件分布 $p_\theta(x|z)$ 的负对数似然关于后验概率分布 $q_\phi(z|x)$ 的数学期

望实现数据重构损失的最小化。

为了使得 VAE 能够通过梯度下降法进行学习，需要使用一个名为**重参数化**的技巧。这个技巧是必须要用到的，因为对模型的训练不可能每次仅针对某一个样本 x 进行编码，来近似均值为 0 方差为某个取值的各向同性高斯分布，并根据这个分布获得样本 z，停在那里，等待解码器对样本 z 进行解码并计算重构损失的梯度，然后回过头来进行模型的参数更新。重参数化技巧是一种从 $q_\phi(z|x)$ 生成样本的简单方法，同时，它允许梯度进行计算。如果 $z \sim q_\phi(z|x)$，那么可以使用边际概率密度函数 $p(\varepsilon)$ 的辅助变量 ε 来表示随机变量 z，满足 $z = g_\phi(\varepsilon, x)$，其中 $g_\phi(\cdot)$ 是由 ϕ 参数化的函数，返回一个向量。由此可以进行参数 θ（生成器或解码器）的梯度计算，并可以使用任何可用的梯度下降算法实现对参数 ϕ 与 θ 的更新。

ℹ️ $z \sim q_\phi(z|x)$ 中波浪号 $\sim$ 可以理解为服从……分布。因此，可以将该等式读作变量 z 服从后验概率分布 $q_\phi(z|x)$。

图 9.1 给出了 VAE 基本架构，明确展示了模型中瓶颈所涉及的各个部分，以及对网络模型各个部分的解释。

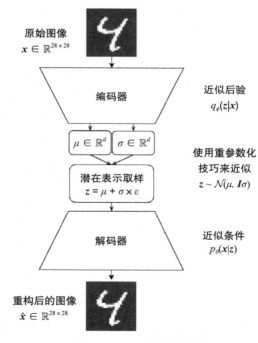

图 9.1　VAE 的基本架构

从图 9.1 可以看出，对于理想的 VAE 模型，可以通过对概率分布参数精确学习的方式实现对数据精确的重构。然而，这只是一个例子，在实践中很难实现对数据的完美重构。

ℹ️ **瓶颈**是在神经网络中生成数据潜在表示或参数的神经元网络层，或者说是从包含大量神经元的层逐渐变化到包含较少神经单元的层。网络模型的瓶颈部分会产生一些比较有趣的特征空间（Zhang, Y., et al.，2014）。

现在，让我们构建第一个 VAE。从描述需要使用的数据集开始。

9.2.1　回顾心脏病数据集

第 3 章详细介绍了**克利夫兰心脏病**数据集。图 9.2 给出了这个数据集中两列数据的屏幕截图。在这里，我们将重新访问这个数据集，目的是将原始数据的 13 个维度降到只有两个维度。不仅如此，还将尝试使用生成器（也就是解码器）产生新的数据。

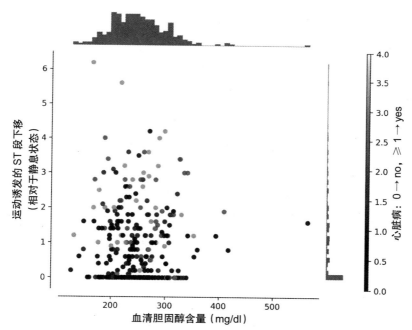

图 9.2　克利夫兰心脏病数据集中的两列数据样本

我们试图对数据进行降维。关于这一点，可以很容易通过观察第 3 章的图 3.8 和图 3.9 得到验证，并且还有可能对这些数据进行处理，以便能够比较方便地考察神经网络是否可以将与无心脏病相关的数据与其他数据分开聚集。类似地，如果数据集本身只包含 303 个样本，就可以验证生成新数据的合理性。

要想下载数据，只需运行下列代码：

```
#download data
!wget
https://archive.ics.uci.edu/ml/machine-learning-databases/heart-disease/pro
cessed.cleveland.data
```

然后，将数据加载到一个数据帧中，并将训练数据和与目标数据进行分离，可以运行下列代码：

```
import pandas as pd
df = pd.read_csv('processed.cleveland.data', header=None)
# this next line deals with possible numeric errors
df = df.apply(pd.to_numeric, errors='coerce').dropna()
X = df[[0, 1, 2, 3, 4, 5, 6, 7, 8, 9, 10, 11, 12]].values
y = df[13].values
```

下面要做的事情是对重参数化技巧进行编码，以便在训练期间可以进行含噪声的随机抽样。

9.2.2　重参数化技巧与采样

请记住，使用重新参数化技巧的目的是从 $p(\varepsilon)$ 中采样，而不是从 $q_\phi(z|x)$ 中采样。另外，回想一下 $p(\varepsilon) \sim \mathcal{N}(\mathbf{0}, \mathbf{I})$ 分布。这将允许学习算法学习 $q_\phi(z|x)$ 的参数，也就是 μ 和 σ，我们只是从 $z = \mu + \sigma \times \varepsilon$ 中产生样本而已。

为了实现这一点，可以运行下列代码：

```
from tensorflow.keras import backend as K

def sampling(z_params):
  z_mean, z_log_var = z_params
  batch = K.shape(z_mean)[0]
  dims = K.int_shape(z_mean)[1]
  epsilon = K.random_normal(shape=(batch, dims))
  return z_mean + K.exp(0.5 * z_log_var) * epsilon
```

sampling() 方法接收 $q_\phi(z|x)$（将要学习的）的均值和对数方差，并返回从这个参数化分布采样获得的向量，ε 是来自均值为 0 和方差为 1 的高斯分布（random_normal）随机噪声。为了使得该方法与小批量训练完全兼容，可以根据小批量训练的批量规模生成样本。

9.2.3　学习编码器中的后验概率分布参数

后验概率分布 $q_\phi(z|x)$ 本身是很难处理的，但是由于使用了重参数化技巧，实际上可以根据 ε 来进行采样。现在我们将构建一个简单的编码器来学习这些参数的取值。

对于保证计算数值的稳定性，需要输入数据进行适当的缩放，使其均值为 0 和方差为 1。为此，可以调用第 3 章中的方法：

```
from sklearn.preprocessing import StandardScaler
scaler = StandardScaler()
scaler.fit(X)
x_train = scaler.transform(X)
original_dim = x_train.shape[1]
```

x_train 矩阵包含缩放后的训练数据。下列变量对 VAE 编码器的设计也很有帮助：

```
input_shape = (original_dim, )
intermediate_dim = 13
```

```
batch_size = 18 # comes from ceil(sqrt(x_train.shape[0]))
latent_dim = 2 # useful for visualization
epochs = 500
```

除了批量大小是样本数量的平方根之外，这些变量的取值都很简单。这是一个经验法则，我们认为使用这种做法可以得到比较好的开始，但对于更大的数据集，不能保证这是最好的做法。

接下来，可以构建编码器部分，如下所示：

```
from tensorflow.keras.layers import Lambda, Input, Dense, Dropout,
BatchNormalization
from tensorflow.keras.models import Model

inputs = Input(shape=input_shape)
bn = BatchNormalization()(inputs)
dp = Dropout(0.2)(bn)
x = Dense(intermediate_dim, activation='sigmoid')(dp)
x = Dropout(0.2)(x)
z_mean = Dense(latent_dim)(x)
z_log_var = Dense(latent_dim)(x)
z_params = [z_mean, z_log_var]
z = Lambda(sampling, output_shape=(latent_dim,))(z_params)
encoder = Model(inputs, [z_mean, z_log_var, z])
```

编码器构造的这种方法使用的是 `Lambda` 类，它是 `tensorflow.keras.layers` 集合的一部分。它允许使用前面定义的 `sampling()` 方法（或者任意表达式）作为网络层对象。图 9.3 给出了完整的 VAE 模型架构，包括上述代码块中描述的编码器层。

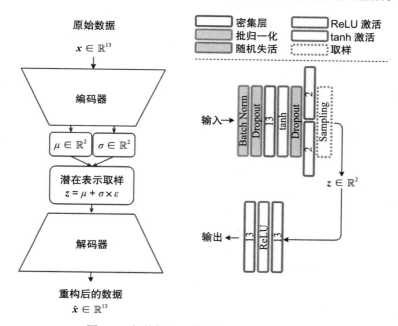

图 9.3 克利夫兰心脏病数据集的 VAE 架构

编码器使用批归一化方法，然后在输入层使用**随机失活**，然后有 tanh **激活**和**随机失活**的密集层。从**随机失活**中，两层密集层负责对潜在变量的概率分布参数建模，并从参数化的概率分布中得到一个样本。接下来讨论解码器网络。

9.2.4　解码器建模

与你已经知道的自编码器相比，VAE 的解码器部分非常标准。解码器使用通过参数化概率分布产生潜在变量，实现对输入数据的精确重构。可以使用下列代码构造解码器：

```
latent_inputs = Input(shape=(latent_dim,))
x = Dense(intermediate_dim, activation='relu')(latent_inputs)
r_outputs = Dense(original_dim)(x)    # reconstruction outputs
decoder = Model(latent_inputs, r_outputs)
```

上述代码简单地连接了两个密集层——第一个密集层使用 ReLU 激活函数，而第二个密集层使用线性激活函数，以便将潜在变量映射回输入空间。最后，按照在编码器和解码器中定义的输入和输出来构造完整的 VAE：

```
outputs = decoder(encoder(inputs)[2])    # it is index 2 since we want z
vae = Model(inputs, outputs)
```

至此，如图 9.3 所示的 VAE 模型就构造完成了。对于 VAE 模型的训练需要定义重构损失函数，将在下一小节中讨论。

9.2.5　最小化重构损失

前面已经介绍过，数据重构的损失函数需要同时考虑到编码器和解码器这两个方面，这是已经讨论过的损失函数计算公式：

$$L = \underbrace{-D_{\mathrm{KL}}(q_\phi(z \mid x_i) \| p_\theta(z))}_{\text{编码器}} + \underbrace{\mathbb{E}_{q_\phi(z \mid x_i)}[\log p_\theta(x_i \mid z)]}_{\text{解码器}}$$

如果想对这种损失函数进行编码，那么就需要对它进行更符合实际情况的编码。这里需要使用之前对这个问题做出的所有假设，包括重参数化技巧，下面使用更为简单的术语给出上述损失函数的一种近似表示：

$$L \simeq \underbrace{\frac{1}{2}\sum_{j=1}^{J}(1 + \log(\sigma_j^2) - (\mu_j)^2 - (\sigma_j)^2)}_{\text{编码器}} + \underbrace{\frac{1}{L}\sum_{l=1}^{L}\log p_\theta(x \mid z_l)}_{\text{解码器}}$$

这是关于 $z_l = \mu + \sigma\varepsilon$ 和 $\varepsilon \sim \mathcal{N}(0, I)$ 的所有样本 x 的计算公式。此外，关于解码器的损失部分，可以用任何你喜欢的重构损失进行近似——例如，**均方误差（MSE）**损失或者二元交叉熵损失。目前已经证明，最小化这些损失函数中的任何一种都会实现后验概率最小化。

可以使用 MSE 来定义重构损失，如下所示：

```
from tensorflow.keras.losses import mse
r_loss = mse(inputs, outputs)
```

或者可以用二元交叉熵损失定义重构损失，如下所示：

```
from tensorflow.keras.losses import binary_crossentropy
r_loss = binary_crossentropy(inputs, outputs)
```

我们可以做的另外一件事（可选的）是考察重构损失与 KL 散度损失（与编码器相关的术语）相比有多重要。这里有一个典型的做法，就是将重构损失乘以潜在空间的维数或输入空间的维数。这实际上是增大了损失。如果选择后者，那么就可以惩罚重构损失，如下所示：

```
r_loss = original_dim * r_loss
```

现在可以使用均值和方差表示编码器的 KL 散度损失，如下所示：

```
kl_loss = 1 + z_log_var – K.square(z_mean) - K.exp(z_log_var)
kl_loss = 0.5 * K.sum(kl_loss, axis=-1)
```

因此，可以简单地在模型中添加总体损失，即：

```
vae_loss = K.mean(r_loss + kl_loss)
vae.add_loss(vae_loss)
```

有了这些关于损失函数计算方法，就可以继续编译模型并对其进行训练，如下所述。

9.2.6 训练 VAE 模型

模型构建目标的最后一步是实现对 VAE 模型的编译，将所有的碎片拼接在一起。编译期间需要选择一个优化器（梯度下降方法）。本例将选择 Adam（Kingma, D. P., et al., 2014）优化器。

ⓘ 一个有趣的事实：VAE 的创造者就是不久之后创造 Adam 的人。他的名字是 Diederik P. Kingma，目前是谷歌 Brain 的研究科学家。

为编译模型并选择优化器，我们执行以下操作：

```
vae.compile(optimizer='adam')
```

最后，使用 500 个历元的训练数据进行训练，批量大小为 18，如下所示：

```
hist = vae.fit(x_train, epochs=epochs,
               batch_size=batch_size,
               validation_data=(x_train, None))
```

请注意，这里使用训练集作为验证集。大多数情况下不建议你这样做，但在这里它是有效的，因为选择相同的小批次进行训练和验证的概率非常低。此外，这样做通常会被认为是作弊，然而，模型在重构中使用数据的潜在表示而不是直接来自输入数据，相反，它是来自一个类似于输入数据的分布。为了证明在训练集和验证集产生不同的结果，我们绘制了跨历元的训练进度图，如图 9.4 所示。

图 9.4 不仅说明了模型收敛速度快，而且说明了模型对输入数据没有产生过拟合现象，通常来说，这是一个很好的性质。

图 9.4 所示的效果可以由下列代码生成。

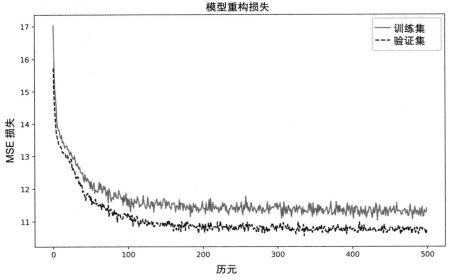

图 9.4 各个历元 VAE 的性能

```
import matplotlib.pyplot as plt

fig = plt.figure(figsize=(10,6))
plt.plot(hist.history['loss'], color='#785ef0')
plt.plot(hist.history['val_loss'], '--', color='#dc267f')
plt.title('Model reconstruction loss')
plt.ylabel('MSE Loss')
plt.xlabel('Epoch')
plt.legend(['Training Set', 'Validation Set'], loc='upper right')
plt.show()
```

请注意，由于 VAE 的无监督学习性质，运行结果可能会有所不同。

接下来，如果观察一下使用模型训练过程中学习到的含参数概率分布进行随机抽样而得到的数据潜在表示，就可以知道这些数据会呈现出什么样的分布。图 9.5 给出了模型产生的数据潜在表示。

从图 9.5 中可以清楚地看出，没有心脏病迹象对应的样本数据主要聚集在潜在空间的左象限，而具有心脏病迹象对应的样本数据主要聚集在潜在空间的右象限。图顶部的直方图表明存在两个定义良好的集群。这太棒了！此外，要记住 VAE 模型对标签的信息一无所知：再怎么强调也不为过！如果将图 9.5 与第 3 章的图 3.9 进行比较，就可以发现 VAE 的性能要优于 KPCA。此外，将此图与第 3 章的图 3.8 进行比较，可以发现 VAE 的性能即使不比**线性判别分析**（Linear Discriminant Analysis, LDA）好，但也不会比它差。LDA 使用标签信息产生低维表示。换句话说，LDA 有点作弊。

VAE 模型最有趣的一个特性是可以使用该模型生成数据，让我们来看看这是如何做到的。

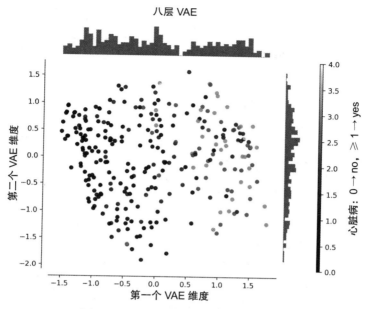

图 9.5　VAE 的样本数据二维潜在表示

9.2.7　使用 VAE 生成数据

由于 VAE 学习的是数据在潜在空间中的概率分布参数，以便通过这个带参数的概率分布的采样实现对输入数据的重构，因此，可以使用这些概率分布参数绘制出更多的样本并对它们进行重构，生成可用的虚拟数据。

让我们从对原始数据集的编码开始，考察重构数据与原始数据集之间的接近程度。然后，生成数据的过程应该是比较简单的。为了将输入数据编码到潜在空间并对其进行解码，我们执行下列操作：

```
encdd = encoder.predict(x_train)
x_hat = decoder.predict(encdd[0])
```

请记住：这里的 x_train 表示输入数据 x，x_hat 表示重构数据 $\hat{x}$。注意，这里需要使用 encdd[0] 作为解码器的输入。这样做是由于编码器生成一个包含三个向量的列表，[z_mean, z_log_var, z]。因此，在列表中使用 0 元素是指样本概率分布的均值。实际上，encdd[0][10] 会产生一个二维向量，对应于可以生成数据集中第 10 个样本（即 x_train[10]）的概率分布均值参数。如果仔细想就会发现，均值可能是能找到的最好的潜在表示，因为它最有可能作为解码器进行数据重构的输入。

基于上述考虑，运行下列代码，考察一下重构效果：

```
import numpy as np
print(np.around(scaler.inverse_transform(x_train[0]), decimals=1))
print(np.around(scaler.inverse_transform(x_hat[0]), decimals=1))
```

输出结果如下:

```
[ 63.0  1.0  1.0  145.0  233.0  1.0  2.0  150.0  0.0  2.3  3.0  0.0  6.0 ]
[ 61.2  0.5  3.1  144.1  265.1  0.5  1.4  146.3  0.2  1.4  1.8  1.2  4.8 ]
```

💡 如果输出结果给出的是难以阅读的科学记数法,可以尝试使用下列方式暂时禁用
这种表示形式:

```
import numpy as np
np.set_printoptions(suppress=True)
print(np.around(scaler.inverse_transform(x_train[0]),
decimals=1))
print(np.around(scaler.inverse_transform(x_hat[0]),
decimals=1))
np.set_printoptions(suppress=False)
```

这个例子关注的是训练集中的第一个数据点,即 x_train[0] ——在上面一行,它
的重构数据在下面一行。通过仔细检查就会发现两者之间存在一些差异,然而,就 MSE 而
言,这些差异可能相对较小。

这里需要指出的另外一个要点是,需要将数据的规模调整到与其在原始输入空间的规模
一致,因为该数据在用于训练模型之前就被适当地缩小了。幸运的是,StandardScaler()
类有一个 inverse_transform() 方法,可以帮助将任何重构数据映射回输入空间中每
个维度的取值范围。

为了能够随心所欲地生成更多的虚拟数据,可以定义一个方法来实现数据重构功能。
下面的方法可以在 [-2, +2] 范围内均匀地产生随机噪声,这来自对图 9.5 的观察,图 9.5
给出的潜在空间数据在这个范围内取值:

```
def generate_samples(N = 10, latent_dim = 2):
    noise = np.random.uniform(-2.0, 2.0, (N,latent_dim))
    gen = decoder.predict(noise)
    return gen
```

该函数需要根据数据在潜在空间中的取值范围进行调整,此外,还可以通过查看潜在
空间中的数据分布进行调整。例如,如果潜在空间中的数据服从正态分布,那么就可以这
样使用正态分布: noise = np.random.normal(0.0, 1.0, (N,latent_dim)),
这里假设均值为 0 和方差为 1。

我们可以使用下列函数调用来生成虚拟数据,方法如下:

```
gen = generate_samples(10, latent_dim)
print(np.around(scaler.inverse_transform(gen), decimals=1))
```

输出结果如下:

```
[[ 43.0  0.7  2.7  122.2  223.8  0.0  0.4  172.2  0.0  0.3  1.2  0.1  3.6]
 [ 57.4  0.9  3.9  133.1  247.6  0.1  1.2  129.0  0.8  2.1  2.0  1.2  6.4]
 [ 60.8  0.7  3.5  142.5  265.7  0.3  1.4  136.4  0.5  1.9  2.0  1.4  5.6]
 [ 59.3  0.6  3.2  137.2  261.4  0.2  1.2  146.2  0.3  1.2  1.7  0.9  4.7]
```

```
[ 51.5  0.9  3.2  125.1  229.9  0.1  0.7  149.5  0.4  0.9  1.6  0.4  5.1]
[ 60.5  0.5  3.2  139.9  268.4  0.3  1.3  146.1  0.3  1.2  1.7  1.0  4.7]
[ 48.6  0.5  2.6  126.8  243.6  0.1  0.7  167.3  0.0  0.2  1.1  0.1  3.0]
[ 43.7  0.8  2.9  121.2  219.7  0.0  0.5  163.8  0.1  0.5  1.4  0.1  4.4]
[ 54.0  0.3  2.5  135.1  264.2  0.2  1.0  163.4  0.3  1.1  0.3  2.7]
[ 52.5  1.0  3.6  123.3  227.8  0.0  0.8  137.7  0.7  1.6  1.8  0.6  6.2]]
```

回想一下，这个数据是由随机噪声产生的。可以看出这是深度学习领域的一个重大突破。可以使用这些数据来扩展你的数据集，并生成任意数量的样本。可以查看所生成的样本数据的质量，自己决定质量是否足够好，能否达到预期目的。

既然你我可能都不是专门研究心脏病的医生，可能没有资格确定生成的数据是否合理，但如果我们做对了，那么这些数据通常是有意义的。为了说明这一点，下一节将使用MNIST图像来证明生成的样本数据是好的，因为我们都可以对数字图像进行比较直观的视觉评估。

9.3　深度和浅层 VAE 在 MNIST 上的性能比较

比较浅层模型和深度模型是寻找最佳模型的尝试过程一部分。对于这里的MNIST图像的对比实验，我们将使用如图9.6所示的架构作为浅层模型，使用如图9.7所示架构的作为深度模型。

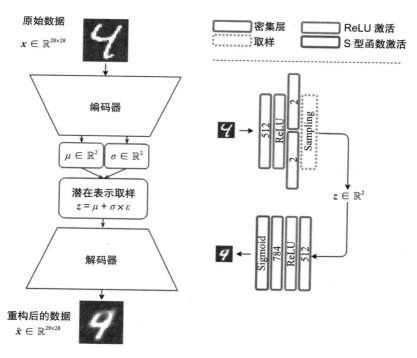

图 9.6　面向 MNIST 的 VAE 浅层架构

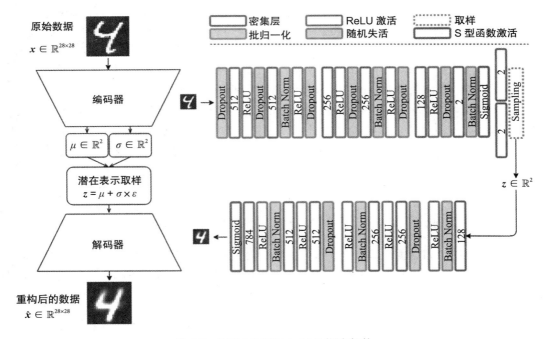

正如你所看到的，这两种模型在模型的层数方面具有本质上的差异。因此，它们的重构质量会有所不同。

图 9.7　面向 MNIST 上 VAE 深度架构

我们将使用较少的历元数训练浅层 VAE 模型，而使用较大的历元数训练深度 VAE 模型。

用于重构浅层编码器编码数据的相关代码，可以轻易地从前述处理克利夫兰心脏病数据集的例子中导出，深层 VAE 模型的代码将在更后的小节中进行详细讨论。

9.3.1　浅层 VAE 模型

首先，比较这两种 VAE 模型学习到的数据表示。图 9.8 给出了训练集在浅层 VAE 模型潜在空间的投影。

从图 9.8 中，可以看到从中心坐标向外扩散的数据点簇。我们希望看到的是定义良好的数据聚簇，例如，在理想情况下，这些聚簇之间能够具有足够大的分离间隔，以便对它们进行分类。此时，我们看到某些群体之间有一些重叠，特别是 4 号和 9 号，这很有意思。

接下来需要研究的是模型的重构能力。图 9.9 表示的是 VAE 模型的输入样本，图 9.10 是经过训练后的浅层 VAE 模型给出的对输入样本的重构效果。

对于浅层模型的期望是，其执行方式与模型的大小直接相关。

显然，数字 2 和数字 8 的重构似乎存在一些问题，这可以通过观察图 9.8 中这两个数字之间存在大量重叠的事实进行证实。

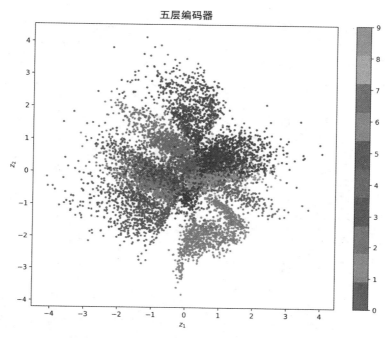

图 9.8　训练数据集在浅层 VAE 潜在空间的投影

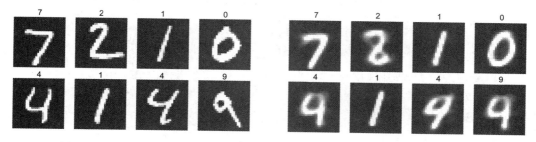

图 9.9　VAE 的输入样本　　　　图 9.10　对图 9.9 中输入数据进行浅层重构的效果

　　如果我们能够从潜在空间域中抽取出数字，那么就可以对由 VAE 模型产生的数据进行可视化展示。这是对两种 VAE 模型进行比较的另外一种方式。图 9.11 给出了潜在空间中的数据在两个维度上的变化。

　　图 9.11 中展示的潜在空间数据特别有趣，可以观察到潜在空间中的某个数字是如何逐步转变成为另外一个数字的具体过程。如果沿着竖直中间线从上往下的方向观察，就可以发现数字 0 逐步变到数字 6，然后变到数字 2，变到数字 8，最后变到数字 1 的具体过程。也可以沿着对角线方向或其他某个方向来做同样的观察。这种类型的可视化展示，还允许看到一些在训练数据集中看不到的人为产生的效果，如果不是小心翼翼地处理数据生成过

程，这些人为产生的效果就有可能产生一些潜在的问题。

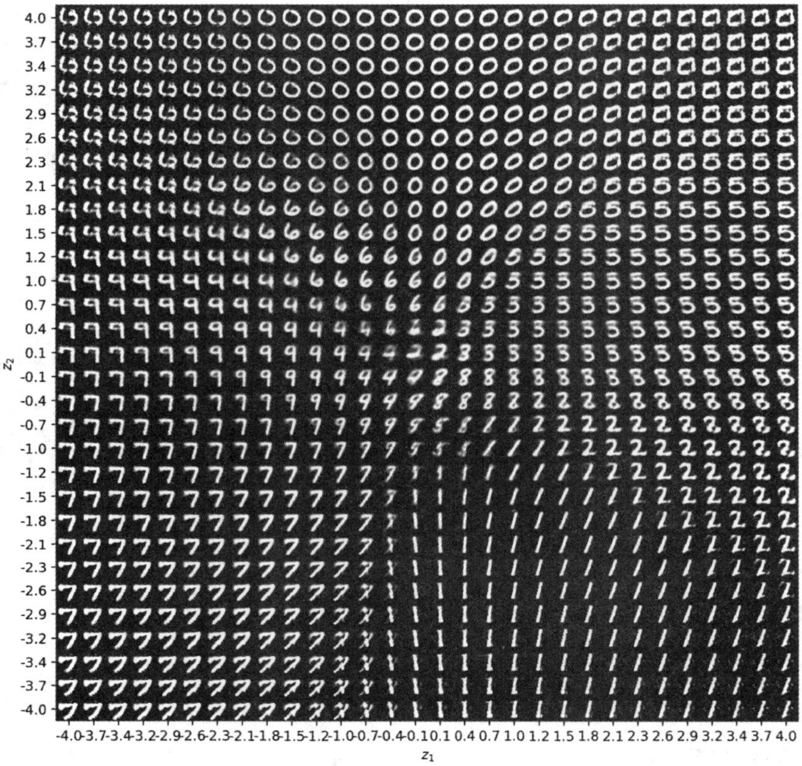

图 9.11　浅层 VAE 的 [−4,4] 范围潜在空间的二维展示

为了解深度模型是否比浅层模型更好，将在下一节实现深度 VAE 模型。

9.3.2　深度 VAE 模型

图 9.7 描述了可以分模块实现的深度 VAE 架构——首先是编码器，然后是解码器。

1. 编码器

可以使用下列函数范式实现编码器：

```
from tensorflow.keras.layers import Lambda, Input, Dense, Dropout
from tensorflow.keras.layers import Activation, BatchNormalization
from tensorflow.keras.models import Model

inpt_dim = 28*28
ltnt_dim = 2

inpt_vec = Input(shape=(inpt_dim,))
```

这里，inpt_dim 对应于 28 × 28 MNIST 图像的 784 维。接着，有以下内容：

```
el1 = Dropout(0.1)(inpt_vec)
el2 = Dense(512)(el1)
el3 = Activation('relu')(el2)
el4 = Dropout(0.1)(el3)
el5 = Dense(512)(el4)
el6 = BatchNormalization()(el5)
el7 = Activation('relu')(el6)
el8 = Dropout(0.1)(el7)

el9 = Dense(256)(el8)
el10 = Activation('relu')(el9)
el11 = Dropout(0.1)(el10)
el12 = Dense(256)(el11)
el13 = BatchNormalization()(el12)
el14 = Activation('relu')(el13)
el15 = Dropout(0.1)(el14)

el16 = Dense(128)(el15)
el17 = Activation('relu')(el16)
el18 = Dropout(0.1)(el17)
el19 = Dense(ltnt_dim)(el18)
el20 = BatchNormalization()(el19)
el21 = Activation('sigmoid')(el20)

z_mean = Dense(ltnt_dim)(el21)
z_log_var = Dense(ltnt_dim)(el21)
z = Lambda(sampling)([z_mean, z_log_var])
encoder = Model(inpt_vec, [z_mean, z_log_var, z])
```

请注意，编码器模型在随机失活层使用的随机失活率为10%。其余的网络层都是以前见过的，包括批归一化。这里唯一的新东西是 Lambda 函数，它与本章前面定义的完全一致。

接下来，我们定义解码器。

2. 解码器

解码器比编码器要少几层。使用这种方式确定网络层数只是为了表明，对于编码器和解码器来说，只要它们的密集层数量大致相等即可，其他的一些网络层可以作为实验的一部分被省略，以寻求模型性能的提升。

解码器的设计如下：

```
ltnt_vec = Input(shape=(ltnt_dim,))
dl1 = Dense(128)(ltnt_vec)
dl2 = BatchNormalization()(dl1)
dl3 = Activation('relu')(dl2)

dl4 = Dropout(0.1)(dl3)
dl5 = Dense(256)(dl4)
dl6 = Activation('relu')(dl5)
dl7 = Dense(256)(dl6)
dl8 = BatchNormalization()(dl7)
dl9 = Activation('relu')(dl8)

dl10 = Dropout(0.1)(dl9)
```

```
dl11 = Dense(512)(dl10)
dl12 = Activation('relu')(dl11)
dl13 = Dense(512)(dl12)
dl14 = BatchNormalization()(dl13)
dl15 = Activation('relu')(dl14)
dl16 = Dense(inpt_dim, activation='sigmoid') (dl15)

decoder = Model(ltnt_vec, dl16)
```

再说一遍，这里没有使用以前没学过的新内容。它由一层又一层神经元组成。然后，可以把所有这些内容放在模型中，如下所示：

```
outputs = decoder(encoder(inpt_vec)[2])
vae = Model(inpt_vec, outputs)
```

这就对了！在此之后，我们可以编译模型，选择优化器，并且按照与前面完全相同的方式实现对模型的训练。

如果想要将深度 VAE 模型的潜在空间进行可视化的形象展示，以便与图 9.8 进行比较，那么可以查看如图 9.12 所示的潜在空间。

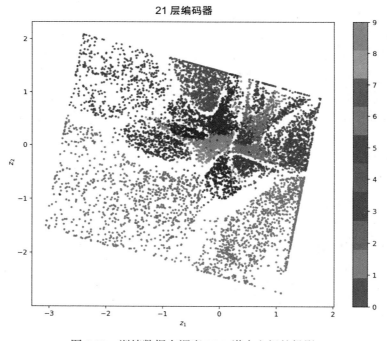

图 9.12　训练数据在深度 VAE 潜在空间的投影

正如所看到的那样，潜在空间的几何形状看起来与之前的有所不同。这很可能是激活函数为各种特定流形界定潜在空间区域所产生的影响。这里可以观察到的一件十分有趣的事情，就是潜在空间中即使存在一些数据重叠区域——例如数字 9 和 4 对应的区域，也能够实现对样本组较好的分离效果。不过，与图 9.8 所示的数据相比，这里的重叠程度没有那么严重。

图 9.13 给出了对图 9.9 所示的输入数据进行重构的效果，这里使用的是深度 VAE 模型。

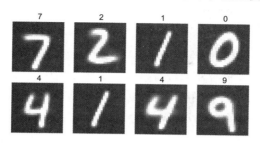

图 9.13　使用深度 VAE 模型对图 9.9 中输入数据的重构效果，与图 9.10 比较

显然，与浅层 VAE 模型相比，这里的深度 VAE 模型具有更好的重构效果和健壮性。为了更清楚地说明这一点，还可以通过对潜在空间的遍历，在与潜在空间相同的范围内产生随机噪声来考察生成器的健壮性，如图 9.14 所示。

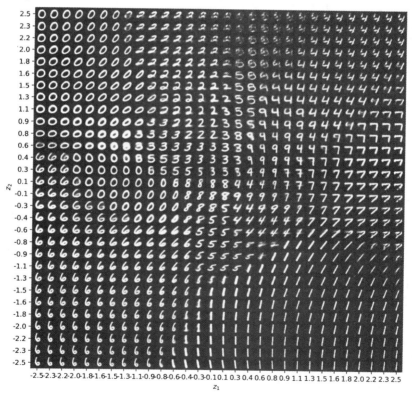

图 9.14　深度 VAE 的 [−4,4] 范围潜在空间的二维展示，与图 9.11 比较

从直观上看，深度 VAE 模型的潜在空间包含的信息似乎更加丰富，也更加有趣。如果

选择沿着最右边的直线从下到上观察空间，就可以发现数字 1 变成了 7，然后变成了 4，与之前浅层 VAE 模型的潜在空间相比数字形状的每次变化的幅度较小，更为舒缓。

9.3.3 VAE 模型去噪

众所周知，VAE 模型已经在图像去噪领域得到了很好的应用（Im, D.I.J, et al.，2017）。VAE 模型的这种去噪特性是通过模型训练过程的某个步骤中注入噪声的方式实现的。要想了解更多的相关内容，可以在网上搜索去噪 VAE 模型，寻找特定主题的资源。我们只是想让你知道存在这些资源，如果需要这些资源的话。

9.4 生成模型的伦理意蕴

生成模型是当前深度学习领域最令人兴奋的一个课题。然而，能力越大，责任也就越大。我们可以借助生成模型的能力做很多好事，例如：

❏ 扩展数据集，使其更加完善
❏ 使用不可见数据训练模型，使得模型更加稳定
❏ 寻找具有对抗性的样本来重新训练模型，使得模型更具有鲁棒性
❏ 创造与另外事物相似的新图像，比如艺术品或交通工具图像
❏ 创造新的声音序列，听起来像另外的声音，如人说话或鸟唱歌
❏ 为加密数据生成新的安全码

我们可以在能够想象的范围内继续构思模型所能完成的任务。然而，必须始终记住，如果建模不当，这些生成模型可能会产生很多问题，例如偏差，可以导致模型出现可信度问题。很容易使用这些模型来生成一个假的音频序列，生成人们并没有真正说出来的话。或者产生一些并没有真正发生过的面部表情图像，或者产生身体与脸不属于同一个人的图像。

一些最著名的不法行为包括深度伪造，不值得花时间去完成这样的事情，但我只想说，生成模型不应该被用于恶意目的。很快，国际法就会建立起来，以惩罚那些通过恶意生成模型来犯罪的人。

但是，在制定国际法律和各国采取新政策之前，必须在设计生成模型的时候遵循最佳实践：

❏ 用最常见的偏见类型来测试模型：历史的，社会的，算法的，等等（Mehrabi, N., et al.，2019）
❏ 使用合理的训练集和测试集训练模型
❏ 注意数据预处理技术，详见第 3 章
❏ 确保模型产生的结果总是尊重所有人的尊严和价值
❏ 让同行验证模型架构

请记住上述这些，继续使用正在使用的新工具——VAE，并尽可能地负责任和富有创造性吧。

9.5　小结

作为高级内容，本章展示了一种简单且有趣的模型，这种模型可以使用关于自编码器的相关配置信息从学习到的概率分布中生成数据，并且根据变分贝叶斯原理导出了相应的 VAE 模型。我们考察了这种模型的各个组成部分，并结合了来自克利夫兰数据集的输入数据进行介绍。然后，从学习到的含参数概率分布中生成数据，表明 VAE 模型可以很容易地用于完成这种目标。为了验证 VAE 模型在浅层和深度配置上的健壮性差异，我们在 MNIST 数据集上分别实现了这两种模型。实验结果表明，与浅层架构的模糊分组不同，深层架构产生了定义良好的数据分布区域，然而，浅层模型和深度模型都特别适合完成表示学习的任务。

至此，你应该能够自信地识别出 VAE 模型的各个组成部分，并且能够区分传统自编码器和 VAE 模型在设计动机、体系结构和模型功能等方面的主要区别。你应该十分欣赏 VAE 的数据生成能力，并做好实施数据生成相关项目的准备。阅读本章之后，应该能够编写基本和深入的 VAE 模型，并能够使用这些模型进行对数据的降维和可视化处理，以及完成数据生成的相关任务，同时也要注意潜在的风险。最后，现在应该熟悉 Lambda 函数在 TensorFlow 和 Keras 中的一般用法。

到目前为止，如果喜欢学习无监督模型的相关知识，那么就请跟着我继续学习第 10 章，将介绍一个比较独特的模型，它根植于所谓的图形模型。图形模型混合使用图论与学习理论来完成机器学习任务。受限玻尔兹曼机的一个有趣的方面在于，该算法在学习过程中可以向前和向后学习，从而满足某种连接方面的约束。请继续学习！

9.6　习题与答案

1. **如何从随机噪声中生成数据？**

答：由于 VAE 学习了含参数随机分布的参数，因此可以通过简单地使用这些参数从这种概率分布中采样。由于随机噪声通常服从具有一定参数的正态分布，因此也可以说是在随机噪声进行采样。这样做的好处在于，解码器知道如何处理遵循特定分布的噪声。

2. **更深的 VAE 有什么优势？**

答：在没有数据或不了解具体应用场合的情况下，很难说它有什么优势（如果有优势的话）。例如，对于克利夫兰心脏病数据集，就可能没有必要使用深度 VAE，然而，对于 MNIST 或 CIFAR 数据集而言，具有中等规模的 VAE 模型会比较适合。更深的 VAE 模型是否有优势，需要视具体情况而定。

3. **是否有办法对损失函数进行更改？**

答：当然可以改变损失函数，但是要注意不违背它的构造原理。假设在一年后，我们找到了一个更简单的最小化负对数似然函数的方法，那么也可以（也应该）回过头来，采用新的想法来设计损失函数。

9.7 参考文献

- Kingma, D. P., & Welling, M. (2013). Auto-encoding variational Bayes. *arXiv preprint* arXiv:1312.6114.
- Salakhutdinov, R., Mnih, A., & Hinton, G. (2007, June). Restricted Boltzmann machines for collaborative filtering. In *Proceedings of the 24th International Conference on Machine Learning* (pp. 791-798).
- Goodfellow, I., Pouget-Abadie, J., Mirza, M., Xu, B., Warde-Farley, D., Ozair, S., Courville, A. and Bengio, Y. (2014). Generative adversarial nets. In *Advances in Neural Information Processing Systems* (pp. 2672-2680).
- Zhang, Y., Chuangsuwanich, E., & Glass, J. (2014, May). Extracting deep neural network bottleneck features using low-rank matrix factorization. In *2014 IEEE International Conference on Acoustics, Speech and Signal Processing (ICASSP)* (pp. 185-189). IEEE.
- Kingma, D. P., & Ba, J. (2014). Adam: A method for stochastic optimization. *arXiv preprint* arXiv:1412.6980.
- Mehrabi, N., Morstatter, F., Saxena, N., Lerman, K., & Galstyan, A. (2019). A survey on bias and fairness in machine learning. *arXiv preprint* arXiv:1908.09635.
- Im, D. I. J., Ahn, S., Memisevic, R., & Bengio, Y. (2017, February). Denoising criterion for variational auto-encoding framework. In *Thirty-First AAAI Conference on Artificial Intelligence*.

第 10 章 Chapter 10

受限玻尔兹曼机

我们一起共同见证了无监督学习的力量，并希望说服自己确信可以将无监督学习方法用于解决多种不同类型的问题。我们将使用一种名为受限玻尔兹曼机（RBM）的激动人心的方法来结束无监督学习主题的介绍。当我们不关心模型中存在大量的网络层时，就可以使用 RBM 模型从数据中学习，并找到满足能量函数最小化的方法，该能量函数将产生一个可以对输入数据进行表示而且具有较好健壮性的模型。

本章对第 8 章中的内容进行了补充，介绍了 RBM 的前向 – 反向传播特性，并与自编码器（AE）的仅前向传播特性进行对比。本章以 MNIST 数据集为例，比较了 RBM 模型和 AE 模型在降维问题中的应用。当你学完了本章的内容，就应该能够通过 scikit-learn 机器学习库使用 RBM 模型，并通过伯努利 RBM 模型实现一个解决方案。你将能够以可视化的方式分析比较 RBM 模型和 AE 模型的潜在空间，并且可以将学习到的权重进行可视化的表示，以便更加直观地考察 RBM 模型和 AE 模型的内部工作方式。

本章主要内容如下：
- ❏ RBM 模型简介
- ❏ 使用 RBM 学习数据表示
- ❏ RBM 和 AE 的比较分析

10.1 RBM 模型简介

RBM 是一种无监督模型，可以应用于多个不同的需要丰富潜在表示的场合。这些模型通常与分类模型一起协同工作，负责完成从数据中提取特征的任务。它们是基于对接下来将讨论的玻尔兹曼机（BM）(Hinton, G. E., and Sejnowski, T. J., 1983）的改进而建立起来的模型。

10.1.1　BM 模型

BM 可以将 BM 模型看成是一个无向的稠密图，如图 10.1 所示。

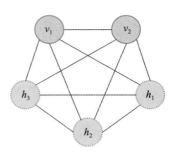

这种无向图中有一些神经单元是可见的，即 $\{v_1, v_2\}$，另外一些神经元则是隐藏的，即 $\{h_1, h_2, h_3\}$。当然，可能不止这些。这个模型的要点是，所有的神经元之间都是互连的：它们之间彼此沟通。在这里不涉及对整个模型进行训练，但本质上是一个迭代过程，输入在可见层中展示，每个神经元（一次一个）调整它与其他神经元之间的连接关系，以满足损失函数（通常基于能量的函数）最小化，不断重复该过程，直到学习过程满足某个条件为止。

图 10.1　BM 模型

虽然 RB 模型非常有趣而且功能强大，但它需要很长时间进行训练！考虑到那是在 20 世纪 80 年代的早期，在更大的图和更大的数据集上执行训练算法可能会对训练时间产生重大的影响。然而，G. E. Hinton 和他的合作者在 1983 年提出了一种简化 BM 模型的方法，即对神经元之间的通信方式进行适当的限制，将在下一小节中对这个问题展开讨论。

10.1.2　RBM 模型

可以*限制*传统 BM 模型神经元之间的通信方式，即要求可见神经元只能与隐藏神经元对话，并且隐藏神经元也只能与可见神经元对话，如图 10.2 所示。

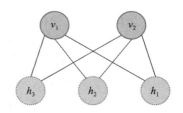

图 10.2 所示的图称为**紧密二分图**。也许你认为这个模型看起来很像前面使用的典型密集神经网络，然而，它们之间并不完全相同。两者之间的主要区别在于，前面使用的所有神经网络模型只将信息从输入（可见）层传递到隐藏层，RBM 模型则可以进行双向的信息传递！模型中的其他要素是熟悉的内容：需要学习的权重和偏置。

图 10.2　RBM 模型。与图 10.1 中的 BM 模型做比较

如果需要进一步考察图 10.2 所示的简单模型，那么就需要使用更加简洁的术语解释 RBM 背后的学习理论。

让我们把每一个神经单元解释为一个随机变量，它的当前状态依赖于其他神经单元的状态。

ⓘ 这种解释允许使用与马尔可夫链蒙特卡洛方法（Markov Chain Monte Carlo,

MCMC）相关的抽样技术（Brooks, S, et al., 2011），然而，我们不会在本书中对这些问题展开详细的讨论。

为了能够使用这个解释，可以为模型定义如下能量函数：

$$E(v,h) = -\sum_{i=1}^{2}\sum_{j=1}^{3} w_{ij}v_i h_j - \sum_{i=1}^{2} b_j^{(v)}v_i - \sum_{j=1}^{3} b_j^{(h)}h_j$$

其中 $b^{(v)}$ 和 $b^{(h)}$ 分别表示可见神经元和隐藏神经元上的偏置。事实上，还可以将隐藏神经元的联合概率密度函数表示为：

$$P(v,h) = \frac{e^{-E(v,h)}}{Z}$$

它有一个简单的边际概率分布：

$$P(v) = \sum_h P(v,h) \equiv \frac{\sum_h e^{-E(v,h)}}{Z}$$

上述概率密度公式中的分母称为归一化因子，其作用仅仅是为了保证所有的概率值之和为 1，可将其定义为：

$$Z = \sum_{v,h} e^{-E(v,h)}$$

这些公式能够使我们快速找到用于训练的 MCMC 技术，最值得注意的是相关的文献中发现，有关吉布斯抽样的对比散度法是其中最常见的一种方法（Tieleman, T., 2008）。

目前，只有少量的 RBM 模型实现的资源可供初学者使用，其中一个资源是可以在 scikit-learn 代码库中找到的伯努利 RBM 模型的实现代码，下面我们就来讨论伯努利 RBM 模型。

10.1.3 伯努利 RBM

广义 RBM 模型对所使用的数据不做任何假设，伯努利 RBM 则需要假设输入数据在 [0,1] 范围内取值，可以将这些取值解释为概率值。在理想情况下，可以假设这些值取自集合 {0,1}，这与伯努利试验密切相关。如果感兴趣，还有可以使用其他的一些方法假设输入值服从高斯分布。可以通过阅读 Yamashita, T., et al.（2014）的文献找到更多的相关内容。

只有一些特定的数据集可以用于这种类型的 RBM 模型，MNIST 就是可以将样本数据解释为二进制输入的数据集，其中表示没有数字信息的像素数据为 0，包含数字信息的像素数据为 1。在 scikit-learn 代码库中，可以在神经网络的集合 `sklearn.neural_network` 中找到 `BernoulliRBM` 模型。

假设输入的样本数据服从伯努利分布，这种 RBM 模型使用一种名为**持续对比散度**（Persistent Coutrastive Divergence，PCD）的方法实现对数似然函数的近似优化（Tieleman,

T., and Hinton, G., 2009）。实验结果表明，PCD 算法比当时的任何其他优化算法都要快得多，这引发了很多相关的讨论，但与密集网络相比，**反向传播**算法的普及很快就掩盖了这些。

下一节将在 MNIST 数据集上实现一个伯努利 RBM 模型，学习关于该数据集的数据表示。

10.2 使用 RBM 学习数据表示

现在已经了解 RBM 模型背后的基本思想，我们将使用 BernoulliRBM 模型通过一种无监督的方式学习数据的表示。与前面一样，将使用 MNIST 数据集来实现这个目标，以便进行比较。

> 一些人认为，可以将**表示学习**的任务理解为某种**特征工程**。后面这个术语具有可解释性的成分，而前者并不要求一定要确定学习到的数据表示具有某种特定的含义。

scikit-learn 代码库中可以通过调用下列指令来创建 RBM 实例：

```
from sklearn.neural_network import BernoulliRBM
rbm = BernoulliRBM()
```

RBM 构造函数的默认参数如下：

- n_components=256，隐藏神经元 h_i 的个数，可见神经元 v_i 的个数则是从输入数据的维数推断出来的
- learning_rate=0.1，用于控制学习算法对参数更新的强度，建议使用集合 {1,0.1,0.01,0.001} 中的值来探索这个参数的取值
- batch_size=10，用于控制批学习算法中每个批次使用样本的数量
- n_iter=10，用于控制停止学习算法之前运行的最大迭代次数。从本质上看，学习算法可以运行任意多次迭代计算，然而，该算法通常经过几次迭代就可以找到比较好的解决方案

我们只把默认的组件数量更改为 100。由于 MNIST 数据集中数据的原始维数是 784（因为是 28×28 像素的图像），拥有 100 维似乎不是一个坏主意。

为了使用加载到 x_train 中的 MNIST 训练数据来训练含有 100 个组件的 RBM，可以输入下列代码：

```
from sklearn.neural_network import BernoulliRBM
from tensorflow.keras.datasets import mnist
import numpy as np

(x_train, y_train), (x_test, y_test) = mnist.load_data()

image_size = x_train.shape[1]
original_dim = image_size * image_size
x_train = np.reshape(x_train, [-1, original_dim])
```

```
x_test = np.reshape(x_test, [-1, original_dim])
x_train = x_train.astype('float32') / 255
x_test = x_test.astype('float32') / 255

rbm = BernoulliRBM(verbose=True)

rbm.n_components = 100
rbm.fit(x_train)
```

输出结果如下：

```
[BernoulliRBM] Iteration 1, pseudo-likelihood = -104.67, time = 12.84s
[BernoulliRBM] Iteration 2, pseudo-likelihood = -102.20, time = 13.70s
[BernoulliRBM] Iteration 3, pseudo-likelihood = -97.95, time = 13.99s
[BernoulliRBM] Iteration 4, pseudo-likelihood = -99.79, time = 13.86s
[BernoulliRBM] Iteration 5, pseudo-likelihood = -96.06, time = 14.03s
[BernoulliRBM] Iteration 6, pseudo-likelihood = -97.08, time = 14.06s
[BernoulliRBM] Iteration 7, pseudo-likelihood = -95.78, time = 14.02s
[BernoulliRBM] Iteration 8, pseudo-likelihood = -99.94, time = 13.92s
[BernoulliRBM] Iteration 9, pseudo-likelihood = -93.65, time = 14.10s
[BernoulliRBM] Iteration 10, pseudo-likelihood = -96.97, time = 14.02s
```

可以通过调用 transform() 方法学习获得如下 MNIST 测试数据 x_test 的表示形式：

```
r = rbm.transform(x_test)
```

在本例中，输入数据有 784 个维度，但是 r 变量有 100 个维度。为了能够在 RBM 生成的潜在空间中给出测试集的可视化表示形式，我们可以像之前那样使用 UMAP，获得如图 10.3 所示的二维图示。

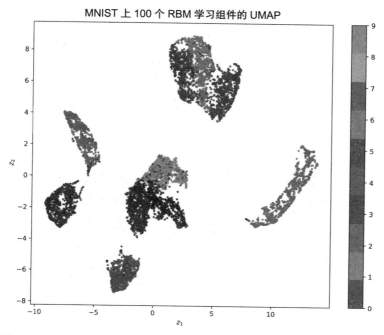

图 10.3　MNIST 测试数据在 RBM 潜在空间中的 UMAP 二维可视化表示

使用 UMAP 获得 RBM 潜在空间上述二维图示的完整代码如下：

```
import matplotlib.pyplot as plt
import umap

y_ = list(map(int, y_test))
X_ = rbm.transform(x_test)

X_ = umap.UMAP().fit_transform(X_)

plt.figure(figsize=(10,8))
plt.title('UMAP of 100 RBM Learned Components on MNIST')
plt.scatter(X_[:,0], X_[:,1], s=5.0, c=y_, alpha=0.75, cmap='tab10')
plt.xlabel('$z_1$')
plt.ylabel('$z_2$')
plt.colorbar()
```

将图 10.3 与前几章所示的表示形式进行比较。可以看出图中的数据分布具有明显的类别分化和聚类现象，同时类别之间也存在一些比较轻微的重叠。例如，数字 3 和 8 之间有一些重叠，这是意料之中的事情，因为这些数字看起来就很像。这幅图还表明 RBM 模型具有很好的泛化性能，因为图 10.3 中的数据来自模型不可见的数据。

我们可以进一步考察 RBM 模型学到的权重（或分量），也就是说，可以检索与可见层相关的权重，代码如下：

```
v = rbm.components_
```

在这种情况下，变量 v 是一个用于描述学习到的权值的 784 × 100 矩阵。可以可视化每一个神经元，并且重建与这些神经元相关的权重，如图 10.4 所示。

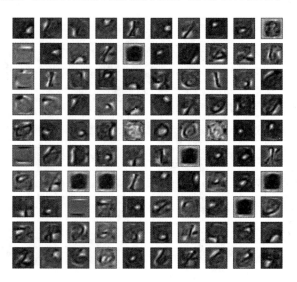

图 10.4　RBM 的学习权重

对图 10.4 进行仔细观察，就不难发现一些权重关注对角线特征、圆形特征，或者一般来说与特定数字相关的特征和边的特征。例如，底部一行的特征似乎与数字 2 和 6 有关。

图 10.4 给出的权重可用于将输入空间转换为更加丰富的表示形式，可以将这些表示用于此任务后期的分类环节。

为了满足对这部分学习内容的好奇心，也可以使用 gibbs() 方法通过对网络进行抽样的方式来研究 RBM 模型及其状态。这就意味着，当我们将输入呈现给可见层的时候，就可以看到发生了什么情况，接下来隐藏层进行了什么样的响应，然后再次将这些响应作为模型的输入并重复，观察模型的刺激响应如何产生变化的。例如，可以运行下列代码：

```
import matplotlib.pyplot as plt
plt.figure()
cnt = 1
for i in range(10):     #we look into the first ten digits of test set
  x = x_test[i]
  for j in range(10):   #we project and reuse as input ten times
    plt.subplot(10, 10, cnt)
    plt.imshow(x.reshape((28, 28)), cmap='gray')
    x = rbm.gibbs(x)    #here use current as input and use as input again
    cnt += 1
plt.show()
```

可以生成如图 10.5 所示的图像。

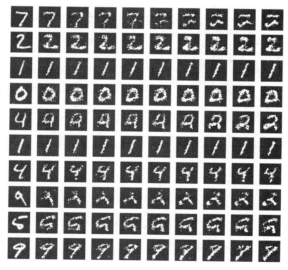

图 10.5　基于 MNIST 的 RBM 模型吉布斯采样

图 10.5 中第一列表示输入数据，其余 10 列是连续的采样调用。显然，当输入数据在 RBM 模型中来回传播时，会产生一些轻微的变形。如对应数字 4 的第 5 行。我们可以观察输入数据是如何进行变形的，直到它看起来很像数字 2 为止。除非在第一次采样调用时就观察到剧烈的变形，否则这种信息对学习到的特征没有直接的影响。

下一节将 RBM 模型与 AE 模型进行比较。

10.3 比较 RBM 和 AE

现在我们已经学习了 RBM 模型的工作原理，接下来将它与 AE 模型进行比较。为了进行公平的比较，可以允许 AE 模型具有与 RBM 模型最接近的配置，也就是说，让这两种模型拥有相同数量的隐藏单元（编码层中的神经元）和相同数量的可见层（解码器层）的神经元，如图 10.6 所示。

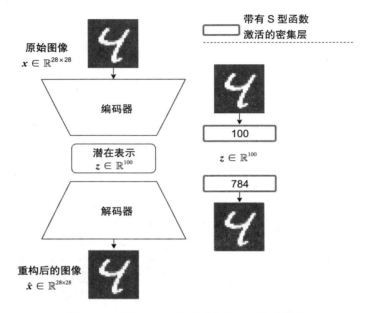

图 10.6　可与 RBM 模型对比的 AE 模型配置

可以使用第 7 章中介绍的工具实现对 AE 模型的建模和训练，相关代码如下：

```
from tensorflow.keras.layers import Input, Dense
from tensorflow.keras.models import Model

inpt_dim = 28*28      # 784 dimensions
ltnt_dim = 100        # 100 components

inpt_vec = Input(shape=(inpt_dim,))
encoder = Dense(ltnt_dim, activation='sigmoid') (inpt_vec)
latent_ncdr = Model(inpt_vec, encoder)
decoder = Dense(inpt_dim, activation='sigmoid') (encoder)
autoencoder = Model(inpt_vec, decoder)
autoencoder.compile(loss='binary_crossentropy', optimizer='adam')
autoencoder.fit(x_train, x_train, epochs=200, batch_size=1000)
```

这里除了使用两个足够大的密集层进行训练来提供漂亮的数据表示形式之外，没有什么其他的新内容。图 10.7 给出了 AE 模型学习到的数据表示在测试集上的 UMAP 可视化展示。

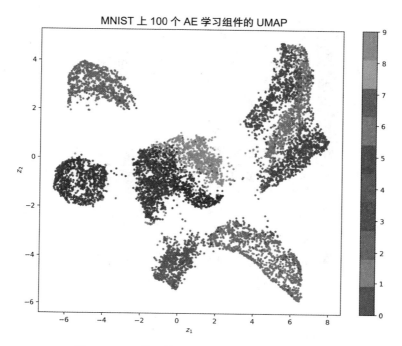

图 10.7 AE 模型数据表示的 UMAP 可视化展示

可以使用下列代码生成图 10.7：

```
import matplotlib.pyplot as plt
import umap

y_ = list(map(int, y_test))
X_ = latent_ncdr.predict(x_test)

X_ = umap.UMAP().fit_transform(X_)

plt.figure(figsize=(10,8))
plt.title('UMAP of 100 AE Learned Components on MNIST')
plt.scatter(X_[:,0], X_[:,1], s=5.0, c=y_, alpha=0.75, cmap='tab10')
plt.xlabel('$z_1$')
plt.ylabel('$z_2$')
plt.colorbar()
```

从图 10.7 中，可以看到数据很好地聚集在一起，虽然簇之间的距离比图 10.3 更加近，但是簇之间似乎具有更好分隔性能。类似于 RBM，可以把学到的权重进行可视化表示。

`tensorflow.keras` 中的每个 `Model` 对象都有一个名为 `get_weights()` 的方法，可以使用这个方法检索到每个层的所有权重的列表。运行下列代码：

```
latent_ncdr.get_weights()[0]
```

这使得我们可以访问第一层的权重，并以可视化 RBM 权重相同的方式实现它们的可视化展示。图 10.8 给出了学习到权重的可视化表示。

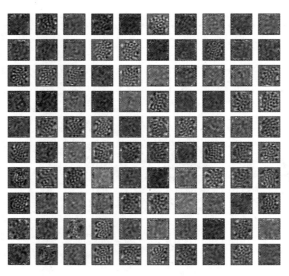

图 10.8　AE 模型权重的可视化表示

　　与图 10.4 所示的 RBM 权重相比，图 10.8 所示的 AE 模型权重没有明显的数字特征。这里的特征似乎是面向纹理和边缘的非常独特的区域。这一点非常有趣，因为它表明，本质上不同的模型将产生本质上不同的潜在空间。

💡 如果 RBM 模型和 AE 模型都产生了有趣的潜在空间，那么想象一下，如果在深度学习项目中使用这些潜在空间，可以实现什么样的效果！可以试一试！

　　最后，为了证明 AE 模型在建模过程中实现了对样本数据高质量的重构，可以观察图 10.9 给出的数据重构效果。

　　使用 100 个组件重构 AE 模型看起来具有很高的数据质量，如图 10.9 所示。然而，对于 RBM 模型而言，这是不可能的，因为其目的不一定是完成对数据的重构，正如我们在本章中所解释的那样。

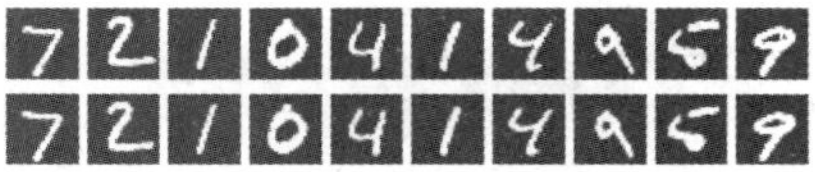

图 10.9　AE 模型的输入数据（上面一行）和重构数据（下面一行）

10.4　小结

　　本章的知识内容具有中级水平，主要是向你展示了 RBM 工作原理及其应用背后的基本理论。我们特别关注了伯努利 RBM 模型，它对可能遵循伯努利分布的输入数据进行操作，以实现快速学习和高效计算。使用 MNIST 数据集来展示学习到的 RBM 表示是多么有趣，还将学习到的权重进行可视化展示。将 RBM 模型与一个非常简单的 AE 模型进行比较，得出结论：在本质上不同的两种模型都可以学习到各自不同的高质量潜在空间。

此时，你应该能够实现自己的 RBM 模型，并将学习到的模型权重进行可视化表示，通过对输入数据进行投影（转换）并查看隐藏层投影的方式来考察模型学习到的潜在空间。你应该对在大型数据集（如 MNIST）上使用 RBM 模型感到自信，甚至可以与 AE 模型进行比较。

下一章关于监督深度学习的一组新章节的开始。第 11 章将带领我们展开一系列关于监督深度学习的令人兴奋和全新的主题。第 11 章将介绍监督学习场合深度与广度神经网络在模型性能和复杂度上的差异。将从神经元连接的视角引入密集网络和稀疏网络的概念。可别错过了！

10.5　习题与答案

1. 为什么我们不能使用 RBM 模型执行数据重构任务？

    答：RBM 模型与 AE 模型有着本质上的差异。RBM 模型的目标是优化能量函数，AE 模型的目标则是优化数据重构函数。因此，我们不能使用 RBM 模型进行数据重构。然而，这个基本的区别允许新的潜在空间有趣而强大。

2. 我们可以给 RBM 模型添加更多的层吗？

    答：不可以。对于本章给出的模型是不可以的。神经元堆叠层的概念更适合深度 AE 模型。

3. 那么，RBM 有什么酷炫的呢？

    答：虽然这种模型很简单，但是运行速度很快。可以提供比较丰富的潜在空间。它们在这一点上无与伦比。这一点上与它们最接近的竞争者是 AE 模型。

10.6　参考文献

- Hinton, G. E., and Sejnowski, T. J. (1983, June). Optimal perceptual inference. In Proceedings of the *IEEE conference on Computer Vision and Pattern Recognition* (Vol. 448). IEEE New York.

- Brooks, S., Gelman, A., Jones, G., and Meng, X. L. (Eds.). (2011). *Handbook of Markov Chain Monte Carlo*. CRC press.

- Tieleman, T. (2008, July). Training restricted Boltzmann machines using approximations to the likelihood gradient. In Proceedings of the 25th *International Conference on Machine Learning* (pp. 1064-1071).

- Yamashita, T., Tanaka, M., Yoshida, E., Yamauchi, Y., and Fujiyoshii, H. (2014, August). To be Bernoulli or to be Gaussian, for a restricted Boltzmann machine. In 2014 22nd *International Conference on Pattern Recognition* (pp. 1520-1525). IEEE.

- Tieleman, T., and Hinton, G. (2009, June). Using fast weights to improve persistent contrastive divergence. In Proceedings of the 26th Annual *International Conference on Machine Learning* (pp. 1033-1040).

第三部分 *Part 3*

监督深度学习

　　学完第三部分内容之后，你将会掌握基本和高级深度学习模型的实现方法，并能够将这些模型用于分类、回归以及基于学习的潜在空间数据生成等应用场合。

　　第三部分由下列几章组成：

- ❏ 第 11 章，深度与广度神经网络
- ❏ 第 12 章，卷积神经网络
- ❏ 第 13 章，循环神经网络
- ❏ 第 14 章，生成对抗网络
- ❏ 第 15 章，深度学习的未来

第 11 章

深度与广度神经网络

到目前为止，我们已经讨论了多种无监督深度学习方法，这些方法可以带来很多有趣的应用，如特征提取、信息压缩和数据增强等。然而，我们现在需要转向可以执行分类或回归任务的监督深度学习方法，例如，首先需要解决一个可能在脑海中已经存在并且与神经网络有关的重要问题：广度神经网络与深度神经网络之间的区别是什么？

本章将通过构造深度神经网络和广度神经网络模型的方式，来了解这两种模型在性能和复杂性方面的差异。作为一种知识奖励，还会从神经元连接的角度介绍密集网络和稀疏网络的概念。我们还将调优网络的随机失活率，以最大化网络模型的泛化性能，这在当前是一项比较关键的技能。

本章主要内容如下：

☐ 广度神经网络
☐ 密集深度神经网络
☐ 稀疏深度神经网络
☐ 超参数调优

11.1　广度神经网络

讨论本章中所涉及的神经网络类型之前，可能需要先回顾一下深度学习的定义，然后继续学习所有这些类型。

11.1.1　回顾深度学习

就在最近的 2020 年 2 月 9 日，图灵奖得主 Yann LeCun 在纽约举行的 AAAI-20 会议上做了一场生动有趣的演讲。他的演讲中明确地阐述了深度学习的定义。给出他的这个定义之前，先提醒你一下，LeCun（以及 J. Bengio 和 G. Hinton）被认为是深度学习之父，并且正是因为他在深度学习方面的成就而获得了图灵奖。因此，他要说的话很重要。其次，在本书中，我们直到现在都还没有给出深度学习的明确定义，人们通常会认为深度学习指的就是深度神经网络，但这种观点并不正确——深度学习的含义远不止于此，现在就让我们一劳永逸地澄清这个事实吧。

"它不仅是监督学习，也不仅是神经网络，深度学习的理念是通过将参数化模块组装成（可能是动态的）计算图，然后使用基于梯度的方法调优参数，通过对系统的训练来完成需要执行的任务。"——Yann LeCun

到目前为止，除了一些用于解释复杂模型的比较简单的介绍性模型之外，所介绍的大多数模型都符合这个定义。这些介绍性模型没有被深度学习包括进来的唯一原因是它们不一定能够成为计算图的必要组成部分，具体地说，主要指的是感知机（Rosenblatt, F., 1958）和相应的**感知机学习算法（PLA）**（Muselli, M., 1997）。然而，从**多层感知机（MLP）**模型开始到目前所介绍的模型为止，基于这些模型的所提出的算法其实都是深度学习算法。

由于这是一本深度学习的书，而且你正在学习深度学习知识，因此明确概念理解上的差异是一件特别重要的事情。我们将要讨论深度学习的一些最有趣的话题，需要特别关注什么是深度学习。接下来将讨论深度神经网络和广度神经网络。然而，这两种模型都是属于深度学习的范畴。事实上，这里将要讨论的所有模型都是深度学习模型。

在记住这一点之后，让我们来定义什么是广度神经网络。

11.1.2　网络层的广度

广度神经网络指的是，在数量相对较少的隐藏层中包含数量相对较多的神经元。使用深度学习最新的理论与方法，甚至有可能处理包含无限个神经元的广度神经网络计算问题（Novak, R.,et al., 2019）。虽然这是一个非常好的进步，我们还要对这里的网络层进行适当的限制，使得每个网络层都包含合理数量的神经元。为了与非广度神经网络进行比较，面向 CIFAR-10 数据集构建一个广度神经网络。它的基本架构如图 11.1 所示。

从现在开始，**参数**的数量将成为我们考察神经网络模型的一个重要的方面。

> ⓘ 在深度学习领域，参数的数量定义为学习算法需要估计的变量个数，学习算法通常需要通过梯度下降技术以最小化损失函数的方式实现对参数的估计。大多数参数通常是网络的权值，然而，也存在另外一些类型的参数，包括偏差、批归一化的平均值和标准差、卷积网络的滤波器、循环网络的记忆向量，以及很多其他的参数。

知道参数的数量是一件特别重要的事情，因为在理想情况下，需要的是拥有的数据样本多于需要学习的变量。换句话说，理想的学习场景训练样本数要多于需要学习的参数。

仔细想想就会发现，这是直观的，想象一下：现在有一个两行三列的矩阵。该矩阵的三列分别用红、绿、蓝表示水果的三种不同颜色，两行分别对应某个橙子样本和某个苹果样本。如果想建立一个线性回归系统来确定某个样本数据来自橙子的概率，你当然希望能够有更多的相关数据！特别是因为很多苹果的颜色可能比较接近橙色。所以数据越多越好！但是如果有更多需要学习的参数，例如在线性回归中包含与列一样多的参数，那么你的问题通常被描述为不适定问题。在深度学习中，通常把这种现象称为模型的**过度参数化**。

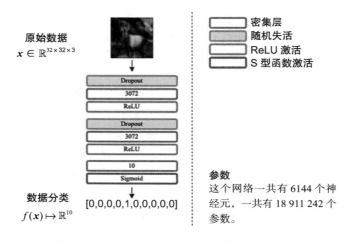

图 11.1　面向 CIFAR-10 的广度神经网络架构

也只有在深度学习领域，才能真正使得过度参数化的模型发挥作用。研究表明，对于神经网络模型的特殊情况，使用以非线性关系进行流动传播的冗余数据，可以产生比较平滑的损失函数曲线（Soltanolkotabi, M., et al., 2018）。这一点非常有趣，因为这样就可以证明，过度参数化的深度学习模型就可以使用梯度下降算法收敛到某个非常好的解（Du, S. S., et al., 2018）。

1. 摘要函数

在 Keras 中，从 Model 对象中调用名为 summary() 的函数，可以获得要估计的参数总数。例如，可以基于图 11.1 给出的模型架构创建一个广度神经网络：

```python
from tensorflow.keras.layers import Input, Dense, Dropout
from tensorflow.keras.models import Model

inpt_dim = 32*32*3      # this corresponds to the dataset
                        # to be explained shortly
inpt_vec = Input(shape=(inpt_dim,), name='inpt_vec')
dl = Dropout(0.5, name='d1')(inpt_vec)
l1 = Dense(inpt_dim, activation='relu', name='l1')(dl)
d2 = Dropout(0.2, name='d2')(l1)
l2 = Dense(inpt_dim, activation='relu', name='l2') (d2)
output = Dense(10, activation='sigmoid', name='output') (l2)
```

```
widenet = Model(inpt_vec, output, name='widenet')

widenet.compile(loss='binary_crossentropy', optimizer='adam')
widenet.summary()
```

该代码的输出如下：

```
Model: "widenet"

_____
Layer (type)              Output Shape          Param #
=================================================================
inpt_vec (InputLayer)     [(None, 3072)]        0

d1 (Dropout)              (None, 3072)          0

l1 (Dense)                (None, 3072)          9440256

d2 (Dropout)              (None, 3072)          0

l2 (Dense)                (None, 3072)          9440256

output (Dense)            (None, 10)            30730
=================================================================
Total params: 18,911,242
Trainable params: 18,911,242
Non-trainable params: 0
```

这里生成的摘要表明该模型包含的参数总数为 18 911 242。这是为了说明一个简单的广度神经网络对于某个具有 3072 个特征的问题可以包含将近 1900 万个参数。这显然是一个过度参数化的模型，我们将使用梯度下降算法来学习这些参数，换句话说，这就是一个深度学习模型。

2. 部件的名称

本章需要介绍的另外一个新的内容是对 Keras 模型各个组成部分**名称**的使用。你应该已经注意到，在前面的代码中，脚本包含一个新参数和一个分配给该参数的字符串，如 Dropout(0.5, **name**='d1')。这在内部用于跟踪模型中部件的名称。这是一种很好的做法，然而，这不是必需的。如果不提供名称，Keras 将自动为每个单独的模块分配通用的名称。为模型部件或要素分配名称在保存或恢复模型的时候非常有用，或者在打印摘要时也很有用，就像前面一样。

现在，让我们学习需要加载的数据集。确切地说，前面提到的具有 3072 个维度，名为 CIFAR-10 的数据集。

11.1.3 CIFAR-10 数据集

我们在本章中使用的数据集为 CIFAR-10。它来自**加拿大高等研究院（CIFAR）**的首字母缩写。数字 10 表达的含义是该数据集中样本类别的数量。它是一个彩色图像数据集，还有一个包含 100 种不同类别的替代数据库，称为 CIFAR-100。不过，我们目前将重点放在 CIFAR-10 数据集上。每个彩色图像都包含 32×32 个像素。考虑到彩色图像有 3 个颜色通道，样本数据的总维数为 32×32×3＝3072。

图 11.1 中的图像样本就是取自 CIFAR-10 数据集，图 11.2 给出 CIFAR-10 测试集中每个类别的图像样本。

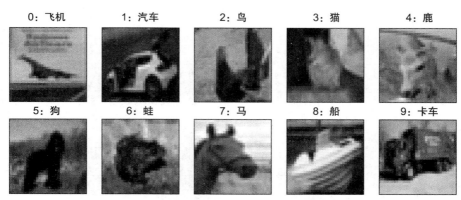

图 11.2　CIFAR-10 数据集中每个类别的彩色图像样本

可以通过执行下列命令加载数据集：

```
from tensorflow.keras.datasets import cifar10
from tensorflow.keras.utils import to_categorical
import NumPy as np

(x_train, y_train), (x_test, y_test) = cifar10.load_data()

# Makes images floats between [0,1]
x_train = x_train.astype('float32') / 255.
x_test = x_test.astype('float32') / 255.

# Reshapes images to make them vectors of 3072-dimensions
x_train = x_train.reshape((len(x_train), np.prod(x_train.shape[1:])))
x_test = x_test.reshape((len(x_test), np.prod(x_test.shape[1:])))

# Converts list of numbers into one-hot encoded vectors of 10-dim
y_train = to_categorical(y_train, 10)
y_test = to_categorical(y_test, 10)

print('x_train shape:', x_train.shape)
print('x_test shape:', x_test.shape)
```

这样，就可以自动下载数据并生成下列输出：

```
x_train shape: (50000, 3072)
x_test shape: (10000, 3072)
```

除了这个数据集，其他方面都没有什么新鲜的内容了。关于这个数据集的数据准备相关的信息，请查看第 3 章，在那里我们讨论了数据归一化方法以及如何将目标数据进行独热编码，从而将原始数据转换为可用数据。

我们通过使用 NumPy 数组的 `.shape` 属性打印数据集的规模，收到的输出结果表明，数据集有 50 000 个样本用于模型训练，还有 10 000 个样本用于测试训练性能。这是深度学习领域的标准数据划分，有助于不同方法之间的比较。

11.1.4　新的训练工具

使用目前已有的代码，可以通过调用 `fit()` 方法轻松地开始模型训练的具体过程，如下所示：

```
widenet.fit(x_train, y_train, epochs=100, batch_size=1000,
            shuffle=True, validation_data=(x_test, y_test))
```

这里没有什么新的内容，第 9 章讨论了所有这些内容的细节。然而，我们希望引入新的重要工具，以帮助我们更有效地训练出更好的模型，并保留训练得最好的模型。

1. 保存或加载模型

如果想要销售一个产品，或者分发一个工作架构，或者控制模型的版本，保存我们训练好的模型非常重要。可以通过调用下列任意一种方法来实现对模型的保存：

❑ `save()`，用于保存整个模型，包括调优器状态如梯度下降算法、历元的数量、学习率等。

❑ `save_weights()`，用于仅保存模型的参数。

例如，可以保存模型的权重参数，如下所示：

```
widenet.save_weights("widenet.hdf5")
```

此时，系统将在本地磁盘上创建一个名为 `widenet.hdf5` 的文件。这种类型的文件扩展名表示该文件使用的是一种名为**分层数据格式（HDF）**的标准文件格式，它支持跨公共平台的一致性，便于进行数据共享。

可以简单地通过执行下列命令来重新加载一个已保存的模型：

```
widenet.load_weights("widenet.hdf5")
```

需要注意的是，要做到这一点需要首先构建模型。也就是说，以完全相同的顺序和完全相同的名称创建所有模型网络层。另一种方法是使用 `save()` 方法，可以完全节省重建模型的所有工作。

```
widenet.save("widenet.hdf5")
```

然而，使用 `save()` 方法的缺点是，如果需要加载模型，那么需要导入额外的库，如下所示：

```
from tensorflow.keras.models import load_model

widenet = load_model("widenet.hdf5")
```

这就基本上消除了重新创建模型的必要性。本章中将简单地保留模型权重，以便你能够适应这种方式。现在让我们来学习如何使用**回调**技术,这是监视学习过程的比较有趣的方法。将从降低学习率的**回调**开始。

2. 在运行中降低学习率

Keras 有一个用于**回调**的超类,即 `tensorflow.keras.callbacks`,其中有一个类可以用于降低学习算法的学习率。如果不记得学习率是什么,那么请回顾第 6 章来复习这个概念。但是,我们可以快速复习一下,学习率控制梯度方向上更新模型参数所采取步长的大小。

问题是,在很多时候,某些类型的深度学习模型会在学习过程中被*卡住*。这里所说的*卡住*,是指模型优化训练算法在减少训练集或验证集的损失函数方面没有获得任何进展。专业人士使用的术语是,学习曲线看起来像一个**平台**。这是一个很明显的问题,如果损失函数在任何时候都是取最小值,因为它看起来像一个*平台*,也就是说,是一条平坦的直线。理想情况下,我们希望看到损失函数值在经过每个历元的迭代计算之后都会变小,这种理想的情况通常只出现在最初几次历元迭代中。然而,在往后的训练,我们可以适当地降低训练算法的学习率,以便专注于对当前已获得知识进行较小的改变,也就是说,对已经学习到的参数进行小的改变,由此获得对模型实现进一步优化的机会。

我们在这里讨论一个名为 `ReduceLROnPlateau` 的类。可以使用如下方式实现对它的加载:

```
from tensorflow.keras.callbacks import ReduceLROnPlateau
```

要使用这个库,必须在 `fit()` 函数中像这样定义它之后使用 `callbacks` 参数:

```
reduce_lr = ReduceLROnPlateau(monitor='val_loss', factor=0.1, patience=20)

widenet.fit(x_train, y_train, batch_size=128, epochs=100,
            callbacks=reduce_lr, shuffle=True,
            validation_data=(x_test, y_test))
```

在这段代码中,使用以下参数调用 `ReduceLROnPlateau`:

❑ `monitor='val_loss'`,这是默认值,可以更改它以便在 `'loss'` 曲线中寻找某个平台。

❑ `factor=0.1`,这是默认值,它是学习率降低的速率。例如,Adam 调优器的默认学习率是 0.001,在检测到平台时,它将乘以 0.1,得到新学习率 0.0001。

❑ `patience=20`,默认值是 10,用于监测损失函数没有改善的历元数量,如果达到这个参数值,这些迭代过程将被认为是一个平台。

此方法还可以使用其他的参数,但是在我看来,这些是最流行的。

接下来,让我们学习另外一个重要的回调技术:提前停止。

3. 提前停止学习进程

接下来的这个回调技术很有趣,因为如果模型训练没有取得任何进展,可以使用这个技术停止模型训练过程，并且**允许在学习过程中保留模型的当前最佳版本**。这个回调函数名为 EarlyStopping()，它与前一个回调函数处于同一个类中。可以按下列方式加载这个方法：

```
from tensorflow.keras.callbacks import EarlyStopping
```

如果模型训练过程在最近几个历元中没有任何进展，如 patience 参数所指定数目的历元，提前停止回调方法允许停止训练过程。你可以定义和使用提前停止回调方法，如下所示：

```
stop_alg = EarlyStopping(monitor='val_loss', patience=100,
restore_best_weights=True)

widenet.fit(x_train, y_train, batch_size=128, epochs=1000,
            callbacks=stop_alg, shuffle=True,
            validation_data=(x_test, y_test))
```

下面是 EarlyStopping() 方法中每个参数的简要解释：

❏ Monitor='val_loss'，这是默认值，可以进行更改以便查看 'loss' 曲线的变化。

❏ patience=100，默认值是 10，用于表示损失中没有发生改善的历元数量。在 ReduceLROnPlateau 中，我个人喜欢将这个值设置为比 Patience 参数较大的值，因为我希望在终止学习过程（因为没有任何改进）之前，让学习率在学习过程中产生改进。

❏ restore_best_weights=True，默认值为 False。如果该参数值为 False，则保留上一时期获得的模型权值。但是，如果设置为 True，它将在学习过程结束时保留并返回当前最佳权重。

最后一个参数是我个人最喜欢的，因为可以在合理的范围内设置一个很大的历元数，并且让训练持续到它需要结束的时候。对于前面的例子，如果将历元的数量设置为 1000，这并不一定意味着学习过程将会进入 1000 个历元，但是如果训练算法经过 50 个历元都没有取得进展，那么就可以提前停止这个学习过程。如果这个过程达到了某个时间点，并且在这个时间上已经学到了很好的参数，之后取得没有任何进展，那么训练算法就在 50 个历元之后停止，仍然可以返回到学习过程中记录到的最佳模型。

我们可以将前面所有的回调和保存方法结合起来，如下所示：

```
from tensorflow.keras.callbacks import ReduceLROnPlateau, EarlyStopping

reduce_lr = ReduceLROnPlateau(monitor='val_loss', factor=0.5, patience=20)
stop_alg = EarlyStopping(monitor='val_loss', patience=100,
                        restore_best_weights=True)

hist = widenet.fit(x_train, y_train, batch_size=1000, epochs=1000,
                    callbacks=[stop_alg, reduce_lr], shuffle=True,
                    validation_data=(x_test, y_test))

widenet.save_weights("widenet.hdf5")
```

请注意，这些回调已经被组合到一个回调列表中，将整个监视学习过程，寻找平稳段以降低学习率，或者如果在几个历元内没有任何改进，则可以停止进程。另外，请注意，我们创建了一个新的变量，hist。这个变量包含一个字典，其中包含学习过程的日志，例如跨历元的损失。我们可以绘制这样的损失曲线，以便观察训练是如何进行的，如下所示：

```
import matplotlib.pyplot as plt

plt.plot(hist.history['loss'], color='#785ef0')
plt.plot(hist.history['val_loss'], color='#dc267f')
plt.title('Model reconstruction loss')
plt.ylabel('Binary Cross-Entropy Loss')
plt.xlabel('Epoch')
plt.legend(['Training Set', 'Test Set'], loc='upper right')
plt.show()
```

上述代码将生成如图 11.3 中所示的曲线。

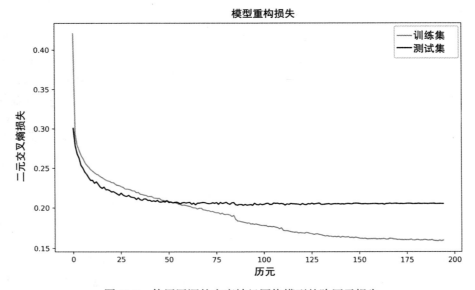

图 11.3　使用回调的广度神经网络模型的跨历元损失

从图中可以清楚地看到在历元 85 左右学习率下降的证据，在验证损失（即测试集上的损失）的平稳后，学习被调整，然而，这对验证损失值几乎没有产生影响，因此训练在历元 190 前后提前终止了，因为在验证损失方面没有得到任何改进。

下一小节将以定量的方式分析广度神经网络模型的性能，以便进行比较分析。

11.1.5　结果

在这里，我们想用易于理解和易于与他人沟通的术语来简单地解释网络模型的性能。将重点分析模型的混淆矩阵、精确度、召回率、F1 分数、准确性和平衡错误率。如果不记得这些术语的含义，可以快速回顾第 4 章。

scikit-learn 的一个优点是，它有一个很好的自动化过程，可以用于计算包含上面提到的大多数术语的分类性能报告。它通常简称为**分类报告**。这个库和其他我们需要的库都可以在 `sklearn.metrics` 类中找到，可以按下列方式进行导入：

```
from sklearn.metrics import classification_report
from sklearn.metrics import confusion_matrix
from sklearn.metrics import balanced_accuracy_score
```

这三个库以类似的方式运行——使用基本事实和预测来评估性能：

```
from sklearn.metrics import classification_report
from sklearn.metrics import confusion_matrix
from sklearn.metrics import balanced_accuracy_score
import NumPy as np

y_hat = widenet.predict(x_test)     # we take the neuron with maximum
y_pred = np.argmax(y_hat, axis=1)   # output as our prediction

y_true = np.argmax(y_test, axis=1)   # this is the ground truth
labels=[0, 1, 2, 3, 4, 5, 6, 7, 8, 9]

print(classification_report(y_true, y_pred, labels=labels))

cm = confusion_matrix(y_true, y_pred, labels=labels)
print(cm)

ber = 1- balanced_accuracy_score(y_true, y_pred)
print('BER:', ber)
```

输出如下：

```
      precision   recall   f1-score   support
0     0.65        0.59     0.61       1000
1     0.65        0.68     0.67       1000
2     0.42        0.47     0.44       1000
3     0.39        0.37     0.38       1000
4     0.45        0.44     0.44       1000
5     0.53        0.35     0.42       1000
6     0.50        0.66     0.57       1000
7     0.66        0.58     0.62       1000
8     0.62        0.71     0.67       1000
9     0.60        0.57     0.58       1000
accuracy                   0.54       10000

[[587  26  86  20  39   7  26  20 147  42]
 [ 23 683  10  21  11  10  22  17  68 135]
 [ 63  21 472  71 141  34 115  41  24  18]
 [ 19  22  90 370  71 143 160  43  30  52]
 [ 38  15 173  50 442  36 136  66  32  12]
 [ 18  10 102 224  66 352 120  58  29  21]
 [  2  21  90  65  99  21 661   9  14  18]
 [ 36  15  73  67  90  45  42 582  13  37]
 [ 77  70  18  24  17   3  20   9 713  49]
 [ 46 167  20  28  14  14  30  36  74 571]]

BER: 0.4567
```

上面的部分表示 `classification_report()` 的输出，给出了模型的精度、召回率、F1 分数和准确率。在理想情况下，我们希望所有这些数值都尽可能地接近 1.0。从直观上讲，准确率需要 100%（或 1.0），其余数字的取值则需要进行仔细研究。从这个报告中可以看到总的准确率是 54%。从报告的其余部分内容可以确定分类比较准确的类别是 1 和 8，分别对应于汽车类和船舶类。同样地，我们还可以看到，分类最差的两类是 3 和 5，分别对应猫类和狗类。

虽然这些数字很有用，但我们可以通过考察混淆矩阵（由 `confusion_matrix()` 产生的一组数字）来了解混淆的来源。如果检查混淆矩阵的第 4 行（对应于标签 3，猫），就可以看到，它正确地将 370 只猫分类为猫，但 143 只猫被分类为狗，160 只猫被分类为青蛙。这里给出的只是命名混淆最为严重的区域。从视觉上看，如图 11.4 所示。

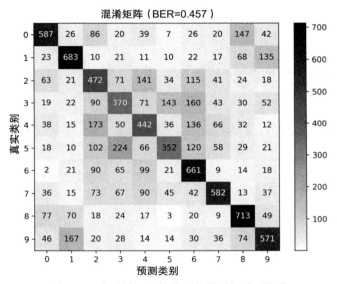

图 11.4　广泛神经网络模型的混淆矩阵可视化

在理想情况下，我们希望看到的是一个为对角矩阵的混淆矩阵，然而此时，我们没有看到这种效果。经过视觉观察图 11.4，可以观察到哪些类具有最低的正确预测率，并能够在视觉上确认在哪里发生了什么样的混淆。

最后，需要注意的是，虽然**分类准确率（ACC）**为 54%，但我们仍然需要验证**平衡错误率（BER）**，以补充我们对准确率的了解。当类别不是均匀分布的时候，也就是说，当某些类的样本比其他一些类多的时候，这一点特别重要。如在第 4 章，我们通过使用简单的 1 减法计算平衡准确率，表明平衡错误率是 0.4567 或 45.67%。在理想的情况下，我们希望将其降低到零，并且绝对远离 50% 的平衡错误率，因为它意味着模型并不比随机概率好。

在这种情况下，模型的准确性并不令人印象深刻，然而，对于全连接网络来说，这是一个非常具有挑战性的分类问题，因此，模型的这种性能并不奇怪。现在我们将视角从广度网络转变到深度网络，尝试类似的实验并进行比较。

11.2 密集深度神经网络

众所周知，深度网络可以在分类任务中提供良好的性能（Liao, Q., et al., 2018）。本节我们希望构建一个深度密集神经网络，并考察它在 CIFAR-10 数据集上的表现。我们将构建如图 11.5 所示的模型。

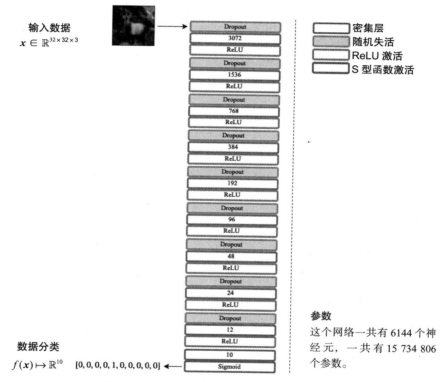

图 11.5 CIFAR-10 深度密集网络的网络架构

构建这种模型的一个目的是使得该模型拥有与图 11.1 所示广度网络模型相同数量的神经元。这种模型有一个瓶颈结构，模型中神经元的数量随着网络的加深而减少，可以使用 Keras 函数方法进行编程编码，下面进行具体讨论。

11.2.1 构建并训练模型

关于 Keras 函数方法的一个有趣事实是，我们可以在构建模型时循环使用变量名，甚至可以使用循环的方式构建模型。例如，可以创建一个带有随机失活率的密集层，随着神经元数量以折半的方式减少，相应的随机失活率以 1.5 倍呈指数级下降。

我们可以通过一个循环来实现这个目标，这个循环使用初始的随机失活率 dr，和初始的神经单元数目 units，只要神经元的数量大于 10，它们就每次分别减少至原来的 2/3 和 1/2。我们停在 10，因为最后一层包含 10 个神经元，每个神经元分别对应一个类别。这个循环看起来是这样的：

```
while units > 10:
  dl = Dropout(dr)(dl)
  dl = Dense(units, activation='relu')(dl)
  units = units//2
  dr = dr/1.5
```

上述代码片段说明了我们可以重用变量而不会混淆 Python，因为 TensorFlow 操作的是一个计算图，在以正确的顺序解析分图方面是没有问题的。该代码还表明，创建具有指数衰减的神经单元数和随机失活率的瓶颈型网络是一件非常容易的事情。

构建这个模型的完整代码如下：

```
# Dimensionality of input for CIFAR-10
inpt_dim = 32*32*3

inpt_vec = Input(shape=(inpt_dim,))

units = inpt_dim      # Initial number of neurons
dr = 0.5    # Initial drop out rate

dl = Dropout(dr)(inpt_vec)
dl = Dense(units, activation='relu')(dl)

# Iterative creation of bottleneck layers
units = units//2
dr = dr/2
while units>10:
  dl = Dropout(dr)(dl)
  dl = Dense(units, activation='relu')(dl)
  units = units//2
  dr = dr/1.5
# Output layer
output = Dense(10, activation='sigmoid')(dl)

deepnet = Model(inpt_vec, output)
```

编译和训练模型的代码如下：

```
deepnet.compile(loss='binary_crossentropy', optimizer='adam')
deepnet.summary()

reduce_lr = ReduceLROnPlateau(monitor='val_loss', factor=0.5, patience=20,
                              min_delta=1e-4, mode='min')
stop_alg = EarlyStopping(monitor='val_loss', patience=100,
                         restore_best_weights=True)
hist = deepnet.fit(x_train, y_train, batch_size=1000, epochs=1000,
                   callbacks=[stop_alg, reduce_lr], shuffle=True,
                   validation_data=(x_test, y_test))

deepnet.save_weights("deepnet.hdf5")
```

产生的输出如下，由前述代码中的 `deepnet.summary()` 引起：

```
Model: "model"

Layer (type)              Output Shape          Param #
=================================================================
input_1 (InputLayer)      [(None, 3072)]        0
_____
dropout (Dropout)         (None, 3072)          0
_____
dense (Dense)             (None, 3072)          9440256
.
.
.
_____
dense_8 (Dense)           (None, 12)            300
_____
dense_9 (Dense)           (None, 10)            130
=================================================================
Total params: 15,734,806
Trainable params: 15,734,806
Non-trainable params: 0
```

如前文总结所述，也如图 11.5 所示，该模型的参数总数为 15 734 806。这就证实了它是一个过度参数化的模型。打印出来的摘要还描述了模型的每个部分在没有提供特定名称时是如何命名的，也就是说，它们都分别接收一个基于类别名和连续数字的通用名称。

`fit()` 方法用于实现对深度模型的训练，如果将记录在 `hist` 变量中的训练日志数据绘制出来，就像前面为图 11.3 所做的那样，就可以得到图 11.6。

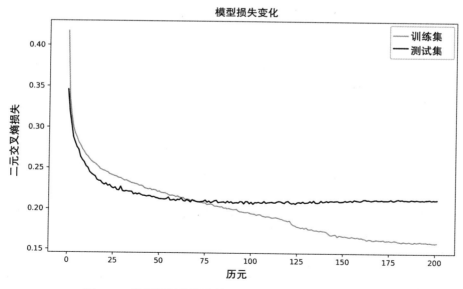

图 11.6 使用回调的深度神经网络模型的跨历元损失变化

从图 11.6 可以看出，这个深度网络模型在大约 200 个历元之后停止了训练过程，训练集和测试集在历元 70 前后发生交叉，之后模型开始过拟合训练集样本数据。如果将这个结果与图 11.3 中的广度神经网络进行比较，就可以发现广度神经网络模型在第 55 历元左右开始进行过拟合。

现在让我们讨论此模型的定量结果。

11.2.2　结果

如果以与广度神经网络相同的方式生成分类报告，则可以得到下列结果：

```
           precision    recall   f1-score   support

       0      0.58        0.63      0.60        1000
       1      0.66        0.68      0.67        1000
       2      0.41        0.42      0.41        1000
       3      0.38        0.35      0.36        1000
       4      0.41        0.50      0.45        1000
       5      0.51        0.36      0.42        1000
       6      0.50        0.63      0.56        1000
       7      0.67        0.56      0.61        1000
       8      0.65        0.67      0.66        1000
       9      0.62        0.56      0.59        1000

accuracy                            0.53       10000


[[627  22  62  19  45  10  25  18 132  40]
 [ 38 677  18  36  13  10  20  13  55 120]
 [ 85  12 418  82 182  45  99  38  23  16]
 [ 34  14 105 347  89 147 161  50  17  36]
 [ 58  12 158  34 496  29 126  55  23   9]
 [ 25   7 108 213  91 358 100  54  23  21]
 [  9  15  84  68 124  26 631   7  11  25]
 [ 42  23  48  58 114  57  61 555  10  32]
 [110  75  16  22  30  11   8   5 671  52]
 [ 51 171  14  34  16   9  36  36  69 564]]

BER 0.4656
```

上述结果表明这个深度网络可以与广度网络进行比较，对于广度网络，我们有 BER=0.4567，这表示深度网络与广度网络相差 0.0089。对于这两个特定的模型，它们之间的差异并不显著。使用前述结果或图 11.7 所示的混淆矩阵，也可以验证模型对特定类别的分类性能是否具有可比性。

从前述结果可以看出，最难分类的是第 3 个类别，即猫类，经常与狗类相混淆。同样，最容易分类的是第 1 个类别，船舶类，主要与飞机相混淆。这里再一次声明，这种结果与广度网络得到的结果是一致的。

我们可以对另外一种类型的深度网络进行试验，这种网络提升了模型权重的稀疏性能，将在下一节中讨论。

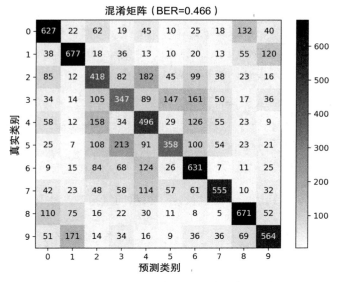

图 11.7 深度网络模型的混淆矩阵可视化

11.3 稀疏深度神经网络

可以从网络体系结构的不同方面定义稀疏网络模型中稀疏的概念（Gripon, V., and Berrou, C., 2011）。不过，本节中考察的是一种特定类型的稀疏性，即关于网络权值（即模型参数）的稀疏性。我们将考察每个特定的网络参数，看它们的取值是否比较接近于零（从计算角度来说）。

目前，Keras 在 Tensorflow 上有三种增强权值稀疏性的方法，它们都与向量范数的概念有关。我们可以考察一下曼哈顿范数 ℓ_1，或者欧几里得范数 ℓ_2，它们的定义如下：

$$|| \boldsymbol{w} ||_1 = \sum_{i=1}^{n} | w_i |$$

$$|| \boldsymbol{w} ||_2 = \sum_{i=1}^{n} w_i^2$$

其中 n 是向量 $\boldsymbol{w}$ 中的元素个数。如你所见，用简单的术语来说，ℓ_1-范数的取值是所有分量元素绝对值的和，ℓ_2-范数的取值是所有分量元素的平方和。显然，如果某个向量的这两个范数都接近于零，即 $\ell_1, \ell_2 \approx 0$，那么这个向量中大多数元素的取值就很可能是零或接近于零。作为个人选择，这里将使用 ℓ_2-范数，与 ℓ_1-范数不同的是，对于 ℓ_2-范数来说，取值非常大的向量分量将会受到二次幂的惩罚，这样可以避免某些特定的神经元成为支配性神经元。

Keras 在 `regularizers` 类中包含了这些工具：`tf.keras.regulalizers`。可以

导入它们，如下所示：

- ❏ ℓ_1 - 范数：`tf.keras.regularizers.l1(l=0.01)`
- ❏ ℓ_2 - 范数：`tf.keras.regularizers.l2(l=0.01)`

可以将这些正则化器用于设计网络训练算法的损失函数，使得权值向量的范数最小化。

ⓘ **正则化器**是机器学习中用来表示为目标（损失）函数或一般调优问题（如梯度下降）提供某种要素的项或函数的专用术语，可以通过这些附加的项或函数获得数值计算的稳定性或提升问题求解的可行性。在这种情况下，正则化器通过防止一些权值取值的爆炸来提升权值计算的稳定性，同时提升网络权值取值的一般稀疏性。

参数 `l=0.01` 是一个惩罚因子，直接决定了权重向量范数最小化的重要性。换句话说，使用如下方式进行处罚：

$$\ell_2 = l\sum_{i=1}^{n} w_i^2$$

因此，如果使用某个非常小的值，例如 `l=0.0000001`，就不会太关注范数，`l=0.01` 在损失函数最小化过程中则会非常关注范数。这里有一个问题：对于需要调整的参数，因为如果网络太大，可能会有几百万个参数，这会使范数看起来非常大，因此需要使用一个很小的惩罚。但是，如果网络相对较小，则建议使用较大的惩罚。由于这个例子是在具有 1500 多万个参数的非常深的网络上进行的，所以使用 `l=0.0001`。

让我们来构建一个稀疏深度神经网络。

11.3.1　构建并训练稀疏网络

为了构建这个网络，将使用与如图 11.5 所示完全相同的网络架构，除了每个单独的密集层的声明将包含一个向量范数，我们还希望能够考虑到最小化与该层相关的权值向量的范数。请查看前一节的相关代码，并将它们与下面的代码进行比较，我们在下面的代码中突出显示了两者之间的区别：

```
# Dimensionality of input for CIFAR-10
inpt_dim = 32*32*3

inpt_vec = Input(shape=(inpt_dim,))

units = inpt_dim    # Initial number of neurons
dr = 0.5    # Initial drop out rate

dl = Dropout(dr)(inpt_vec)
dl = Dense(units, activation='relu',
           kernel_regularizer=regularizers.l2(0.0001))(dl)

# Iterative creation of bottleneck layers
units = units//2
dr = dr/2
```

```
while units>10:
  dl = Dropout(dr)(dl)
  dl = Dense(units, activation='relu',
             kernel_regularizer=regularizers.l2(0.0001))(dl)
  units = units//2
  dr = dr/1.5

# Output layer
output = Dense(10, activation='sigmoid',
              kernel_regularizer=regularizers.l2(0.0001))(dl)

sparsenet = Model(inpt_vec, output)
```

编译和训练模型的代码是一样的，如下所示：

```
sparsenet.compile(loss='binary_crossentropy', optimizer='adam')
sparsenet.summary()

reduce_lr = ReduceLROnPlateau(monitor='val_loss', factor=0.5, patience=20,
                              min_delta=1e-4, mode='min')
stop_alg = EarlyStopping(monitor='val_loss', patience=100,
                         restore_best_weights=True)
hist = sparsenet.fit(x_train, y_train, batch_size=1000, epochs=1000,
                     callbacks=[stop_alg, reduce_lr], shuffle=True,
                     validation_data=(x_test, y_test))

sparsenet.save_weights("sparsenet.hdf5")
```

sparsenet.summary() 的输出与前一节中 deepnet.summary() 的输出相同，所以这里不再重复。但是，可以查看一下在基于损失最小化的模型训练过程中，损失函数值的变化曲线，如图 11.8 所示。

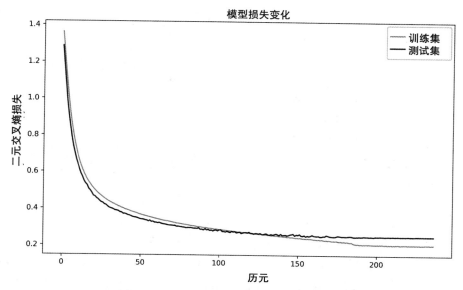

图 11.8 稀疏集模型的跨历元损失函数调优

从图 11.8 可以看到，训练集和测试集的两条损失函数曲线在 120 历元左右紧密地结合在一起，然后，两者开始偏离，之后模型开始过拟合。与图 11.3 和图 11.6 中之前的模型相比，我们可以看到，该模型的训练速度稍慢一些，但仍然可以实现相对收敛。然而，请注意，虽然损失函数仍然是二进制交叉熵，但该模型也是在最小化 ℓ_2 - 范数，使得这种特殊的损失值不能直接与之前的损失值进行比较。

现在让我们讨论这个模型的定量结果。

11.3.2　结果

当我们查看性能的定量分析时，可以发现该模型的性能与以前的模型比较类似。BER 方面有一点提高，但是，凭这一点就宣布胜利和问题得到解决是不够的，请看下面的分析：

```
           precision recall f1-score support

     0       0.63      0.64    0.64      1000
     1       0.71      0.66    0.68      1000
     2       0.39      0.43    0.41      1000
     3       0.37      0.23    0.29      1000
     4       0.46      0.45    0.45      1000
     5       0.47      0.50    0.49      1000
     6       0.49      0.71    0.58      1000
     7       0.70      0.61    0.65      1000
     8       0.63      0.76    0.69      1000
     9       0.69      0.54    0.60      1000

  accuracy                    0.55     10000

[[638   17   99    7   27   13   27   10  137   25]
 [ 40  658   11   32   11    7   21   12  110   98]
 [ 78   11  431   34  169   93  126   31   19    8]
 [ 18   15   96  233   52  282  220   46   14   24]
 [ 47    3  191   23  448   36  162   57   28    5]
 [ 17    6  124  138   38  502  101   47   16   11]
 [  0    9   59   51  111   28  715    8   13    6]
 [ 40    1   66   50   85   68   42  608   12   28]
 [ 76   45   18   16   25    8   22    5  755   30]
 [ 51  165   12   38    6   23   29   43   98  535]]

BER 0.4477
```

我们可以清楚地得出结论，与本章讨论的其他模型相比，该模型的性能表现并不差。事实上，仔细观察如图 11.9 所示的混淆矩阵就可以发现，对于性质相似的对象类别，该网络也会产生类似的错误。

考虑到目前所讨论的广度模型、深度模型和稀疏模型之间性能差异难以区分，现在我们计算并绘制每种训练模型的权值向量范数，如图 11.10 所示。

这个图给出了按 ℓ_1 - 范数的计算结果，以便能够比较密切地考察这些模型的特点，横轴表示层数，纵轴表示随着网络层数的增加而增加的权重向量范数的累计值。这样一来，我们就可以从网络参数的角度考察和理解这些网络之间的差异，以及为什么会有这些差异。

与其他网络模型相比，稀疏网络模型的累积范数值要小得多（大约是 1/4 到 1/5）。对于那些可能在芯片或其他类似应用上实现的网络模型而言，这可能是一个非常有趣且重要的特征，对于这些应用，零权重可以使得计算更加高效（Wang, P., et al.，2018）。

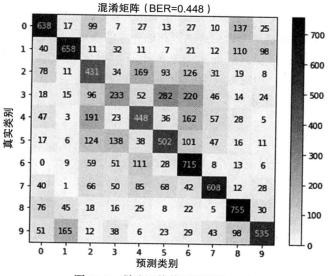

图 11.9　稀疏网络模型的混淆矩阵

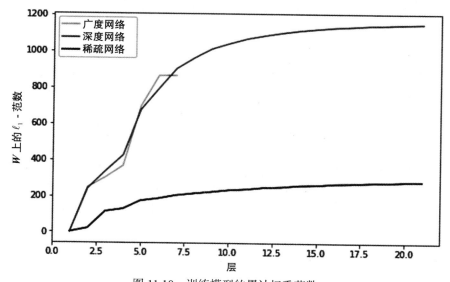

图 11.10　训练模型的累计权重范数

　　虽然可以使用超参数调优技术通过实验方式确定网络权值受范数影响的程度，但是这种方式通常更多用于确定另外一些参数，如随机失活率、神经单元数量，以及下一节中讨论的其他参数。

11.4　超参数调优

可以使用一些方法进行超参数的调优，例如，有些方法是基于梯度计算的（Rivas, P., et al., 2014; Maclaurin, D., et al., 2015），其余的方法则都是基于贝叶斯理论的方法（Feurer, M., et al., 2015）。然而，很难找到一种既能很好地工作又有良好通用性方法——通常，你只能得到其中的一种性能。可以在这里阅读更多关于其他算法的信息（Bergstra, J. S., et al., 2011）。

对于这个领域的新手来说，最好从一些简单且容易记住的内容开始，比如随机搜索（Bergstra, J., & Bengio, Y., 2012）或网格搜索。这两种方法非常类似，尽管这里将重点放在**网格搜索**上，但是这两种搜索的实现方式差不多。

11.4.1　程序库与参数

我们需要使用两个以前没有介绍过的代码库：GridSearchCV，用于执行带有交叉验证的网格搜索；KerasClassifier，用于创建可以与 scikit-learn 通信的 Keras 分类器。

这两个代码库都可以通过以下方式导入：

```
from sklearn.model_selection import GridSearchCV
from tensorflow.keras.wrappers.scikit_learn import KerasClassifier
```

我们将调优的超参数（及其可能的值）如下：

❑ **随机失活率**：0.2, 0.5
❑ **优化器**：rmsprop, adam
❑ **学习率**：0.01, 0.0001
❑ **隐藏层神经元数量**：1024, 512, 256

总而言之，可能的超参数组合数为 $2×2×2×3 = 24$。这是四维网格中选项的总数。备选方案的数量可以更大、更全面，但请记住：就本例而言，我们希望尽量保持简单。此外，由于将使用交叉验证技术，因此需要把可能的组合乘以交叉验证中拆分的次数，得到的结果就是为获得超参数的最佳组合而需要执行的完整端到端训练过程的数目。

💡 需要注意网格搜索中需要尝试的选项数量，因为所有这些选项都需要进行测试，对于更大规模的网络模型和更大规模的数据集来说，这可能需要花费大量的时间。当获得了比较丰富的经验时候，就可以通过考察模型的体系结构来选择更小的参数集。

接下来将介绍完整的实现过程。

11.4.2　实现与结果

下面是网格搜索的完整代码，其中大部分代码都复用了前几节的代码，因为是在前述广度神经网络模型的基础上完成建模的：

```
from sklearn.model_selection import GridSearchCV
from tensorflow.keras.wrappers.scikit_learn import KerasClassifier
from tensorflow.keras.layers import Input, Dense, Dropout
from tensorflow.keras.models import Model
from tensorflow.keras.optimizers import Adam, RMSprop
from tensorflow.keras.datasets import cifar10
from tensorflow.keras.utils import to_categorical
from tensorflow.keras.callbacks import ReduceLROnPlateau, EarlyStopping
import NumPy as np

# load and prepare data (same as before)
(x_train, y_train), (x_test, y_test) = cifar10.load_data()
x_train = x_train.astype('float32') / 255.0
x_test = x_test.astype('float32') / 255.0
x_train = x_train.reshape((len(x_train), np.prod(x_train.shape[1:])))
x_test = x_test.reshape((len(x_test), np.prod(x_test.shape[1:])))
y_train = to_categorical(y_train, 10)
y_test = to_categorical(y_test, 10)
```

声明一个方法来构建并返回模型：

```
# A KerasClassifier will use this to create a model on the fly
def make_widenet(dr=0.0, optimizer='adam', lr=0.001, units=128):
  # This is a wide architecture
  inpt_dim = 32*32*3
  inpt_vec = Input(shape=(inpt_dim,))
  dl = Dropout(dr)(inpt_vec)
  l1 = Dense(units, activation='relu')(dl)
  dl = Dropout(dr)(l1)
  l2 = Dense(units, activation='relu') (dl)
  output = Dense(10, activation='sigmoid') (l2)

  widenet = Model(inpt_vec, output)

  # Our loss and lr depends on the choice
  if optimizer == 'adam':
    optmzr = Adam(learning_rate=lr)
  else:
  optmzr = RMSprop(learning_rate=lr)

widenet.compile(loss='binary_crossentropy', optimizer=optmzr,
                metrics=['accuracy'])

return widenet
```

然后，把上述这些片段整合在一起，训练模型参数：

```
# This defines the model architecture
kc = KerasClassifier(build_fn=make_widenet, epochs=100, batch_size=1000,
                     verbose=0)

# This sets the grid search parameters
grid_space = dict(dr=[0.2, 0.5],           # Dropout rates
                  optimizer=['adam', 'rmsprop'],
                  lr=[0.01, 0.0001],  # Learning rates
                  units=[1024, 512, 256])

gscv = GridSearchCV(estimator=kc, param_grid=grid_space, n_jobs=1, cv=3,
```

```
                      verbose=2)
gscv_res = gscv.fit(x_train, y_train, validation_split=0.3,
                    callbacks=[EarlyStopping(monitor='val_loss',
                                             patience=20,
                                             restore_best_weights=True),
                               ReduceLROnPlateau(monitor='val_loss',
                                                 factor=0.5, patience=10)])

# Print the dictionary with the best parameters found:
print(gscv_res.best_params_)
```

这将打印输出若干行，每次运行交叉验证的时候都会打印输出一行。这里省略了很多输出，只是为了让你看到它的样子。然而，如果你有需要，可以手动调整冗长的级别：

```
Fitting 3 folds for each of 24 candidates, totalling 72 fits
[CV] dr=0.2, lr=0.01, optimizer=adam, units=1024 ....................
[Parallel(n_jobs=1)]: Using backend SequentialBackend with 1 concurrent
workers.
[CV] ...... dr=0.2, lr=0.01, optimizer=adam, units=1024, total= 21.1s
[CV] dr=0.2, lr=0.01, optimizer=adam, units=1024 ....................
[Parallel(n_jobs=1)]: Done 1 out of 1 | elapsed: 21.1s remaining: 0.0s
[CV] ...... dr=0.2, lr=0.01, optimizer=adam, units=1024, total= 21.8s
[CV] dr=0.2, lr=0.01, optimizer=adam, units=1024 ....................
[CV] ...... dr=0.2, lr=0.01, optimizer=adam, units=1024, total= 12.6s
[CV] dr=0.2, lr=0.01, optimizer=adam, units=512 .................
[CV] ....... dr=0.2, lr=0.01, optimizer=adam, units=512, total= 25.4s
.
.
.
[CV] .. dr=0.5, lr=0.0001, optimizer=rmsprop, units=256, total= 9.4s
[CV] dr=0.5, lr=0.0001, optimizer=rmsprop, units=256 ................
[CV] .. dr=0.5, lr=0.0001, optimizer=rmsprop, units=256, total= 27.2s
[Parallel(n_jobs=1)]: Done 72 out of 72 | elapsed: 28.0min finished

{'dr': 0.2, 'lr': 0.0001, 'optimizer': 'adam', 'units': 1024}
```

最后一行是所需要的最宝贵的信息，因为它是参数的最佳组合，可以提供最好的结果。现在你可以继续使用这些**调优过的**参数更改广度网络的原始实现，并查看网络性能如何变化。网络模型的平均准确率大约会提升 5%，这是不错的！

或者，可以尝试使用更大规模的参数集，或者增加交叉验证的分割次数。可能性是无止境的。你应该总是尝试调优模型中的参数数量，原因如下：

❑ 它给了你对模型的信心

❑ 它给了客户对你的信心

❑ 它告诉全世界你很专业

干得好！该收尾了。

11.5 小结

本章讨论了神经网络的不同实现方式，即广度实现、深度实现和稀疏实现。阅读本章后，你应该能够理解这些网络模型在设计上的差异，以及这些差异如何影响网络性能或训练时间。此时，应该能够理解这些网络体系结构的简洁性，以及它们如何为目前讨论过的其他内容提供新的替代方案。本章还学习了如何调优模型的诸如随机失活率之类的超参数，以便尽可能地提升网络模型的泛化性能。

我相信你们已经注意到了，这些模型的精度都超过了随机概率，即 > 50%。然而，我们这里讨论的问题是一个非常难以解决的问题，我们在这里考察的只是一种一般性的神经网络模型，使用这种模型解决此问题，通常并不能得到非常好的性能，你应该不会对此感到惊讶。为了获得更好的模型性能，可以使用某种特殊架构的网络模型，专门用于解决输入数据满足高空域相关性的问题，例如图像处理。**卷积神经网络（CNN）**的就是这样的一种模型。

我们将在第 12 章详细讨论这个问题。当从通用模型转换到适用于特定领域的专用模型时，你将能够看到这会产生多大的差异。你不能错过这即将到来的这一章。但是在继续学习之前，请试着用下列问题测试自己。

11.6 习题与答案

1. **广度网络和深度网络的性能有显著差异吗？**

   答：本章学过的内容中，它们之间的差异并不是很大。然而，有一件事你必须记住，这两种网络学习的对象或输入在本质上完全不同。因此，对于其他的应用程序，两者的性能可能会有所不同。

2. **深度学习和深度神经网络是一回事吗？**

   答：不是一回事。深度学习是机器学习的一个领域，专注于使用新的梯度下降技术训练过度参数化模型的算法。深度神经网络则是具有许多隐含层的网络。因此，深度网络就是深度学习。但深度学习并不只适用于深度网络。

3. **你能举例说明什么时候需要稀疏网络吗？**

   答：让我们思考一下机器人技术。在这个领域，大多数东西都运行在有内存限制、存储限制和计算能力限制的微芯片上，找到权重大多为零的神经网络结构就意味着不必计算与这些数据相关的乘积。这就意味着可以使用更少的空间中存储模型的参数，而且加载速度和计算速度都会更快。其他的可能性包括物联网设备、智能手机、智能汽车、智能城市、移动执法等。

4. **我们怎样才能使得这些模型表现得更好呢？**

   答：我们可以通过包含更多选项来进一步调优超参数。可以使用自编码器对输入数据进行预处理。但最有效的办法是切换到 CNN 模型来解决这个问题，因为 CNN 特别擅长对图像进行分类。请学习第 12 章。

11.7 参考文献

- Rosenblatt, F. (1958). The perceptron: a probabilistic model for information storage and organization in the brain. *Psychological review*, 65(6), 386.

- Muselli, M. (1997). On convergence properties of the pocket algorithm. *IEEE Transactions on Neural Networks*, 8(3), 623-629.
- Novak, R., Xiao, L., Hron, J., Lee, J., Alemi, A. A., Sohl-Dickstein, J., & Schoenholz, S. S. (2019). Neural Tangents: Fast and Easy Infinite Neural Networks in Python. *arXiv preprint* arXiv:1912.02803.
- Soltanolkotabi, M., Javanmard, A., & Lee, J. D. (2018). Theoretical insights into the optimization landscape of over-parameterized shallow neural networks. *IEEE Transactions on Information Theory*, 65(2), 742-769.
- Du, S. S., Zhai, X., Poczos, B., & Singh, A. (2018). Gradient descent provably optimizes over-parameterized neural networks. *arXiv preprint* arXiv:1810.02054.
- Liao, Q., Miranda, B., Banburski, A., Hidary, J., & Poggio, T. (2018). A surprising linear relationship predicts test performance in deep networks. *arXiv preprint* arXiv:1807.09659.
- Gripon, V., & Berrou, C. (2011). Sparse neural networks with large learning diversity. *IEEE transactions on neural networks*, 22(7), 1087-1096.
- Wang, P., Ji, Y., Hong, C., Lyu, Y., Wang, D., & Xie, Y. (2018, June). SNrram: an efficient sparse neural network computation architecture based on resistive random-access memory. In *2018 55th ACM/ESDA/IEEE Design Automation Conference* (DAC) (pp. 1-6). IEEE.
- Rivas-Perea, P., Cota-Ruiz, J., & Rosiles, J. G. (2014). A nonlinear least squares quasi-newton strategy for lp-svr hyper-parameters selection. *International Journal of Machine Learning and Cybernetics*, 5(4), 579-597.
- Maclaurin, D., Duvenaud, D., & Adams, R. (2015, June). Gradient-based hyperparameter optimization through reversible learning. In *International Conference on Machine Learning* (pp. 2113-2122).
- Feurer, M., Springenberg, J. T., & Hutter, F. (2015, February). Initializing Bayesian hyperparameter optimization via meta-learning. In *Twenty-Ninth AAAI Conference on Artificial Intelligence*.
- Bergstra, J., & Bengio, Y. (2012). Random search for hyper-parameter optimization. The *Journal of Machine Learning Research*, 13(1), 281-305.
- Bergstra, J. S., Bardenet, R., Bengio, Y., & Kégl, B. (2011). Algorithms for hyper-parameter optimization. In *Advances in neural information processing systems* (pp. 2546-2554).

第 12 章 *Chapter 12*

卷积神经网络

本章将介绍卷积神经网络，我们从卷积操作开始，然后进入卷积操作的集成层，该网络层的目标是学习到能够对数据集进行操作的滤波器。接下来，引入池化策略，并展示由这些池化策略产生的变化如何实现对训练算法和模型性能的改进。本章最后给出已学习滤波器的可视化展示。

在学完本章之后，你将领会卷积神经网络模型背后的设计目标，并掌握卷积操作在一维和二维数据空间中是如何工作的。通过对本章知识的学习，你将知道如何实现卷积层，并使用梯度下降优化算法学习获取滤波器。最后，你将有机会使用以前学习过的许多工具，包括随机失活和批量归一化。但是，现在将了解如何将池化策略作为降低问题维度和创建信息抽象级别的替代方法。

本章主要内容如下：

❑ 卷积神经网络简介
❑ 多维卷积
❑ 卷积层
❑ 池化策略
❑ 滤波器的可视化

12.1　卷积神经网络简介

在之前的第 11 章，我们使用了一个对于通用神经网络来说非常具有挑战性的数据集。然而，正如你将看到的，**卷积神经网络（CNN）**被证明是一种更加有效的模型。CNN 模型在 80 年代末就已经存在了（LeCun, Y., et al., 1989）。这种模型改变了计算机视觉和音频处理的世界（Li, Y. D., et al., 2016）。如果你的智能手机具有某种基于人工智能的对象识别能力，很可能就是使用了某种 CNN 模型架构，例如：

- 识别图像中的物体
- 识别数字指纹
- 识别语音指令

CNN 是一个很有趣的模型，因为这种模型可以成功地解决计算机视觉领域一些最具挑战性的问题，包括能够在 ImageNet 图像识别问题上超过人类的识别水平（Krizhevsky, a., et al., 2012）。如果你能想到某个最为复杂的物体识别任务，那么 CNN 模型应该是你开展实验的第一选择：它们永远不会让你失望！

CNN 模型成功的关键在于它们具有一种独特的可以有效**编码空间关系**的能力。如果对比两个不同的数据集，一个是在校学生的记录，包括当前和过去的成绩、出勤、线上活动等；另一个是猫和狗的图像，如果我们的目标是对学生或猫和狗进行分类，那么这两种数据集的性质是不同的。对于第一个数据集，学生信息特征的数据之间是没有空间关系的。

例如，如果分数是第一个特征，那么出勤率不需要一定在分数特征的附近，因此可以将它们的位置进行互换，而不会影响模型的分类性能，对吗？然而，对于猫和狗的图像，眼睛的特征（像素）必须靠近鼻子或耳朵，当改变空间特征并观察到两只眼睛中间的一只耳朵时（会感到奇怪），分类器的性能表现应该会受到一些影响，因为猫或狗的眼睛中间通常不会有一只耳朵。这表明 CNN 是一种擅长编码的空间关系类型。你也可以想到音频或语音处理问题。某些单词中，有些发音必须跟在其他发音之后。如果数据集允许数据特征之间存在一定的空间关系，那么 CNN 模型的性能就具有良好的潜力。

12.2 多维卷积

CNN 模型的名字来源于它们的标志性操作：卷积。这种运算是一种数学运算，在信号处理领域非常常见。现在，我们就来讨论这个卷积运算。

12.2.1 一维卷积

我们从一维的离散 – 时间卷积函数开始。如果有输入数据 $x \in \mathbb{R}^n$，和一些权重 $w \in \mathbb{R}^m$，那么就可以按如下等式定义两者之间的离散时间卷积运算：

$$(x * w)[n] \equiv h[n] = \sum_{m=-\infty}^{\infty} x[m]w[n-m]$$

在这个等式中，卷积运算用 * 符号表示。不需要把事情弄得太复杂，我们可以说 w 先被反转成 $w[-m]$，然后再移位，即 $w[n-m]$。结果向量是 $h \in \mathbb{R}^{n+m-1}$，在使用滤波器 w 时，

可以将结果向量 $\boldsymbol{h}$ 解释为输入数据的已*滤波*版本。

如果将这两个向量定义为 $\boldsymbol{x}=[2,3,2]$ 和 $\boldsymbol{w}=[-1,2,-1]$，那么经过卷积操作，就可以得到 $\boldsymbol{h}=[-2,1,2,1,-2]$。

图 12.1 给出了滤波器的反转和移动，并与输入数据相乘获得滤波结果的每个具体步骤。

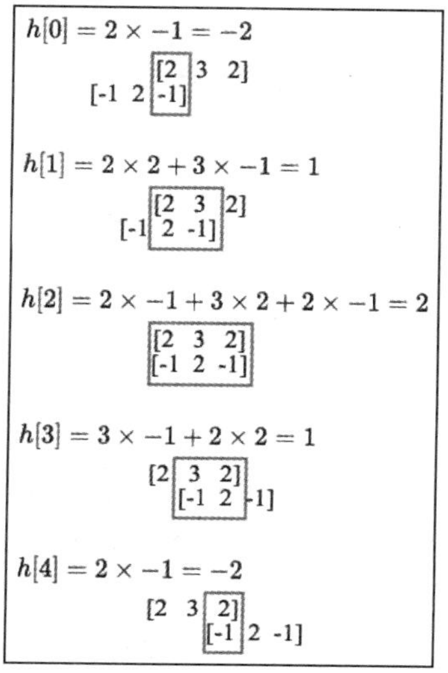
h[0] = 2 × −1 = −2
[2 3 2]
[-1 2 -1]
h[1] = 2 × 2 + 3 × −1 = 1
[2 3 2]
[-1 2 -1]
h[2] = 2 × −1 + 3 × 2 + 2 × −1 = 2
[2 3 2]
[-1 2 -1]
h[3] = 3 × −1 + 2 × 2 = 1
[2 3 2]
[-1 2 -1]
h[4] = 2 × −1 = −2
[2 3 2]
[-1 2 -1]

图 12.1 两个向量之间的卷积运算

在 NumPy 中，我们可以使用 `convolve()` 方法实现卷积运算，如下所示：

```
import numpy as np
h = np.convolve([2, 3, 2], [-1, 2, -1])
print(h)
```

输出结果如下：

```
[-2, 1, 2, 1, -2]
```

现在，如果你思考一下，最“完整”的信息是当滤波器与输入数据完全重叠时的计算结果，也就是 $h[2]=2$。在 Python 中，可以使用 `'valid'` 参数来获得这个结果，如下所示：

```
import numpy as np
h = np.convolve([2, 3, 2], [-1, 2, -1], 'valid')
print(h)
```

输出很简单，如下所示：

```
2
```

同样，这只是为了最大化*相关*信息，因为卷积运算在向量的边缘周围会更加*不确定*。也就是说，卷积运算的结果会在向量不完全重叠的开始和结束处更不确定。此外，为了方便起见，可以使用 `'same'` 参数获得与输入大小相同的输出向量，如下所示：

```
import numpy as np
h = np.convolve([2, 3, 2], [-1, 2, -1], 'same')
print(h)
```

输出结果如下：

```
[1 2 1]
```

下面是三种使用上述卷积方式的实际原因：

- 需要所有的良好信息且不允许存在滤波器部分重叠引起的噪声时，可以使用 `'valid'` 方式。
- 想简化计算工作时，可以使用 `'same'` 方式。在输入和输出中具有相同维数的情况下，这种方式将会简化操作。
- 否则，就使用默认计算方式获得任何所需卷积运算的完整解析结果。

随着专门处理数字乘法和加法运算的微处理器的兴起，以及**快速傅里叶变换**

（FFT）算法的发展，卷积运算变得非常流行。FFT 算法利用了一个非常好的数学性质，即基于离散时域的卷积运算等价于基于傅里叶域的乘法运算，反之亦然。

接下来，我们继续学习另外一种维度的卷积运算。

12.2.2　二维卷积

二维卷积和一维卷积非常相似。然而，二维卷积使用的不是向量数据，而是矩阵数据。因此，可以在这里直接使用图像数据。

假设有两个矩阵：其中一个表示输入数据，另外一个表示滤波器，如下所示：

$$x = \begin{bmatrix} 2 & 2 & 2 \\ 2 & 3 & 2 \\ 2 & 2 & 2 \end{bmatrix}, w = \begin{bmatrix} -1 & -1 & -1 \\ -1 & 8 & -1 \\ -1 & -1 & -1 \end{bmatrix}$$

我们可以通过反转（在两个维度）和移动（也在两个维度）滤波器的方式计算二维离散卷积。具体的计算公式如下：

$$(x * w)[n_1, n_2] = h[n_1, n_2] = \sum_{m_1=-\infty}^{\infty} \sum_{m_2=-\infty}^{\infty} x[n_1, n_2] w[n_1 - m_1, n_2 - m_2]$$

这里的运算过程和一维的情形非常相似。图 12.2 给出了前两个步骤和最后一个步骤，以节省篇幅并避免重复。

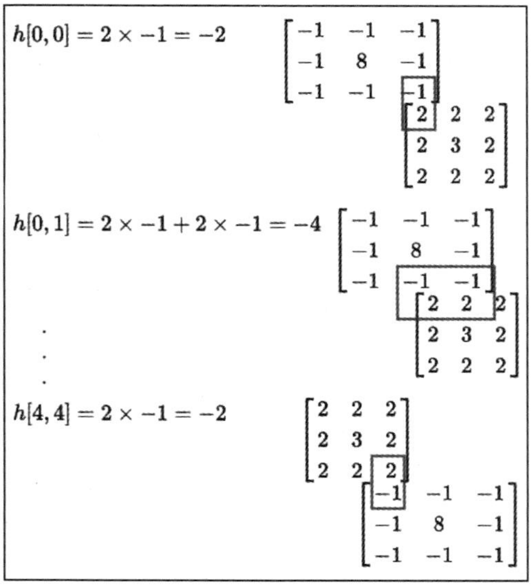

图 12.2　二维离散卷积的示例

在 Python 中，可以使用 SciPy 中的 convolve2d 方法计算二维卷积，如下所示：

```
import numpy as np
from scipy.signal import convolve2d
x = np.array([[2,2,2],[2,3,2],[2,2,2]])
w = np.array([[-1,-1,-1],[-1,8,-1],[-1,-1,-1]])
h = convolve2d(x,w)
print(h)
```

输出结果如下：

```
[[-2 -4 -6 -4 -2]
 [-4  9  5  9 -4]
 [-6  5  8  5 -6]
 [-4  9  5  9 -4]
 [-2 -4 -6 -4 -2]]
```

这里给出的结果是完整的解析结果。然而，与一维卷积计算的情形类似，如果你只想要完全重叠时的卷积计算结果，可以调用一个 'valid' 结果，或者如果想要一个与输入大小相同的结果，可以调用 'same' 结果，如下所示：

```
import numpy as np
from scipy.signal import convolve2d
x = np.array([[2,2,2],[2,3,2],[2,2,2]])
w = np.array([[-1,-1,-1],[-1,8,-1],[-1,-1,-1]])
h = convolve2d(x,w,mode='valid')
print(h)
h = convolve2d(x,w,mode='same')
print(h)
```

输出结果如下：

```
[[8]]

[[9 5 9]
 [5 8 5]
 [9 5 9]]
```

接下来，我们继续学习 n 维卷积运算。

12.2.3　n 维卷积

一旦掌握了一维和二维的卷积运算，就理解了卷积运算背后的基本思想。但是，可能仍然需要在更大的维度中执行卷积运算，例如在多光谱数据集中执行卷积。为此，只需准备任意维数的 NumPy 数组，然后使用 SciPy 的 convolve() 函数。考察下面的例子：

```
import numpy as np
from scipy.signal import convolve
x = np.array([[[1,1],[1,1]],[[2,2],[2,2]]])
w = np.array([[[1,-1],[1,-1]],[[1,-1],[1,-1]]])
h = convolve(x,w)
print(h)
```

这里的向量 $x, w \in \mathbb{R}^{2 \times 2 \times 2}$ 是一个三维数组，可以成功进行卷积运算，得到下列输出：

```
[[[ 1  0 -1]
  [ 2  0 -2]
  [ 1  0 -1]]
```

```
[[ 3  0 -3]
 [ 6  0 -6]
 [ 3  0 -3]]

[[ 2  0 -2]
 [ 4  0 -4]
 [ 2  0 -2]]]
```

n 维卷积唯一困难的部分是将它们进行可视化或者在脑海中想象出来。我们人类可以很容易地理解一维、二维和三维空间，但是却很难说清楚更大维度的空间到底是什么样子。但是记住，如果理解了卷积在一维和二维空间中的作用，那么就可以相信数学和算法在任何维度中都是有效的。

接下来，让我们看看如何通过定义 Keras 卷积层并将其添加到模型中来学习这种卷积滤波器。

12.3　卷积层

在深度学习领域，卷积运算具有很多非常有趣的特性：

❑ 可以成功地对数据的空间属性进行编码和解码
❑ 可以根据最新的进展进行比较快速的计算
❑ 可以用于解决关于计算机视觉的一些问题
❑ 可以与其他类型的网络层进行组合以获得最大的模型性能

Keras 拥有 TensorFlow 的封装函数，这些函数涉及一些最常用维度的卷积运算，即一维、二维和三维卷积运算：Conv1D、Conv2D 和 Conv3D。本章着重关注二维卷积运算，但是要确保如果你已经理解了二维卷积的概念，就可以很容易地继续使用其他类型的卷积运算。

12.3.1　Conv2D

二维卷积方法具有以下特征：tensorflow.keras.layers.Conv2D。卷积层中最常用的参数如下：

❑ filters 表示特定层中要学习的滤波器数量，并影响该层输出的维度。
❑ kernel_size 表示滤波器的大小，例如，图 12.2 中滤波器的大小为（3,3）。
❑ strides =(1,1) 对我们来说是新的知识。步长定义为滤波器在输入数据中滑动时所采取的步长。到目前为止所展示的所有例子都假设我们遵循卷积的原始定义并采用单位步长。然而，在卷积层中，你可以采取更大的步长，这虽然可以产生较小尺寸的输出，但也会丢失信息。
❑ padding ='valid' 是指对卷积结果的边缘信息进行处理的方式。注意这里的选项只有 'valid' 或 'same' 这两种，并且无法获得完整的分析结果。表示的含义和本章之前介绍的一样。

❑ activation=None提供了需要时在层中包含激活函数的选项，例如，activation =
'relu'。

为了举例说明这一点，可以考察如图12.3所示的卷积层，其中第一层是卷积层（2D），
有64个滤波器，大小为9×9，步长为2,2（即每次在每个方向上滑动两个单位）。接下来，
我们将在图12.3中解释网络模型的其余部分。

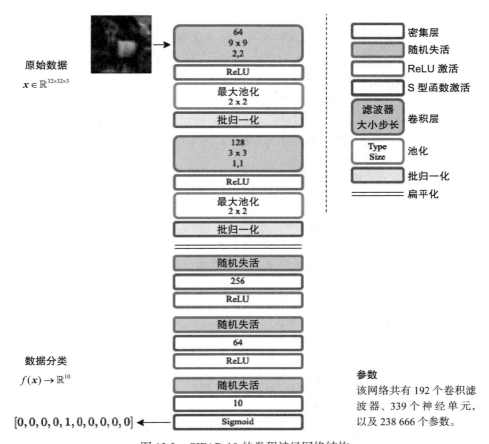

图 12.3 CIFAR-10 的卷积神经网络结构

图中的第一个卷积层可以定义为：

```
import tensorflow as tf
from tensorflow.keras.layers import Conv2D
input_shape = (1, 32, 32, 3)
x = tf.random.normal(input_shape)
l = Conv2D(64, (9,9), strides=(2,2), activation='relu',
           input_shape=input_shape)(l)
print(l.shape)
```

这里其实是创建了一个具有给定规范的卷积层。print 语句将有效地生成下列结果：

```
(1, 12, 12, 64)
```

如果进行具体的卷积计算，那么64个滤波器中的每一个都将产生一个23×23 `'valid'` 输出，但是由于这里使用了（2,2）步长，所以应该可以得到一个大小为 11.5×11.5 的输出结果。然而，由于不能使用分数，TensorFlow 将四舍五入到12×12。因此，我们最终以这样的形状作为输出。

12.3.2 layer+activation 组合

如前所述，`Conv2D` 类能够包含你所选择的激活函数。这是非常值得赞赏的一件事情，因为它将为所有想要学习高效编码的人节省一些代码行。但是，我们必须注意不要忘记在某处记录好所使用的激活函数的类型。

图 12.3 给出了在一个单独的块中的激活函数。这是一个很好的方法，可以跟踪模型训练的整个过程中使用了哪些激活函数。卷积层中最常见的激活函数是 ReLU，或者属于 ReLU 家族的任何其他激活函数，例如 leaky ReLU 和 ELU。下一个新的内容是池化层。让我们讨论一下。

12.4 池化策略

你会发现池化通常伴随着卷积层。池化是一种通过降低问题的维度来减少计算量的思想。Keras 中有一些可用的池化策略，但最重要和最受欢迎的是以下两个：

❏ AveragePooling2D

❏ MaxPooling2D

它们也适用于其他维度的数据，比如一维向量数据。然而，为了理解池化策略，可以简单地考察一下图 12.4 中的例子。

图 12.4 中，你可以观察到最大池化是如何查看单个 2×2 方格每次移动两个空间的，这将产生大小为 2×2 的计算结果。池化计算的全部意义在于找到较小的数据摘要信息。对于神经网络模型，我们通常比较关注那些最为兴奋的神经元，所以需要将最大值作为大部分数据的良好代表是有意义的。然而，你也可以使用数据的平均值进行池化计算（`AveragePooling2D`），这在任意场合上都是比较合适的。

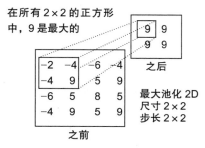

图 12.4 二维中的最大池化示例

ℹ 最大池化在时间性能上会略有不同，但是这种差别非常小。

在 Keras 中，可以非常容易地实现池化计算。例如，对于 2D 最大池化计算，可以简单地做以下事情：

```
import tensorflow as tf
from tensorflow.keras.layers import MaxPooling2D
x = tf.constant([[-2, -4, -6, -4],
                 [-4,  9,  5,  9],
                 [-6,  5,  8,  5],
                 [-4,  9,  5,  9]])
x = tf.reshape(x, [1, 4, 4, 1])
y = MaxPooling2D(pool_size=(2, 2), strides=(2, 2), padding='valid')
print(tf.reshape(y(x), [2, 2]))
```

可以得到与图 12.4 中相同的输出结果：

```
tf.Tensor(
[[9 9]
 [9 9]], shape=(2, 2), dtype=int32)
```

对于平均池化，可以这样做：

```
import tensorflow as tf
from tensorflow.keras.layers import AveragePooling2D
x = tf.constant([[-2., -4., -6., -4],
                 [-4.,  9.,  5.,  9.],
                 [-6.,  5.,  8.,  5.],
                 [-4.,  9.,  5.,  9.]])
x = tf.reshape(x, [1, 4, 4, 1])
y = AveragePooling2D(pool_size=(2, 2), strides=(2, 2), padding='valid')
print(tf.reshape(y(x), [2, 2]))
```

输出结果如下：

```
tf.Tensor(
[[-0.25 1. ]
 [ 1. 6.75]], shape=(2, 2), dtype=float32)
```

这两种池化策略在数据汇总方面都非常有效。随便选哪一种都没有问题。

现在是大揭秘时间。我们将在接下来的 CNN 介绍中把这些内容整合到一起。

12.5　面向 CIFAR-10 的卷积神经网络

在考察了 CNN 模型的各个部分之后，我们现在已经可以实现功能完整的 CNN 模型了：
理解卷积操作的概念、理解池化的概念以及理解如何实现网络卷积层的操作和网络池化层
的计算。现在，我们将实现如图 12.3 所示体系结构的 CNN 模型。

12.5.1　实现

我们将逐步实现图 12.3 中所示的网络模型，并将其分成若干部分。

1. 加载数据

我们先加载 CIFAR-10 数据集，如下所示：

```
from tensorflow.keras.datasets import cifar10
from tensorflow.keras.utils import to_categorical
import numpy as np
```

```
# The data, split between train and test sets:
(x_train, y_train), (x_test, y_test) = cifar10.load_data()
x_train = x_train.astype('float32') / 255.
x_test = x_test.astype('float32') / 255.

y_train = to_categorical(y_train, 10)
y_test = to_categorical(y_test, 10)
print('x_train shape:', x_train.shape)
print('x_test shape:', x_test.shape)
```

这应该就实现了数据集的有效加载并且可以打印数据集的规模，如下所示：

```
x_train shape: (50000, 32, 32, 3)
x_test shape: (10000, 32, 32, 3)
```

这非常简单，但我们可以进一步验证数据是否被正确加载，方法是加载并绘制出 x_train 集合中每个类的第一张图像，如下所示：

```
import matplotlib.pyplot as plt
import numpy as np

(_, _), (_, labels) = cifar10.load_data()
idx = [3, 6, 25, 46, 58, 85, 93, 99, 108, 133]

clsmap = {0: 'airplane',
          1: 'automobile',
          2: 'bird',
          3: 'cat',
          4: 'deer',
          5: 'dog',
          6: 'frog',
          7: 'horse',
          8: 'ship',
          9: 'truck'}

plt.figure(figsize=(10,4))
for i, (img, y) in enumerate(zip(x_test[idx].reshape(10, 32, 32, 3),
labels[idx])):
  plt.subplot(2, 5, i+1)
  plt.imshow(img, cmap='gray')
  plt.xticks([])
  plt.yticks([])
  plt.title(str(y[0]) + ": " + clsmap[y[0]])
plt.show()
```

这将产生如图 12.5 所示的输出结果。

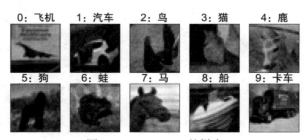

图 12.5　CIFAR-10 的样本

接下来，我们将实现网络模型中的各个网络层。

2. 编译模型

再次回顾图 12.3 所示的模型，并考虑应该如何实现。你会发现看到的所有代码都是本章和之前的章节中学过的：

```python
# Importing the Keras libraries and packages
from tensorflow.keras.layers import Conv2D, MaxPooling2D, Flatten
from tensorflow.keras.layers import Input, Dense, Dropout,
BatchNormalization
from tensorflow.keras.models import Model
from tensorflow.keras.optimizers import RMSprop

# dimensionality of input and latent encoded representations
inpt_dim = (32, 32, 3)

inpt_img = Input(shape=inpt_dim)
# Convolutional layer
cl1 = Conv2D(64, (9, 9), strides=(2, 2), input_shape = inpt_dim,
            activation = 'relu')(inpt_img)

# Pooling and BatchNorm
pl2 = MaxPooling2D(pool_size = (2, 2))(cl1)
bnl3 = BatchNormalization()(pl2)
```

继续添加更多像这样的卷积层：

```python
# Add a second convolutional layer
cl4 = Conv2D(128, (3, 3), strides=(1, 1), activation = 'relu')(bnl3)
pl5 = MaxPooling2D(pool_size = (2, 2))(cl4)
bnl6 = BatchNormalization()(pl5)

# Flattening for compatibility
fl7 = Flatten()(bnl6)

# Dense layers + Dropout
dol8 = Dropout(0.5)(fl7)
dl9 = Dense(units = 256, activation = 'relu')(dol8)
dol10 = Dropout(0.2)(dl9)
dl11 = Dense(units = 64, activation = 'relu')(dol10)
dol12 = Dropout(0.1)(dl11)
output = Dense(units = 10, activation = 'sigmoid')(dol12)

classifier = Model(inpt_img, output)
```

然后，可以编译并打印输出模型，如下所示：

```python
# Compiling the CNN with RMSprop optimizer
opt = RMSprop(learning_rate=0.001)

classifier.compile(optimizer = opt, loss = 'binary_crossentropy',
                   metrics = ['accuracy'])

print(classifier.summary())
```

这将输出一个网络的摘要，如下所示：

```
Model: "model"
_____
Layer (type)                 Output Shape              Param #
=================================================================
input_1 (InputLayer)         [(None, 32, 32, 3)]       0
_____
conv2d (Conv2D)              (None, 12, 12, 64)        15616
_____
max_pooling2d_4 (MaxPooling2 (None, 6, 6, 64)          0
_____
batch_normalization (BatchNo (None, 6, 6, 64)          256
_____
                              .
                              .
                              .
_____
dropout_2 (Dropout)          (None, 64)                0
_____
dense_2 (Dense)              (None, 10)                650
=================================================================
Total params: 238,666
Trainable params: 238,282
Non-trainable params: 384
```

　　有一件事情应该是很明显的，那就是这个网络所包含参数的数量。如果回想一下之前的内容，就会惊讶地发现这个网络竟然只包含将近 25 万个参数，而广度或深度网络却有几百万个参数。此外，你很快就发现这个规模相对较小的网络，虽然仍然过度参数化，但是这个模型的性能表现比第 11 章中有更多参数的网络模型要好。

　　接下来，我们来训练这个网络模型。

3. 训练 CNN 模型

　　可以使用第 11 章中介绍的回调函数来训练 CNN 模型，如果训练过程没有进展，就尽早停止网络训练过程，如果梯度下降算法达到了一个平台，就通过降低学习率来集中它努力的方向。

　　模型训练代码如下：

```
# Fitting the CNN to the images
from tensorflow.keras.callbacks import ReduceLROnPlateau, EarlyStopping

reduce_lr = ReduceLROnPlateau(monitor='val_loss', factor=0.5, patience=10,
                              min_delta=1e-4, mode='min', verbose=1)

stop_alg = EarlyStopping(monitor='val_loss', patience=35,
                         restore_best_weights=True, verbose=1)

hist = classifier.fit(x_train, y_train, batch_size=100, epochs=1000,
                      callbacks=[stop_alg, reduce_lr], shuffle=True,
                      validation_data=(x_test, y_test))

classifier.save_weights("cnn.hdf5")
```

　　上述代码的运行结果可能会因计算机的性能不同而有所差异。例如，模型训练过程可能需要进行较少或更多次数的历元，或者如果小批量（随机选择）包含几个边缘情况，梯度下降算法可能会采取不同的方向。然而，在大多数情况下应该会得到类似于下面给出的结果：

```
Epoch 1/1000
500/500 [==============================] - 3s 5ms/step - loss: 0.2733 -
accuracy: 0.3613 - val_loss: 0.2494 - val_accuracy: 0.4078 - lr: 0.0010
Epoch 2/1000
500/500 [==============================] - 2s 5ms/step - loss: 0.2263 -
accuracy: 0.4814 - val_loss: 0.2703 - val_accuracy: 0.4037 - lr: 0.0010
.
.
.
Epoch 151/1000
492/500 [=============================>.] - ETA: 0s - loss: 0.0866 -
accuracy: 0.8278
Epoch 00151: ReduceLROnPlateau reducing learning rate to
3.906250185536919e-06.
500/500 [==============================] - 2s 4ms/step - loss: 0.0866 -
accuracy: 0.8275 - val_loss: 0.1153 - val_accuracy: 0.7714 - lr: 7.8125e-06
Epoch 152/1000
500/500 [==============================] - 2s 4ms/step - loss: 0.0864 -
accuracy: 0.8285 - val_loss: 0.1154 - val_accuracy: 0.7707 - lr: 3.9063e-06
Epoch 153/1000
500/500 [==============================] - 2s 4ms/step - loss: 0.0861 -
accuracy: 0.8305 - val_loss: 0.1153 - val_accuracy: 0.7709 - lr: 3.9063e-06
Epoch 154/1000
500/500 [==============================] - 2s 4ms/step - loss: 0.0860 -
accuracy: 0.8306 - val_loss: 0.1153 - val_accuracy: 0.7709 - lr: 3.9063e-06
Epoch 155/1000
500/500 [==============================] - 2s 4ms/step - loss: 0.0866 -
accuracy: 0.8295 - val_loss: 0.1153 - val_accuracy: 0.7715 - lr: 3.9063e-06
Epoch 156/1000
496/500 [=============================>.] - ETA: 0s - loss: 0.0857 -
accuracy: 0.8315Restoring model weights from the end of the best epoch.
500/500 [==============================] - 2s 4ms/step - loss: 0.0857 -
accuracy: 0.8315 - val_loss: 0.1153 - val_accuracy: 0.7713 - lr: 3.9063e-06
Epoch 00156: early stopping
```

此时，当模型训练过程结束，可以得到一个模型准确率的估算值，约为83.15%。需要小心，这不是一个平衡精度。为此，我们将在下一节中考察模型的平衡错误率（BER）度量指标。但在此之前，可以通过观察训练曲线的形状来看看损失值是如何得到最小化的。

下面的代码将产生我们想要的结果：

```
import matplotlib.pyplot as plt

fig = plt.figure(figsize=(10,6))
plt.plot(hist.history['loss'], color='#785ef0')
plt.plot(hist.history['val_loss'], color='#dc267f')
plt.title('Model Loss Progress')
plt.ylabel('Brinary Cross-Entropy Loss')
plt.xlabel('Epoch')
plt.legend(['Training Set', 'Test Set'], loc='upper right')
plt.show()
```

这将得出如图 12.6 所示的损失函数图像。

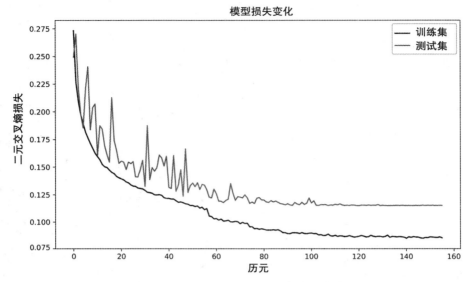

图 12.6　CIFAR-10 上 CNN 的损失最小化

从这张图中，可以看出学习损失函数曲线的起伏变化，特别是训练集的损失函数曲线的变化，这是由于使用回调函数 ReduceLROnPlateau 降低了学习率。由于使用了 Earlystopping 回调函数，当损失值在测试集上不再降低时，就停止模型训练的过程。

12.5.2　结果

现在看看客观的数值结果：

```
from sklearn.metrics import classification_report
from sklearn.metrics import confusion_matrix
from sklearn.metrics import balanced_accuracy_score
import matplotlib.pyplot as plt
import numpy as np

(_, _), (_, labels) = cifar10.load_data()

y_ = labels
y_hat = classifier.predict(x_test)
y_pred = np.argmax(y_hat, axis=1)

print(classification_report(np.argmax(y_test, axis=1),
                            np.argmax(y_hat, axis=1),
                            labels=[0, 1, 2, 3, 4, 5, 6, 7, 8, 9]))
cm = confusion_matrix(np.argmax(y_test, axis=1),
                      np.argmax(y_hat, axis=1),
                      labels=[0, 1, 2, 3, 4, 5, 6, 7, 8, 9])
print(cm)
ber = 1- balanced_accuracy_score(np.argmax(y_test, axis=1),
```

```
                                        np.argmax(y_hat, axis=1))
print('BER', ber)
```

这将给出下列数值结果，可以将其与前一章的结果进行比较：

```
         precision    recall   f1-score   support

0          0.80        0.82       0.81       1000
1          0.89        0.86       0.87       1000
2          0.73        0.66       0.69       1000
3          0.57        0.63       0.60       1000
4          0.74        0.74       0.74       1000
5          0.67        0.66       0.66       1000
6          0.84        0.82       0.83       1000
7          0.82        0.81       0.81       1000
8          0.86        0.88       0.87       1000
9          0.81        0.85       0.83       1000

                     accuracy    0.77      10000

[[821  12  36  18  12   8   4   4  51  34]
 [ 17 860   3   7   2   6   8   1  22  74]
 [ 61   2 656  67  72  53  43  24  11  11]
 [ 11   7  47 631  55 148  38  36  10  17]
 [ 21   2  48  63 736  28  31  54  12   5]
 [ 12   3  35 179  39 658  16  41   4  13]
 [  2   4  32  67  34  20 820   8   8   5]
 [ 12   3  18  41  42  52   5 809   3  15]
 [ 43  22  12  12   2   5   3   0 875  26]
 [ 29  51  10  19   2   3   5   9  26 846]]

BER 0.2288
```

特定类别的准确率可以高达 87%，而最低的准确率是 66%。这比前一章的模型要好得多。BER 为 0.2288，均可解释为 77.12% 的平衡精度。这与训练过程中根据测试集得到的准确性报告相匹配，表明这个模型得到了正确的训练。为了方便比较，图 12.7 给出了混淆矩阵的可视化展示。

从视觉混淆矩阵中，可以更加清楚地看出，第 3 类和第 5 类比其他类别更容易混淆，而第 3 类和第 5 类分别对应猫和狗。

就这么多了。如你所见，这已经是一个很好的结果了，但是你可以自己进行更多的实验。可以编辑和添加更多的卷积层到模型当中，让它变得更好。如果很好奇的话，还有其他更大规模的 CNN 模型，它们也非常成功。这里有两个最著名的较大规模的 CNN 模型：

❑ VGG-19：包含 12 个卷积层和 3 个密集层（Simonyan, K., et al., 2014）。
❑ ResNet：包含 110 个卷积层和 1 个密集层（He, K, et al., 2016）。对于 CIFAR-10 数据集，这种特殊配置的错误率可低至 6.61%（±0.16%）。

接下来，我们讨论如何将所学的滤波器进行可视化展示。

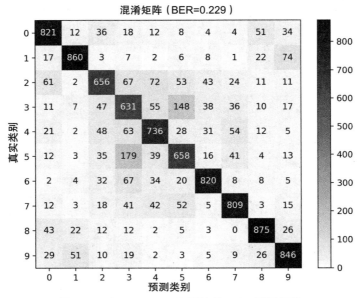

图 12.7　在 CIFAR-10 上训练的 CNN 混淆矩阵

12.5.3　滤波器的可视化

本章的最后一部分讨论如何将学习到的滤波器进行可视化展示。如果你想考察这种网络模型究竟在学习什么，这部分内容可能会有所帮助。这些内容可能有助于实现对网络模型的解释。然而，需要注意的是，网络模型的层数越深，对网络模型的理解就越复杂。

下面的代码将帮助你可视化网络中第一个卷积层的滤波器：

```
from sklearn.preprocessing import MinMaxScaler

cnnl1 = classifier.layers[1].name   # get the name of the first conv layer
W = classifier.get_layer(name=cnnl1).get_weights()[0]   #get the filters
wshape = W.shape  #save the original shape

# this part will scale to [0, 1] for visualization purposes
scaler = MinMaxScaler()
scaler.fit(W.reshape(-1,1))
W = scaler.transform(W.reshape(-1,1))
W = W.reshape(wshape)

# since there are 64 filters, we will display them 8x8
fig, axs = plt.subplots(8,8, figsize=(24,24))
fig.subplots_adjust(hspace = .25, wspace=.001)
axs = axs.ravel()
for i in range(W.shape[-1]):
  # we reshape to a 3D (RGB) image shape and display
  h = np.reshape(W[:,:,:,i], (9,9,3))
  axs[i].imshow(h)
  axs[i].set_title('Filter ' + str(i))
```

这段代码在很大程度上取决于想要可视化的网络层、想要可视化的滤波器数量以及滤波器本身的大小。在这种情况下，我们想把第一个卷积层进行可视化展示。它有 64 个滤波器（显示在 8×8 的网格中），每个滤波器都是 9×9×3，因为输入数据是彩色图像。图 12.8 给出了前述代码的计算结果图示。

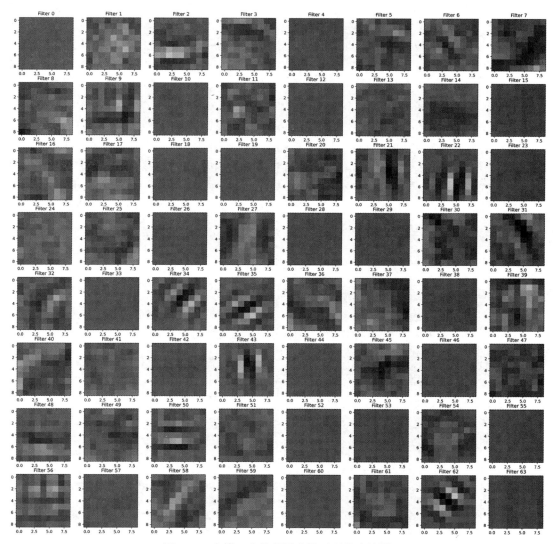

图 12.8 在第一个卷积层中学习到的滤波器

如果你是图像处理方面的专家，可能会认出其中的一些模式，因为它们类似于 Gabor 滤波器（Jain, a.k, et al., 1991）。其中一些滤波器是用来寻找边缘、纹理或特定形状的。文献表明，对于卷积网络模型，较深的网络层通常可以编码出高度复杂的信息，第一个网络层则用于检测图像的基本特征，如目标边缘等。

请放心地继续尝试，可以通过进行必要的修改来可视化展示另外一个网络层的滤波器。

12.6 小结

本章展示了如何创建 CNN 模型。你学习了卷积运算，这是网络模型背后的基本概念。还学习了如何创建模型的卷积层和实现池化策略。设计了一个基于 CIFAR-10 数据集的卷积网络模型来学习用于识别对象的滤波器，并学习了如何对学习到的滤波器进行可视化展示。

在这一点上，你应该有信心解释根植于计算机视觉和信号处理的卷积神经网络背后的动机。应该能够自如地使用 NumPy、SciPy 和 Keras/TensorFlow，实现对一维和二维数据进行卷积操作的编码。此外，你应该有信心在网络层中实现卷积运算，并使用梯度下降算法学习滤波器。如果要求对网络模型学习到的内容进行可视化展示，那么你应该准备好实现一个简单的可视化方法来直观形象地展示所学到的滤波器。

CNN 模型擅长编码具有高度空间相关性的信息，如图像、音频或文本数据。然而，有一种有趣的网络，可以实现对有序的信息进行编码。第 13 章将介绍循环网络最基本的概念并通往长短时记忆模型。我们将探讨序列模型的多种变体在图像分类和自然语言处理中的应用。

12.7 习题与答案

1. 本章讨论的哪些数据摘要策略可以降低卷积模型的维数？
   答：池化策略。
2. 添加更多的卷积层总是会优化网络模型吗？
   答：不是的。目前已经得到证明，更多的网络层对网络模型会产生积极的影响，但是在某些情况下，并没有取得增益。应该用实验确定卷积层数、滤波器大小以及池化策略。
3. CNN 还有什么其他用途？
   答：音频处理和分类、图像去噪、图像超分辨率、文本摘要和其他文本处理和分类任务、数据加密。

12.8 参考文献

- LeCun, Y., Boser, B., Denker, J. S., Henderson, D., Howard, R. E., Hubbard, W., and Jackel, L. D. (1989). *Backpropagation applied to handwritten zip code recognition. Neural computation*, 1(4), 541-551.
- Li, Y. D., Hao, Z. B., and Lei, H. (2016). *Survey of convolutional neural networks. Journal of Computer Applications*, 36(9), 2508-2515.
- Krizhevsky, A., Sutskever, I., and Hinton, G. E. (2012). *Imagenet classification with deep convolutional neural networks*. In *Advances in neural information processing systems* (pp. 1097-1105).
- Simonyan, K., and Zisserman, A. (2014). *Very deep convolutional networks for large-scale image recognition*. arXiv preprint arXiv:1409.1556.
- He, K., Zhang, X., Ren, S., and Sun, J. (2016). *Deep residual learning for image recognition*. In *Proceedings of the IEEE conference on computer vision and pattern recognition* (pp. 770-778).
- Jain, A. K., and Farrokhnia, F. (1991). *Unsupervised texture segmentation using Gabor filters. Pattern recognition*, 24(12), 1167-1186.

第 13 章 *Chapter 13*

循环神经网络

本章将介绍循环神经网络，从基本的网络模型开始，然后转向一种新型的循环层，这些循环层能够处理带有内部记忆功能的学习机制，使模型记住或忘记数据集中的某些模式。我们首先展示循环网络在对动态模式或序列模式进行推断方面的强大功能，然后介绍一种对传统架构进行改进而得到的网络模型，这种模型具有内部记忆机制，可以同时应用于时间和空间这两个方向。

我们将通过把情感分析问题视为序列到向量的应用来处理学习任务，然后同时关注作为向量到序列和序列到序列模型的自编码器。当学完本章时，你将能够解释为什么长短时记忆模型比传统的密集方法更好以及描述双向长短时记忆模型与单向方法相比的优势有哪些。你将能够实现自己的循环网络，并将它们应用于 NLP 问题或与图像相关的应用程序，包括关于序列到向量、向量到序列以及序列到序列的建模。

本章主要内容如下：

- ❏ 循环神经网络简介
- ❏ 长短时记忆模型
- ❏ 序列到向量的模型
- ❏ 向量到序列的模型
- ❏ 序列到序列的模型
- ❏ 伦理意蕴

13.1 循环神经网络简介

循环神经网络（RNN）主要基于 Rumelhart（Rumelhart, D. E, et al., 1986）的早期工作，

Rumelhart 是一位心理学家，曾与 Hinton 有过密切的合作，本书中已经多次提到过 Hinton 教授。RNN 的概念很简单，但它的产生在基于数据序列的模式识别领域是革命性的。

> ℹ **数据序列**是指在时间或空间上具有高度相关性的数据。例如音频和图像序列。

　　RNN 中循环的概念如图 13.1 所示。对于 RNN 模型中某个任意神经元密集层，都可以使用不同时间步长 t 的输入数据对其进行刺激，图 13.1b 和图 13.1c 给出了 $t = 5$ 的具有 5 个时间步长 t 的 RNN 模型展示。从图 13.1b 和图 13.1c 中可以看出模型是如何访问到不同时间步长的输入数据的，但更加重要的是，神经元的输出结果也可以被下一层的神经元访问。

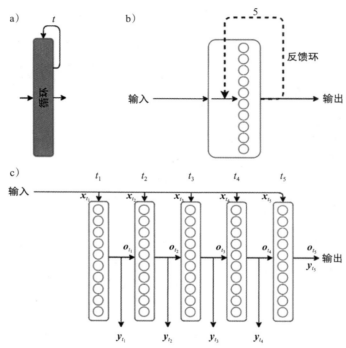

图 13.1　循环层的不同表示：图 a 是本书的首选表示法；图 b 展示了神经单元和反馈回路；
图 c 是图 b 的扩展版，详细展示了模型训练过程中真正发生的情况

　　RNN 能够观察到前一层神经元是如何被刺激的，这有助于网络模型更好地实现对序列数据的解释，而不会缺失附加的信息。然而，这是有代价的：与传统神经网络的密集层相比，RNN 需要计算更多的参数，因为模型中还存在用于表示输入 x_t 和前期输出 o_{t-1} 之间关系的权重参数。

13.1.1　简单 RNN 模型

　　在 Keras 中，可以创建一个简单的 RNN 模型，该模型具有 5 个时间步长，10 个神经

元（见图 13.1），代码如下：

```
from tensorflow.keras import Sequential
from tensorflow.keras.layers import SimpleRNN

n_units = 10
t_steps = 5
inpt_ftrs=2
model = Sequential()
model.add(SimpleRNN(n_units, input_shape=(t_steps, inpt_ftrs)))
model.summary()
```

输出结果如下：

```
Model: "sequential"

_____
Layer (type)            Output Shape    Param #
=================================================================
simple_rnn (SimpleRNN)  (None, 10)      130
=================================================================
Total params: 130
Trainable params: 130
Non-trainable params: 0
```

前述示例代码假设**输入数据中**只有两个**特征**，例如，我们可以有二维的序列数据。这些类型的 RNN 称为*简单* RNN，因为它们类似于具有 tanh 激活函数和相关循环机制的简单密集网络。

RNN 通常与嵌入层相关联，我们将在下一小节中讨论嵌入层。

13.1.2 嵌入层

需要对序列数据进行额外的处理，使 RNN 模型具有更高的鲁棒性，通常的做法是将嵌入层与 RNN 模型配合使用。现在考察这样的一种情况：对于句子"This is a small vector"，想要训练一个 RNN 模型来判别这是表达正确的句子还是表达糟糕的句子。你可以使用你所能想到的所有长度为 5 的句子训练一个 RNN 模型，包括"This is a small vector"。为此，必须找到一种方法将一个句子转换成 RNN 可以理解的形式。这时，嵌入层就来帮忙了。

有一种技术叫作**词嵌入**，它的任务是将单词转换成向量。目前已经有一些比较成功的词嵌入方法，如 Word2Vec（Mikolov, T., et al., 2013）或 GloVe（Pennington, J.,et al., 2014）。但是，我们将集中讨论一种简单的词嵌入技术，并按照如下几个步骤进行：

1）确定你想判别的句子的长度。这将成为 RNN 层的输入维数。这一步对于嵌入层的设计不是必要的，但是对于 RNN 层来说很快就会需要确定输入数据的维数，而且尽早决定维数对 RNN 层是很重要的一件事情。

2）确定数据集中不同单词的数量，并分别为每个单词分配一个数字，创建一个字典：word-to-index。这就是所谓的词汇。

3）将数据集中所有句子中的单词替换为相应的索引。

4）确定词嵌入的维数，并对嵌入层进行训练，使得嵌入层能够将单词的数值索引映射成所需维数的实值向量。

💡 大多数人会首先确定词汇，然后计算每个单词出现的频率，对单词在词汇中进行排序，使得索引 0 与数据集中最常见的单词对应，最后一个索引与数据集中最不常见的单词对应。如果想忽略最常见的单词或最不常见的单词，这种方式通常比较有用。

请看图 13.2 给出的示例。这里以 *This* 单词为例，这个单词的索引是 7，可以使用某个经过训练的嵌入层将这个数字映射成某个 10 维向量，如图 13.2b 所示。这就是词嵌入的过程。

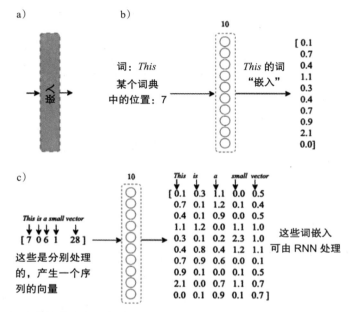

图 13.2　嵌入层：a) 本书的首选表示方式；b) 一个词嵌入的例子；c) 单词序列及其对应的词嵌入矩阵

你可以对完整的句子"This is a small vector"重复这个过程，可以将这个句子映射到一个索引序列 [7,0,6,1,28]，然后使用它产生一个向量序列，如图 13.2c 所示。换句话说，这个嵌入层模型将产生一个词嵌入序列。RNN 模型可以很容易地处理这些序列，并判断它们所表示的句子是否正确。

然而，我们必须要说的是，判断句子是否正确是一个富有挑战性且非常有趣的问题（Rivas, P. et al., 2019）。

基于图 13.2 所示的模型，可以在 Keras 中创建如下嵌入层：

```
from tensorflow.keras import Sequential
from tensorflow.keras.layers import Embedding

vocab_size = 30
embddng_dim = 10
```

```
seqnc_lngth = 5
model = Sequential()
model.add(Embedding(vocab_size, embddng_dim, input_length=seqnc_lngth))
model.summary()
```

输出结果如下：

```
Model: "sequential"

_____
Layer (type)               Output Shape          Param #
===============================================================
embedding (Embedding)      (None, 5, 10)         300
===============================================================
Total params: 300
Trainable params: 300
Non-trainable params: 0
```

但是请注意，对于典型的 NLP 任务，大多数常见语言的词汇通常在数千个左右。想想老式的字典有多少词汇？通常有好几千。

同样地，句子的长度通常也会超过 5 个单词，所以你应该期望需要处理的序列数据比前述例子中的更长。

最后，嵌入层维度取决于你希望模型嵌入层空间的丰富程度，或者取决于模型空间的约束。如果想要一个规模比较小的模型，那么可以考虑嵌入 50 个维度。但是如果空间不是问题，而且你不但有一个具有数百万条数据的优秀数据集，还拥有无限的 GPU 能力，那么应该尝试嵌入 500、700 甚至 1000 多个维度。

现在，让我们尝试使用一个实际的例子来将这些片段结合起来。

13.1.3 词嵌入与 IMDb 上的 RNN

前述章节中已经介绍过 IMDb 数据集，但还是简单回顾一下。这个数据集包含基于文本的电影评论，以及与每条记录相关的正面（1）或负面（0）评论。

Keras 允许你访问这个数据集并提供了一些很好的特性，以便节约用于模型设计的时间。例如，数据集已经根据每个单词出现的频率进行了整理，以便取值较小的索引与出现频率较高的单词相关联，反之亦然。还要记住，你还可以从词典中排除诸如 10 个或者 20 个英语中最常见的单词。甚至可以把词汇限制在 5000 或 10 000 个单词之内。

在做进一步的讨论之前，需要确认一下被处理数据的基本特点：

❑ 词汇量为 10 000。我们可以支持将词汇量保持在 10 000 左右，因为这里的任务是决定一个评论是积极的还是消极的。也就是说，不需要使用过于复杂的词汇表来完成这个任务。

❑ 剔除前 20 个最常见的单词。英语中最常见的单词包括 "a" 和 "the"，像这样的词在决定电影评论是正面的还是负面的时候可能不是很重要。所以，去掉这 20 个最常见的单词就可以了。

❑ 句子的长度为 128 个单词。短一点的句子，比如 5 个单词的句子，可能会缺少足够的内容，而长一点的句子，比如 300 个单词的句子，也不会有太大的意义，因为通常可以使用更少的单词就能完成表达。128 个词的选择完全是任意的，但是也有一些合理的解释。

在考察了上述内容之后，我们就可以轻松地加载数据集，如下所示：

```
from keras.datasets import imdb
from keras.preprocessing import sequence

inpt_dim = 128
index_from = 3

(x_train, y_train),(x_test, y_test)=imdb.load_data(num_words=10000,
                                                   start_char=1,
                                                   oov_char=2,
                                                   index_from=index_from,
                                                   skip_top=20)
x_train = sequence.pad_sequences(x_train,
                                 maxlen=inpt_dim).astype('float32')
x_test = sequence.pad_sequences(x_test, maxlen=inpt_dim).astype('float32')

# let's print the shapes
print('x_train shape:', x_train.shape)
print('x_test shape:', x_test.shape)
```

也可以打印输出一些用于验证的数据，如下所示：

```
# let's print the indices of sample #7
print(' '.join(str(int(id)) for id in x_train[7]))

# let's print the actual words of sample #7
wrd2id = imdb.get_word_index()
wrd2id = {k:(v+index_from) for k,v in wrd2id.items()}
wrd2id["<PAD>"] = 0
wrd2id["<START>"] = 1
wrd2id["<UNK>"] = 2
wrd2id["<UNUSED>"] = 3

id2wrd = {value:key for key,value in wrd2id.items()}
print(' '.join(id2wrd[id] for id in x_train[7] ))
```

输出结果如下：

```
x_train shape: (25000, 128)
x_test shape: (25000, 128)

 55   655   707   6371    956    225   1456    841    42 1310   225
2 ...
very middle class suburban setting there's zero atmosphere or mood there's
<UNK> ...
```

前述代码的第一部分展示了如何加载分别作为训练集和测试集的数据集 x_train 和 y_train、x_test 和 y_test。剩下的部分只是为了验证数据加载的正确性而显示的数据集的尺度规模（维度）。为了进行验证，我们可以打印出样本 #7 的原始形式（索引）和与之对应的单词。如果以前没有使用过 IMDb 数据集，那么这部分代码看起来会觉得有点奇怪。但主要的一点是，我们需要为一些特殊的标记保留某些索引，例如：句子开头 `<START>`、未使用的索引 `< UNUSED >`、未知单词的索引 `<UNK>` 和零填充索引 `<PAD>`。我们为这些标记做了比较特殊的索引分配，这样可以很容易地将索引映射回单词。RNN 将学习这些索引数据，并且需要学习如何处理它们，要么忽略这些索引，要么赋给它们某些特定权重。

现在，让我们实现如图 13.3 所示的网络架构，它使用了前面解释过的所有层。

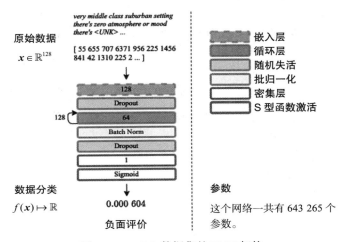

图 13.3 IMDb 数据集的 RNN 架构

图中显示了与负面评论相关的相同示例（来自训练集的 #7）。图中描述的架构以及数据加载的代码如下：

```
from keras.datasets import imdb
from keras.preprocessing import sequence
from tensorflow.keras.models import Model
from tensorflow.keras.layers import SimpleRNN, Embedding,
BatchNormalization
from tensorflow.keras.layers import Dense, Activation, Input, Dropout

seqnc_lngth = 128
embddng_dim = 64
vocab_size = 10000

(x_train, y_train), (x_test, y_test) = imdb.load_data(num_words=vocab_size,
                                                 skip_top=20)
x_train = sequence.pad_sequences(x_train,
                          maxlen=seqnc_lngth).astype('float32')
x_test = sequence.pad_sequences(x_test,
                          maxlen=seqnc_lngth).astype('float32')
```

模型层的定义代码如下：

```
inpt_vec = Input(shape=(seqnc_lngth,))
l1 = Embedding(vocab_size, embddng_dim, input_length=seqnc_lngth)(inpt_vec)
```

```
l2 = Dropout(0.3)(l1)
l3 = SimpleRNN(32)(l2)
l4 = BatchNormalization()(l3)
l5 = Dropout(0.2)(l4)
output = Dense(1, activation='sigmoid')(l5)

rnn = Model(inpt_vec, output)

rnn.compile(loss='binary_crossentropy', optimizer='adam',
            metrics=['accuracy'])
rnn.summary()
```

该模型使用了之前用过的标准损失和优化器，生成输出如下：

```
Model: "functional"
```

Layer (type)	Output Shape	Param #
input_1 (InputLayer)	[(None, 128)]	0
embedding (Embedding)	(None, 128, 64)	640000
dropout_1 (Dropout)	(None, 128, 64)	0
simple_rnn (SimpleRNN)	(None, 32)	3104
batch_normalization (BatchNo	(None, 32)	128
dropout_2 (Dropout)	(None, 32)	0
dense (Dense)	(None, 1)	33

```
Total params: 643,265
Trainable params: 643,201
Non-trainable params: 64
```

然后，使用之前用过的回调方法来训练网络：a）提前停止，b）自动降低学习率。执行下列代码来进行学习：

```
from tensorflow.keras.callbacks import ReduceLROnPlateau, EarlyStopping
import matplotlib.pyplot as plt

#callbacks
reduce_lr = ReduceLROnPlateau(monitor='val_loss', factor=0.5, patience=3,
                              min_delta=1e-4, mode='min', verbose=1)

stop_alg = EarlyStopping(monitor='val_loss', patience=7,
                         restore_best_weights=True, verbose=1)

#training
hist = rnn.fit(x_train, y_train, batch_size=100, epochs=1000,
               callbacks=[stop_alg, reduce_lr], shuffle=True,
               validation_data=(x_test, y_test))
```

然后，保存模型并显示损失值，代码如下：

```
# save and plot training process
```

```
rnn.save_weights("rnn.hdf5")

fig = plt.figure(figsize=(10,6))
plt.plot(hist.history['loss'], color='#785ef0')
plt.plot(hist.history['val_loss'], color='#dc267f')
plt.title('Model Loss Progress')
plt.ylabel('Brinary Cross-Entropy Loss')
plt.xlabel('Epoch')
plt.legend(['Training Set', 'Test Set'], loc='upper right')
plt.show()
```

上述代码生成的结果如图 13.4 所示，表明网络模型在历元 #3 之后开始进行过拟合。

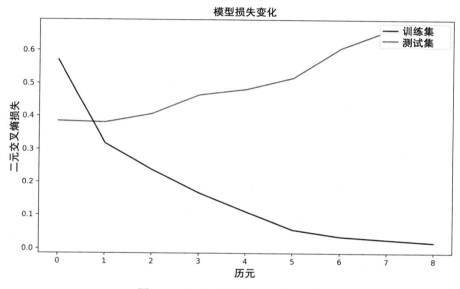

图 13.4　RNN 在训练中的损失变化

过拟合在循环网络中是很常见的，不用对这种行为感到惊讶。就目前的算法而言，会经常发生这种情况。然而，关于 RNN 的一个有趣事实是，与其他传统模型相比，这个模型收敛得非常快。正如你所看到的，三个历元之后的运行效果并不是太糟糕。

接下来，我们必须通过观察平衡精度、混淆矩阵和 ROC 曲线下的面积（AUC）来检验实际的分类性能。只在测试集中这样做：

```
from sklearn.metrics import confusion_matrix
from sklearn.metrics import balanced_accuracy_score
from sklearn.metrics import roc_curve, auc
import matplotlib.pyplot as plt
import numpy as np

y_hat = rnn.predict(x_test)

# gets the ROC
fpr, tpr, thresholds = roc_curve(y_test, y_hat)
roc_auc = auc(fpr, tpr)
```

```
# plots ROC
fig = plt.figure(figsize=(10,6))
plt.plot(fpr, tpr, color='#785ef0',
         label='ROC curve (AUC = %0.2f)' % roc_auc)
plt.plot([0, 1], [0, 1], color='#dc267f', linestyle='--')
plt.xlim([0.0, 1.0])
plt.ylim([0.0, 1.05])
plt.xlabel('False Positive Rate')
plt.ylabel('True Positive Rate')
plt.title('Receiver Operating Characteristic Curve')
plt.legend(loc="lower right")
plt.show()

# finds optimal threshold and gets ACC and CM
optimal_idx = np.argmax(tpr - fpr)
optimal_threshold = thresholds[optimal_idx]
print("Threshold value is:", optimal_threshold)
y_pred = np.where(y_hat>=optimal_threshold, 1, 0)
print(balanced_accuracy_score(y_test, y_pred))
print(confusion_matrix(y_test, y_pred))
```

首先，让我们分析生成的函数图像，如图 13.5 所示。

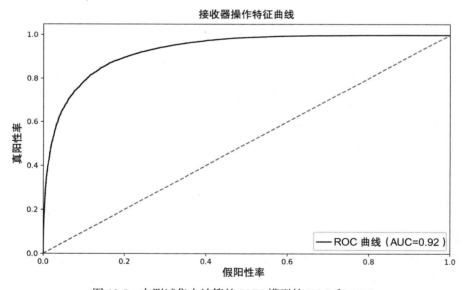

图 13.5　在测试集中计算的 RNN 模型的 ROC 和 AUC

图 13.5 展示了**真阳性率（TPR）**和**假阳性率（FPR）**的良好组合，尽管形状并不是很理想：我们希望看到一个更加陡峭的阶梯曲线。AUC 是 0.92，虽然这也很不错，但是理想的 AUC 应该是 1.0。

类似地，代码生成的平衡准确性和混淆矩阵如下：

```
Threshold value is: 0.81700134

0.8382000000000001
```

```
[[10273 2227]
 [ 1818 10682]]
```

首先，我们计算出 TPR 和 FPR 指标函数的最佳阈值，选择能给出最大 TPR 和最小 FPR 的阈值。这里显示的阈值和相应的性能指标结果会根据网络的初始状态而变化，然而，它们的精度只会在一个非常小的范围内波动。

一旦计算出了最佳阈值，就可以使用 NumPy 中的 `np.where()` 方法对整个预测结果设置阈值，将作为预测结果的数值映射到布尔集合 {0,1}。在此之后，计算得到的平衡精度为 83.82%，虽然这个结果不算太糟糕，但也不是很理想。

改进如图 13.3 所示的 RNN 模型的一种可能的思路是，以某种方式赋予循环层某种跨层记忆或者忘记特定单词的能力，并且能够继续对整个序列数据实现神经元刺激。下面将介绍一种具有这种功能的 RNN 模型。

13.2 长短时记忆模型

长短时记忆模型（Long Short-Term Memory Model, LSTM）最初由 Hochreiter 提出，后来作为一种改进的循环模型获得了广泛的关注（Hochreiter, S, et al., 1997）。LSTM 承诺可以缓解下列与传统 RNN 模型相关的问题：

❑ 梯度消失
❑ 梯度爆炸
❑ 不能记住或忘记输入数据序列的某些信息

图 13.6 给出了 LSTM 的一个非常简化的版本。在图 13.6b 中，我们可以看到附加在一些内存上的自循环，通过图图 13.6c，我们可以考察网络展开时的样子。

LSTM 模型还包含很多其他方面的内容，但是其中最基本的元素如图 13.6 所示。观察 LSTM 层如何接收以前时间步长的信息，不仅可以接收以前的输出结果，而且还可以接收某些名为**状态**的信息，这种信息以记忆类型的形式存在。该图还可以看到，虽然当前输出和状态对下一层可用，但是它们在任何需要的时候都是可用的信息。

我们没有在图 13.6 中给出 LSTM 记忆或忘记的具体实现机制。对于初学者来说，如果在这本书中解释这些内容，可能就会显得比较复杂。然而，关于这部分的内容，你需要知道存在如下三个主要机制：

❑ **输出控制**：输出神经元被先前的输出和当前状态刺激的程度。
❑ **记忆控制**：当前状态下有多少以前的状态会被遗忘。
❑ **输入控制**：考察有多少以前的输出和新状态（内存），由此确定新的当前状态。

这些机制都是可训练的，并可以针对每个单独的序列数据集进行优化。但是为了展示使用 LSTM 模型作为我们的循环层的优点，这里将重复与之前完全相同的代码，只是将 RNN 模型替换成 LSTM 模型。

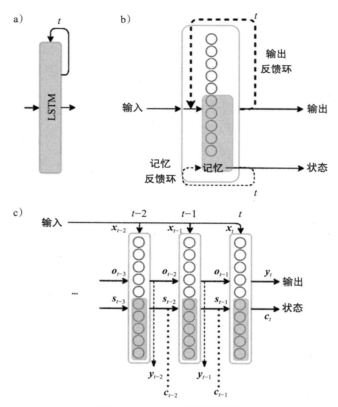

图 13.6 LSTM 的简化模型

数据集加载和模型构建的代码如下：

```
from keras.datasets import imdb
from keras.preprocessing import sequence
from tensorflow.keras.models import Model
from tensorflow.keras.layers import LSTM, Embedding, BatchNormalization
from tensorflow.keras.layers import Dense, Activation, Input, Dropout

seqnc_lngth = 128
embddng_dim = 64
vocab_size = 10000

(x_train, y_train), (x_test, y_test) = imdb.load_data(num_words=vocab_size,
                                                       skip_top=20)
x_train = sequence.pad_sequences(x_train,
maxlen=seqnc_lngth).astype('float32')
x_test = sequence.pad_sequences(x_test,
maxlen=seqnc_lngth).astype('float32')
```

可使用如下代码实现对模型的定义：

```
inpt_vec = Input(shape=(seqnc_lngth,))
l1 = Embedding(vocab_size, embddng_dim, input_length=seqnc_lngth)(inpt_vec)
```

```
l2 = Dropout(0.3)(l1)
l3 = LSTM(32)(l2)
l4 = BatchNormalization()(l3)
l5 = Dropout(0.2)(l4)
output = Dense(1, activation='sigmoid')(l5)

lstm = Model(inpt_vec, output)

lstm.compile(loss='binary_crossentropy', optimizer='adam',
             metrics=['accuracy'])
lstm.summary()
```

输出结果如下：

```
Model: "functional"
```

Layer (type) Output Shape Param #		
input (InputLayer)	[(None, 128)]	0
embedding (Embedding)	(None, 128, 64)	640000
dropout_1 (Dropout)	(None, 128, 64)	0
lstm (LSTM)	(None, 32)	12416
batch_normalization (Batch	(None, 32)	128
dropout_2 (Dropout)	(None, 32)	0
dense (Dense)	(None, 1)	33

```
Total params: 652,577
Trainable params: 652,513
Non-trainable params: 64
```

这基本上得到了如图 13.7 所示的模型。

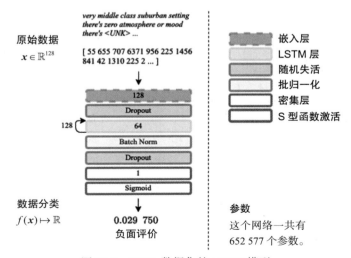

图 13.7　IMDb 数据集的 LSTM 模型

注意，这个模型比简单 RNN 多了将近 10 000 个参数。然而，增加参数的前提是参数的增加也应该导致性能的提高。

然后，我们像之前那样进行模型训练，代码如下：

```
from tensorflow.keras.callbacks import ReduceLROnPlateau, EarlyStopping
import matplotlib.pyplot as plt

#callbacks
reduce_lr = ReduceLROnPlateau(monitor='val_loss', factor=0.5, patience=3,
                              min_delta=1e-4, mode='min', verbose=1)

stop_alg = EarlyStopping(monitor='val_loss', patience=7,
                         restore_best_weights=True, verbose=1)

#training
hist = lstm.fit(x_train, y_train, batch_size=100, epochs=1000,
                callbacks=[stop_alg, reduce_lr], shuffle=True,
                validation_data=(x_test, y_test))
```

接下来，保存模型并显示其性能：

```
# save and plot training process
lstm.save_weights("lstm.hdf5")

fig = plt.figure(figsize=(10,6))
plt.plot(hist.history['loss'], color='#785ef0')
plt.plot(hist.history['val_loss'], color='#dc267f')
plt.title('Model Loss Progress')
plt.ylabel('Brinary Cross-Entropy Loss')
plt.xlabel('Epoch')
plt.legend(['Training Set', 'Test Set'], loc='upper right')
plt.show()
```

这段代码将生成如图 13.8 所示的损失变化曲线。

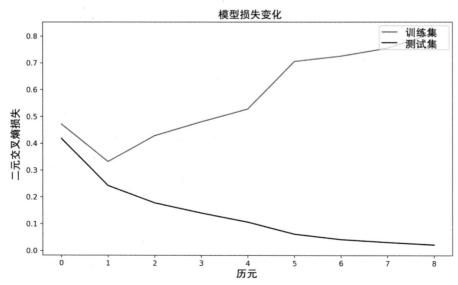

图 13.8　LSTM 训练过程中的损失变化

从图中可以看出，模型在经过一个历元之后就开始过拟合。对于在最优点处获得的训练模型，可以计算出该模型的实际性能如下：

```
from sklearn.metrics import confusion_matrix
from sklearn.metrics import balanced_accuracy_score
from sklearn.metrics import roc_curve, auc
import matplotlib.pyplot as plt
import numpy as np

y_hat = lstm.predict(x_test)

# gets the ROC
fpr, tpr, thresholds = roc_curve(y_test, y_hat)
roc_auc = auc(fpr, tpr)

# plots ROC
fig = plt.figure(figsize=(10,6))
plt.plot(fpr, tpr, color='#785ef0',
         label='ROC curve (AUC = %0.2f)' % roc_auc)
plt.plot([0, 1], [0, 1], color='#dc267f', linestyle='--')
plt.xlim([0.0, 1.0])
plt.ylim([0.0, 1.05])
plt.xlabel('False Positive Rate')
plt.ylabel('True Positive Rate')
plt.title('Receiver Operating Characteristic Curve')
plt.legend(loc="lower right")
plt.show()

# finds optimal threshold and gets ACC and CM
optimal_idx = np.argmax(tpr - fpr)
optimal_threshold = thresholds[optimal_idx]
print("Threshold value is:", optimal_threshold)
y_pred = np.where(y_hat>=optimal_threshold, 1, 0)
print(balanced_accuracy_score(y_test, y_pred))
print(confusion_matrix(y_test, y_pred))
```

这就得到了图 13.9 所示的 ROC 曲线。从图中可以看出，当简单 RNN 模型的 AUC 为 0.92 时，模型性能产生了一点轻微的增益，得到了 0.93 的 AUC。

如果查看由上述代码产生的平衡精度和混淆矩阵，会显示如下结果：

```
Threshold value is: 0.44251397
0.8544400000000001
[[10459 2041]
 [ 1598 10902]]
```

这里可以看到，模型的准确率是 85.44%，比简单 RNN 的准确率提高了 2%。我们进行这个实验只是为了表明，通过改变 RNN 模型的结构，可以很容易地提升模型的性能。当然，还有其他的一些用于模型改进的方法，例如：

❑ 增加／减少词汇表的大小
❑ 增加／减少数据序列的长度
❑ 增加／减少嵌入层的尺寸

❑ 增加 / 减少循环层的神经元

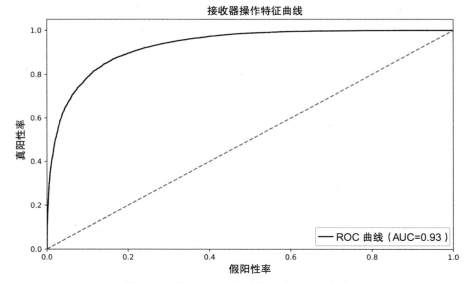

图 13.9　基于 LSTM 模型架构的 ROC 曲线

也许还有其他的一些方法。

到目前为止,你已经知道如何实现对文本信息的表示(电影评论),这是一项常见的 NLP 任务,并找到了一种方法能够在某个适当的空间中表示这些内容,以便将它们识别为负面评论或者正面评论。使用嵌入层和 LSTM 层来实现这个效果,但是在这一层的最后,需要有包含单个神经元的密集层用于给出模型的最终输出。可以把这个模型看作是从文本空间到一维空间的映射,在一维空间中对文本进行分类。这样说是因为目前主要有三种方式来实现这些映射:

❑ 序列到向量:就像这里的例子一样,将序列映射到 *n* 维空间。

❑ 向量到序列:这是相反的方式,从 *n* 维空间到序列数据。

❑ 序列到序列:从一个序列映射到一个序列,通常在中间经过某个 *n* 维映射。

为了举例说明这些不同的映射方式,将在下一节中使用一个自编码器网络结构和 MNIST 数据库。

13.3　序列到向量的模型

之前的内容,从技术上讲,你看到的其实是一个从序列到向量的模型,该模型接收序列(用数字表示单词序列)数据并将其映射到一个(对应于电影评论的一维)向量。然而,为了进一步理解这种模型,我们重新回到 MNIST 作为输入数据的情形,建立一个将 MNIST 数字映射到潜在向量空间的模型。

13.3.1 无监督模型

我们使用如图 13.10 所示的自编码器网络结构。之前已经学习过自编码器,现在再次使用这种模型,这种由无监督学习方式驱动的模型在寻找鲁棒性向量表示(潜在空间)方面的功能非常强大。

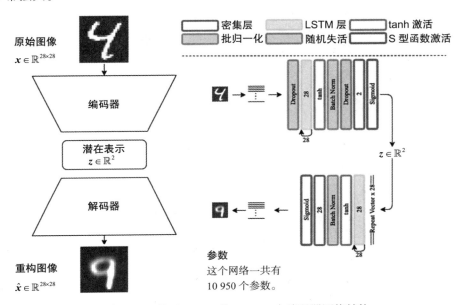

图 13.10 基于 LSTM 的 MNIST 自编码器网络结构

这里的目标是获取一个图像并找到该图像的潜在表示,对于图 13.10 所示的模型,它的处理对象是二维的图像数据。但是,你可能想知道:图像数据怎么会是序列数据呢?

可以将图像解释为行序列或列序列。假设将 28×28 像素的二维图像解释为行序列,可以把每一行从上到下看成 28 个向量组成的序列,其中每个向量的维数都是 1×28 。这样一来,就可以利用 LSTM 理解序列数据中的时间关系的能力,由 LSTM 模型实现对序列数据的处理。我们的意思是,在诸如 MNIST 样本数据的场合,图像中的某一行看起来像前一行或下一行的可能性非常高。

需要进一步注意的是,图 13.10 中给出的模型并不像之前处理文本数据时所做的那样需要建立一个嵌入层。回想一下,在处理文本数据时,需要将每个词嵌入(向量化)到一个向量序列中。然而,对于图像数据,它们已经是向量序列,这避免了对嵌入层的需要。

这里给出的代码除了两个有用的数据操作工具之外,其实并没有什么新内容:

❑ `RepeatVector()`:这将允许我们任意重复一个向量。它有助于解码器(参见图 13.10)从矢量转换到序列。

❑ `TimeDistributed()`:这将允许我们为序列的每个元素分配特定类型的层。

它们是 `tensorflow.keras.layers` 集合的一部分,在以下代码中实现:

```python
from tensorflow.keras.models import Model
from tensorflow.keras.layers import Dense, Activation, Input
from tensorflow.keras.layers import BatchNormalization, Dropout
from tensorflow.keras.layers import Embedding, LSTM
from tensorflow.keras.layers import RepeatVector, TimeDistributed
from tensorflow.keras.datasets import mnist
from tensorflow.keras.callbacks import ReduceLROnPlateau, EarlyStopping
import numpy as np

seqnc_lngth = 28      # length of the sequence; must be 28 for MNIST
ltnt_dim = 2          # latent space dimension; it can be anything reasonable

(x_train, y_train), (x_test, y_test) = mnist.load_data()

x_train = x_train.astype('float32') / 255.
x_test = x_test.astype('float32') / 255.

print('x_train shape:', x_train.shape)
print('x_test shape:', x_test.shape)
```

加载数据之后可以定义模型的编码器部分，相关代码如下：

```python
inpt_vec = Input(shape=(seqnc_lngth, seqnc_lngth,))
l1 = Dropout(0.1)(inpt_vec)
l2 = LSTM(seqnc_lngth, activation='tanh',
          recurrent_activation='sigmoid')(l1)
l3 = BatchNormalization()(l2)
l4 = Dropout(0.1)(l3)
l5 = Dense(ltnt_dim, activation='sigmoid')(l4)
# model that takes input and encodes it into the latent space
encoder = Model(inpt_vec, l5)
```

接下来，定义模型的解码器部分，相关代码如下：

```python
l6 = RepeatVector(seqnc_lngth)(l5)
l7 = LSTM(seqnc_lngth, activation='tanh', recurrent_activation='sigmoid',
          return_sequences=True)(l6)
l8 = BatchNormalization()(l7)
l9 = TimeDistributed(Dense(seqnc_lngth, activation='sigmoid'))(l8)

autoencoder = Model(inpt_vec, l9)
```

最后，编译和训练模型，相关代码如下：

```python
autoencoder.compile(loss='binary_crossentropy', optimizer='adam')
autoencoder.summary()

reduce_lr = ReduceLROnPlateau(monitor='val_loss', factor=0.5, patience=5,
                              min_delta=1e-4, mode='min', verbose=1)

stop_alg = EarlyStopping(monitor='val_loss', patience=15,
                         restore_best_weights=True, verbose=1)

hist = autoencoder.fit(x_train, x_train, batch_size=100, epochs=1000,
                       callbacks=[stop_alg, reduce_lr], shuffle=True,
                       validation_data=(x_test, x_test))
```

该代码的打印输出如下，分别对应于数据集的维数、模型参数汇总，然后是训练步骤，为了节省空间，我们进行了省略：

```
x_train shape: (60000, 28, 28)
x_test shape: (10000, 28, 28)

Model: "functional"

Layer (type)                    Output Shape           Param #
=================================================================
input (InputLayer)              [(None, 28, 28)]       0
_____
dropout_1 (Dropout)             (None, 28, 28)         0
_____
lstm_1 (LSTM)                   (None, 28)             6384
_____
batch_normalization_1 (Bat      (None, 28)             112
                    .
                    .
                    .
time_distributed (TimeDist      (None, 28, 28)         812
=================================================================
Total params: 10,950
Trainable params: 10,838
Non-trainable params: 112
_____

Epoch 1/1000
600/600 [==============================] - 5s 8ms/step - loss: 0.3542 -
val_loss: 0.2461
                    .
                    .
                    .
```

　　模型最终会收敛到某个谷值，模型训练过程会在此位置被回调函数自动停止。之后，可以简单地调用 encoder 模型，将任何有效序列数据（如 MNIST 图像）逐字地转换为向量，这将是我们接下来要做的事情。

13.3.2　结果

　　我们可以通过调用 encoder 模型将任何有效的序列数据转换为一个向量，代码如下：

```
encoder.predict(x_test[0:1])
```

　　这将产生一个二维向量，其值对应于序列 x_test[0] 的向量表示，这是 MNIST 测试集中的第一个图像。它可能看起来像这样：

```
array([[3.8787320e-01, 4.8048562e-01]], dtype=float32)
```

　　但是要记住，这个模型是在没有监督的情况下进行训练的，因此，这里显示的数字肯定是不一样的！编码器模型就是一种从序列到向量模型。自编码器模型的其余部分用于进行数据的重构。

如果你关注自编码器模型是如何能够使用一个向量的两个分量值重建一个 28×28 图像，或者如果关注的是将整个测试集 MNIST 投影到所学习的二维空间中的样子，可以运行下列代码：

```
import matplotlib.pyplot as plt
import numpy as np

x_hat = autoencoder.predict(x_test)
smp_idx = [3,2,1,18,4,8,11,0,61,9]          # samples for 0,...,9 digits
plt.figure(figsize=(12,6))
for i, (img, y) in enumerate(zip(x_hat[smp_idx].reshape(10, 28, 28),
y_test[smp_idx])):
  plt.subplot(2,5,i+1)
  plt.imshow(img, cmap='gray')
  plt.xticks([])
  plt.yticks([])
  plt.title(y)
plt.show()
```

图 13.11 给出的是原始数字图像样本示例。

可以使用下列代码生成重构数字的图像样本：

```
plt.figure(figsize=(12,6))
for i, (img, y) in enumerate(zip(x_test[smp_idx].reshape(10, 28, 28),
y_test[smp_idx])):
  plt.subplot(2,5,i+1)
  plt.imshow(img, cmap='gray')
  plt.xticks([])
  plt.yticks([])
  plt.title(y)
plt.show()
```

重构后的数字图像如图 13.12 所示。

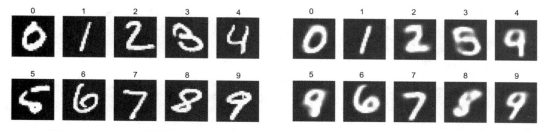

图 13.11　MNIST 的原始数字 0 ～ 9　　图 13.12　使用 LSTM 自编码器重构 MNIST 数字 0 ～ 9

可以使用一段代码获得原始数据投射到潜在空间的散点图，如图 13.13 所示。

```
y_ = list(map(int, y_test))
X_ = encoder.predict(x_test)

plt.figure(figsize=(10,8))
plt.title('LSTM-based Encoder')
plt.scatter(X_[:,0], X_[:,1], s=5.0, c=y_, alpha=0.75, cmap='tab10')
plt.xlabel('First encoder dimension')
plt.ylabel('Second encoder dimension')
```

```
plt.colorbar()
```

回想一下，由于自编码器的无监督特性，这些结果可能会有所不同。类似地，可以把学习到的空间想象成如图 13.13 所示的样子，其中每个点对应一个由二维向量组成的序列数据（MNIST 数字）。

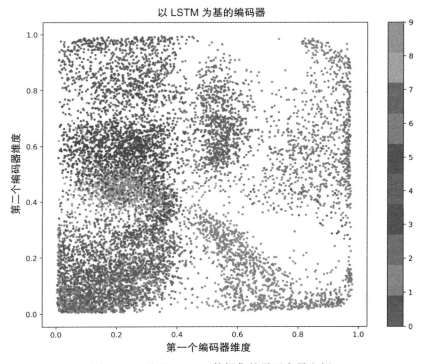

图 13.13　基于 MNIST 数据集的学习向量空间

从图 13.13 中可以看出，即使重构过程仅基于二维向量，这个序列到向量的模型也能够很好地工作。我们将在下一节中看到更为庞大的表示形式。然而，需要知道这种序列到向量模型在过去几年中是非常有用的（Zhang, Z., et al., 2017）。

另一个有用的策略是创建向量到序列的模型，即从数据的向量表示到数据的序列表示。在自编码器中，这将对应于解码器部分。接下来我们继续讨论这个问题。

13.4　向量到序列的模型

如果回头观察一下图 13.10，就会发现向量到序列模型其实是对应于解码器的漏斗形状。这种模型的主要理念是，大多数模型通常可以毫无问题地从较大规模输入数据中获得丰富的数据表示形式。然而，直到近几年，机器学习领域才重新从向量数据中非常成功地生成数据序列（Goodfellow, I., et al., 2016）。

你可以再次考察图 13.10 所示的模型，它从原始的数据序列产生并返回一个数据序列。本节将重点关注这个模型的第二部分——解码器，并将其用作向量到序列模型。然而，在此之前，我们将介绍 RNN 模型的另外一个版本——双向 LSTM。

13.4.1　双向 LSTM

简单地说，一个双向 LSTM（BiLSTM）就是可以从向前和向后两个方向分析数据序列的 LSTM 模型，如图 13.14 所示。

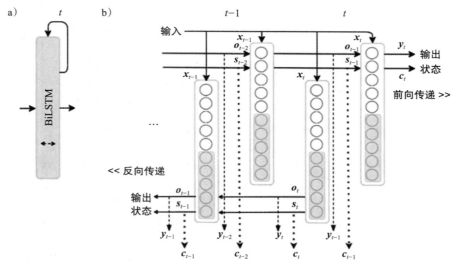

图 13.14　双向 LSTM 模型表示

以下是从向前和向后两个方向进行序列分析的例子：

❑ 用于自然声音分析的音频序列，可以进行反向播放（有些人这样做是为了寻找可能存在的潜意识信息）。

❑ 文本序列，比如对于某个句子，可以使用向前分析或者向后分析的方式识别好的表达风格，因为有些语言模式（至少在英语和西班牙语中）可能会使用向后引用的表达方式，例如，动词可能与出现在句子开头的主语相关联。

❑ 对于一些包含形状奇特目标的图像，可以按照从上到下、从下到上、从某一边到另一边，以及从前向后的方向进行分析。对于数字 9，如果使用从上到下的方向进行分析，传统 LSTM 模型可能会忘记顶部关于圆形部分的信息，而只记得底部的很小一部分信息，但 BiLSTM 模型可以通过从上到下和从下到上的分析获得这两个方向的重要方面。

从图 13.14b 中还可以观察到，对于序列数据中的任何一点，向前和向后传递的状态信息和输出信息都是可以使用的信息。

我们可以通过简单地调用围绕着简单 LSTM 层的包装函数 Bidirectional()，来实现双向 LSTM 模型。然后将采用图 13.10 给出的网络架构对其进行如下修改：

❑ 100 维的潜在空间

❑ 使用 BiLSTM 代替 LSTM 层

❑ 在潜在空间与解码器之间插入一个额外的随机失活层

新的网络架构如图 13.15 所示。

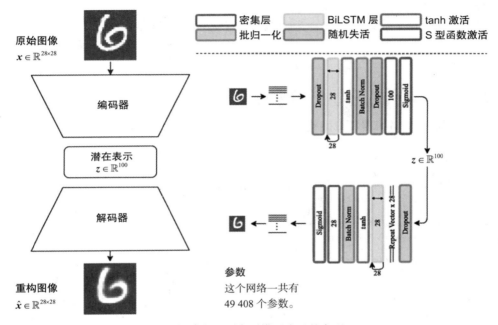

图 13.15　以构建向量到序列模型为目的实现 BiLSTM

请记住，这里最重要的一点是使得潜在空间（向量到序列模型的输入）尽可能丰富，以便能够生成更好的序列数据。我们正试图通过增加潜在空间维度和添加 BiLSTM 来实现这个效果。让我们继续执行代码并查看结果。

13.4.2　实现与结果

用于实现图 13.15 中模型架构的代码如下：

```
from tensorflow.keras.models import Model
from tensorflow.keras.layers import Dense, Activation, Input
from tensorflow.keras.layers import BatchNormalization, Dropout
from tensorflow.keras.layers import Bidirectional, LSTM
from tensorflow.keras.layers import RepeatVector, TimeDistributed
from tensorflow.keras.datasets import mnist
from tensorflow.keras.callbacks import ReduceLROnPlateau, EarlyStopping
import numpy as np
```

```
seqnc_lngth = 28
ltnt_dim = 100
(x_train, y_train), (x_test, y_test) = mnist.load_data()

x_train = x_train.astype('float32') / 255.
x_test = x_test.astype('float32') / 255.
```

用于定义模型中编码器部分的代码如下：

```
inpt_vec = Input(shape=(seqnc_lngth, seqnc_lngth,))
l1 = Dropout(0.5)(inpt_vec)
l2 = Bidirectional(LSTM(seqnc_lngth, activation='tanh',
                      recurrent_activation='sigmoid'))(l1)
l3 = BatchNormalization()(l2)
l4 = Dropout(0.5)(l3)
l5 = Dense(ltnt_dim, activation='sigmoid')(l4)

# sequence to vector model
encoder = Model(inpt_vec, l5, name='encoder')
```

用于定义模型中解码器部分的代码如下：

```
ltnt_vec = Input(shape=(ltnt_dim,))
l6 = Dropout(0.1)(ltnt_vec)
l7 = RepeatVector(seqnc_lngth)(l6)
l8 = Bidirectional(LSTM(seqnc_lngth, activation='tanh',
                      recurrent_activation='sigmoid',
                      return_sequences=True))(l7)
l9 = BatchNormalization()(l8)
l10 = TimeDistributed(Dense(seqnc_lngth, activation='sigmoid'))(l9)

# vector to sequence model
decoder = Model(ltnt_vec, l10, name='decoder')
```

接下来对自编码器进行编译和训练：

```
recon = decoder(encoder(inpt_vec))
autoencoder = Model(inpt_vec, recon, name='ae')

autoencoder.compile(loss='binary_crossentropy', optimizer='adam')
autoencoder.summary()

reduce_lr = ReduceLROnPlateau(monitor='val_loss', factor=0.5, patience=5,
                              min_delta=1e-4, mode='min', verbose=1)

stop_alg = EarlyStopping(monitor='val_loss', patience=15,
                         restore_best_weights=True, verbose=1)

hist = autoencoder.fit(x_train, x_train, batch_size=100, epochs=1000,
                       callbacks=[stop_alg, reduce_lr], shuffle=True,
                       validation_data=(x_test, x_test))
```

除了前面解释过的 Bidirectional() 包装函数之外，这里没有什么新内容。使用这些代码，可以生成完整的自编码器模型和完整的模型训练的摘要，输出信息的具体内容如下：

```
Model: "ae"
```

```
Layer (type)              Output Shape       Param #
============================================================
input (InputLayer)        [(None, 28, 28)]   0

encoder (Functional)      (None, 100)        18692

decoder (Functional)      (None, 28, 28)     30716
============================================================
Total params: 49,408
Trainable params: 49,184
Non-trainable params: 224

Epoch 1/1000
600/600 [==============================] - 9s 14ms/step - loss: 0.3150 -
val_loss: 0.1927
.
.
.
```

现在，经过一些无监督学习的历元，模型训练过程将自动停止。可以使用 decoder 模型作为从向量到序列的模型。但是在此之前，可能希望通过运行与之前相同的代码生成如图 13.16 所示的图像，快速检查重构数据的质量。

如果将图 13.11 与图 13.16 进行比较，就会注意到，与图 13.12 所示先前的模型重构数据相比，这里的重构数据质量要好得多，细节方面也更好。

现在可以直接使用任何兼容的向量调用从向量到序列的模型，如下所示：

```
z = np.random.rand(1,100)
x_ = decoder.predict(z)
print(x_.shape)
plt.imshow(x_[0], cmap='gray')
```

由此，将产生下列输出和图 13.17 所示的数字图像。

```
(1, 28, 28)
```

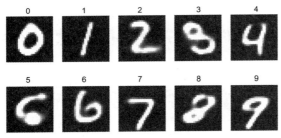

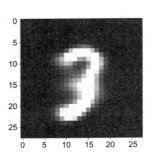

图 13.16　用 BiLSTM 自编码器重构的 MNIST 数字　图 13.17　模型使用随机向量产生的序列数据

你可以生成任意多的随机向量，并使用它们测试从向量到序列的模型。另一个值得考察的有趣模型是序列到序列的模型，将在下一节中介绍。

13.5　序列到序列的模型

一位谷歌 Brain 科学家（Vinyals, O., et al.，2015）写道：

由于循环神经网络的复兴，序列已经成为监督学习领域的一流公民。许多复杂的任务需要从观察序列映射或映射到观察序列，现在可以使用序列到序列（seq2seq）的框架进行表达，该框架使用链式法则来有效地表示序列的联合概率分布。

这段话有着惊人的正确性，因为现在与之相关的应用程序已经在不断增长。这里仅考察以下序列到序列项目理念：

❑ 文档摘要。输入序列：文档。输出序列：文档摘要。
❑ 图像超分辨率重建。输入序列：低分辨率图像。输出序列：高分辨率图像。
❑ 视频字幕。输入序列：视频数据。输出序列：文字字幕。
❑ 机器翻译。输入序列：源语言文本。输出序列：目标语言文本。

这些都是令人兴奋且极具挑战性的应用程序。如果你使用过在线翻译器，那么就可能使用过某种类型的序列到序列的模型。

在本节中，为了保持简单，将继续使用图 13.15 所示的自编码器作为主要关注点，但是为了确保我们对序列到序列模型的通用性看法保持一致，这里给出以下注意事项：

❑ 序列到序列的模型可以进行跨域映射，如视频到文本或者文本到音频。
❑ 序列到序列的模型可以在不同的维度上进行映射，如对于图像压缩应用，可以将低分辨率图像转换为高分辨率图像，反之亦然。
❑ 序列到序列模型可以使用许多不同的工具，如密集层、卷积层和循环层。

记住了上述要点，就可以根据应用程序构建一个序列到序列的模型。现在，回到图 13.15 所示的模型，并表明自编码器是一个序列到序列的模型，因为它接受一个图像的行序列，并生成另一个图像的行序列。因为这是一个自编码器，所以输入数据和输出数据的维度必须相匹配。

我们将把先前训练过的序列到序列模型（自编码器）的展示限制为以下简短的代码片段，这是由前一节中的代码构建而成的：

```
plt.figure(figsize=(12,6))
for i in range(10):
  plt.subplot(2,5,i+1)
  rnd_vec = np.round(np.mean(x_test[y_test==i],axis=0))    #(a)
  rnd_vec = np.reshape(rnd_vec, (1,28,28))                 #(b)
  z = encoder.predict(rnd_vec)                             #(c)
  decdd = decoder.predict(z)                               #(d)
  plt.imshow(decdd[0], cmap='gray')
  plt.xticks([])
  plt.yticks([])
  plt.title(i)
plt.show()
```

让我们对其中的一些步骤进行解释。在（a）中，对每个数字的图像数据计算序列的平均值，这是对以下问题的回答：既然对随机数的处理如此简单，那么可以使用什么样的数据作为输入序列呢？使用平均序列来组成测试集听起来很有趣。

接下来，（b）只是为了使输入数据与编码器输入层尺寸相兼容。然后（c）取平均序列并从中生成一个向量。最后，（d）使用该向量实现对序列数据的重构，并产生如图 13.18 所示的数字图像。

图 13.18 序列到序列的模型输出示例

从图 13.18 可以很容易地观察到与手写数字一致的定义良好的模式，这些数字是由双向 LSTM 模型生成的序列行。

在结束本章之前，让我们来谈谈这些模型的伦理意蕴。

13.6 伦理意蕴

随着循环神经网络模型的兴起，以及该模型在时间序列捕获信息方面的适用性，存在着生成缺乏公平合理分布的潜在空间的风险。对于无监督模型，这可能会带来更高的风险，因为这些模型在没有得到正确管理的数据中运行。如果你仔细想想，这个模型并不关心它找到的关系，它只关心最小化损失函数，因此如果是使用 20 世纪 50 年代的杂志或者报纸对这个模型进行训练，那么就有可能找到这样的一种潜在空间，这个空间中"女人"这个词可能会接近（用欧氏距离）家务劳动之类的词语，例如"扫帚""餐具"和"烹饪"等，然而"男人"这个词可能接近其他劳动之类的词语，例如"驾驶""教学""医生"和"科学家"。这是一个偏差被引入潜在空间的例子（Shin, S., et al., 2020）。

这里的风险是，对于向量到序列模型或者序列到序列的模型，将医生和男人联系起来比和女人联系起来要容易得多，将做饭和女人联系起来比和男人联系起来要容易得多，这只是举了几个例子。你也可以把这个和面部图像联系起来，发现某些人的某些特征可能会被错误地联系起来。因此，在这里进行一些分析是非常重要的，需要尽可能地将潜在空间进行可视化表示，这样就可以比较直观地查看模型输出的内容等。

这里的关键要点是，虽然这里讨论的模型非常有趣和强大，但它们也承担了学习关于我们社会的某些不需要的内容的风险。如果存在着这些风险而未被发现，则很有可能导致一些偏见发生（Amini, A., et al., 2019）。如果这些偏见没有被发现，就有可能产生多种形式的歧视。所以请小心，应当时常注意这些事情以及自己社会背景之外的事情。

13.7 小结

作为一种高级内容，本章介绍了如何创建 RNN 模型。你已经学习了 LSTM 模型及其双向实现，对于可能具有远距离时间相关性的序列数据来说，这是一种最强大的方法。还学习了如何创建用于对电影评论进行分类的基于 LSTM 的情感分析模型。你设计了一个自编码器，使用简单的双向 LSTM 学习 MNIST 数据库潜在空间的表示形式，并将其作为向量到序列的模型和序列到序列的模型进行使用。

在这一点上，你应该有信心解释 RNN 模型概念背后的动机，因为需要构建更加健壮的模型。使用 Keras/TensorFlow 编写自己的循环网络应该感到很舒服。此外，应该对实现有监督和无监督的循环网络模型有信心。

就像 CNN 模型一样，LSTM 擅长编码高度相关的空间信息，如图像、音频或文本信息。然而，CNN 和 LSTM 学习到的都是一些非常特定的潜在空间，可能会缺乏多样性。如果恶意的黑客试图破坏系统，这种缺乏多样性的潜在空间可能会产生一些问题。如果模型非常特定于你的样本数据，它可能会对数据的变化产生一定的敏感性，导致模型输出灾难性的结果。自编码器通过使用一种名为变分自编码器的生成方法来解决这个问题，它学习的是数据的概率分布而不是数据本身。然而，依然存在一些问题：如何在其他不一定是自编码器的模型中进行数据生成呢？要想找到答案，你不能错过第 14 章。它将介绍一种克服神经网络脆弱性的方法，通过对神经网络模型不断攻击，使得神经网络模型变得更加具有鲁棒性。但是，请在继续学习下一章的内容之前，用下列问题测试一下对本章内容的掌握情况。

13.8 习题与答案

1. **如果 CNN 和 LSTM 都可以对具有空间相关性的数据建模，那么 LSTM 模型的优势在哪里？**

   答：一般来说，除了 LSTM 有记忆功能这一事实之外，什么优势都没有。但是，在某些应用中，比如 NLP，当在句子中依次向前或向后移动时，在句子的开头、中间和结尾都有对某些单词的引用，而且每次都可能有多个。BiLSTM 能比 CNN 更容易更快地对这种行为建模。虽然 CNN 模型也有可能学会这样做，但是相比之下，它可能需要花费更长的时间。

2. **添加更多的循环层会使网络性能变得更好吗？**

   答：不会。这有可能会让事情变得更加糟糕。建议模型要尽量保持简单，不要超过三层，除非你是科学家，正在尝试新东西。否则，对于编码器模型，其中的每一行应该不超过三个循环层。

3. **还有什么其他 LSTM 模型应用？**

   答：音频数据的处理和分类、数字图像去噪、图像超分辨率、生成文本摘要，以及其他文本处理与分类任务；单词补全、聊天机器人、文本填空、文本生成、音频生成、图像生成。

4. **LSTM 和 CNN 似乎有类似的应用。是什么让你选择其中一个？**

   答：LSTM 的收敛速度更快，因此，如果时间是选择因素，那么选择 LSTM 模型会更好。CNN 比 LSTM 更稳定，因此，如果输入非常不可预测，那么 LSTM 可能会将问题带过循环层，使得模型的每次循环都会变得更糟，在这种情况下，CNN 可以通过池化策略来缓解。在个人层面上，我通常首先尝试将 CNN 用于与图像相关的应用程序，将 LSTM 用于 NLP 应用程序。

13.9 参考文献

- Rumelhart, D. E., Hinton, G. E., and Williams, R. J. (1986). *Learning representations by backpropagating errors. Nature*, 323(6088), 533-536.
- Mikolov, T., Sutskever, I., Chen, K., Corrado, G. S., and Dean, J. (2013). *Distributed representations of words and phrases and their compositionality.* In *Advances in neural information processing systems* (pp. 3111-3119).
- Pennington, J., Socher, R., and Manning, C. D. (October 2014). *Glove: Global vectors for word representation.* In *Proceedings of the 2014 conference on empirical methods in natural language processing* (EMNLP) (pp. 1532-1543).
- Rivas, P., and Zimmermann, M. (December 2019). *Empirical Study of Sentence Embeddings for English Sentences Quality Assessment.* In *2019 International Conference on Computational Science and Computational Intelligence* (CSCI) (pp. 331-336). IEEE.
- Hochreiter, S., and Schmidhuber, J. (1997). *Long short-term memory. Neural computation*, 9(8), 1735-1780.
- Zhang, Z., Liu, D., Han, J., and Schuller, B. (2017). *Learning audio sequence representations for acoustic event classification. arXiv preprint* arXiv:1707.08729.
- Goodfellow, I., Bengio, Y., and Courville, A. (2016). *Sequence modeling: Recurrent and recursive nets. Deep learning*, 367-415.
- Vinyals, O., Bengio, S., and Kudlur, M. (2015). *Order matters: Sequence to sequence for sets. arXiv preprint* arXiv:1511.06391.
- Shin, S., Song, K., Jang, J., Kim, H., Joo, W., and Moon, I. C. (2020). *Neutralizing Gender Bias in Word Embedding with Latent Disentanglement and Counterfactual Generation. arXiv preprint* arXiv:2004.03133.
- Amini, A., Soleimany, A. P., Schwarting, W., Bhatia, S. N., and Rus, D. (January 2019). *Uncovering and mitigating algorithmic bias through learned latent structure.* In *Proceedings of the 2019 AAAI/ACM Conference on AI, Ethics, and Society* (pp. 289-295).

Chapter 10 第 14 章

生成对抗网络

阅读有关做寿司的书籍是一件很容易的事情，然而，烹饪一种新的寿司其实比我们想象的还要难。对于深度学习，创造过程就更加艰难，但也并非不可能。我们已经学习了如何使用密集、卷积或循环网络模型来建立可以对数字图像进行分类的模型，现在将学习如何建立可以创建数字图像的模型。本章介绍了一种名为生成对抗网络的学习模型，属于对抗学习和生成模型家族。本章将解释生成器和判别器的概念，以及这种模型为什么对训练数据的分布具有良好的拟合能力，并且可以在数据增强等领域获得成功。在学完本章的时候，你将知道为什么对抗训练十分重要；你将能够对一些必要的机制进行编码，从而完成对生成器和判别器的训练，实现对有问题数据的处理；你将能够实现对**生成对抗网络（GAN）的**编码，由此从已学习的潜在空间中生成图像。

本章主要内容如下：

❑ 对抗学习简介

❑ 训练 GAN 模型

❑ 比较 GAN 与 VAE

❑ 生成模型的伦理意蕴

14.1 对抗学习简介

最近，人们对使用对抗型神经网络进行对抗训练产生了兴趣（Abadi, M., et al., 2016）。这是由于可以通过训练对抗型神经网络来保护模型本身免受基于人工智能的对手的攻击。可以将对抗学习分为两大类：

□ **黑匣子**：对于这个类别，机器学习模型以黑匣子的形式存在，对手只能学会攻击黑匣子，使其失败。对手（在一定范围内）肆意创建虚假输入致使黑匣子模型失败，却无法访问它正在攻击的模型（Ilyas, A., et al.，2018）。

□ **内部者**：这种类型的对抗学习是将目标攻击作为模型训练过程的一部分，对手旨在影响训练目的是不会被对手愚弄的模型的结果（Goodfellow, I., et al.，2014）。

这两类对抗学习的优缺点比较如表 14.1 所示。

表 14.1 黑匣子和内部者的优缺点

黑匣子优点	黑匣子缺点	内部者优点	内部者缺点
提供了探索更多生成方法的能力	无法影响或更改黑匣子模型	经过对抗训练的模型对特定的黑匣子攻击更具有鲁棒性	生成攻击的选项目前还比较有限
通常非常快速，并且很可能找到击溃模型的方法	生成器通常只关注干扰现有数据	生成器可用于增强数据集	通常更加缓慢
	生成器可能无法用于增强数据集		

因为本书是为初学者准备的，所以将专注于一种最简单的模型，即名为 GAN 的内部者模型。我们将学习这个模型的组成部分，并讨论它的批量训练方法。

GAN 历来被用于生成仿真图像（Goodfellow, I., et al.，2014），通常用于解决多智能体问题（Sukhbaatar, S., et al.，2016），甚至还被应用于密码学（Rivas, P., et al.，2020）。

让我们简要讨论一下对抗学习和 GAN 模型。

14.1.1 基于对抗的学习

从传统上讲，机器学习模型可以通过训练完成分类、回归以及其他类型的任务，其中可能需要一种模型来学习区分输入的样本数据是有效数据还是虚假数据。在这种情况下，可以创建一个机器学习模型作为能够产生虚假输入数据的对手，如图 14.1 所示。

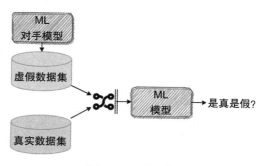

图 14.1 对抗学习

在这种模式下，机器学习模型需要学会判别真实的数据输入和虚假的数据输入。如果这种区分出现了错误，它就要学会对自己的模型参数进行调整，以确保能够正确地判别输入数据的真假。另外，作为对手的数据生成模型则需要不断制造虚假输入，从而使机器学习主模型的判别失败。

每种模型的成功条件如下：

□ **机器学习主模型**：如果能正确地区分真实输入和虚假输入，那么这个模型就取得了成功。

□ **对抗模型**：如果能欺骗机器学习主模型，使其接受虚假输入，那么这个模型就取得了成功。

如你所见，二者之间相互竞争。一方的成功就是另一方的失败，反之亦然。

在学习过程中，机器学习主模型会不断地调用一批真实数据和虚假数据进行学习、调整和重复，直到我们对性能满意，或者满足其他的一些停止条件为止。

一般在对抗学习中，除了产生虚假数据之外，通常对对手没有特定的要求。

> ℹ️ **对抗鲁棒性**是一个新的术语，用于证明某些模型对于对抗攻击具有鲁棒性。这种认定通常是为特定类型的对手指定的。详见文献（Cohen, J. M., et al.，2019）。

一种比较流行的对抗学习发生在 GAN 中，将在下一小节进行讨论。

14.1.2　GAN 模型

GAN 是一种最简单的基于神经网络的模型，实现了对抗学习，最初是由 Ian Goodfellow 及其合作者在蒙特利尔的酒吧里构思的（Goodfellow, I., et al., 2014）。它基于如下最小最大优化问题：

$$\min_{G} \max_{D} V(D,G) = \mathbb{E}_{x \sim p_{\text{data}}(x)}[\log D(x)] + \mathbb{E}_{z \sim p_z(z)}[\log(1 - D(G(z)))]$$

这个等式有几个部分需要解释，具体如下：

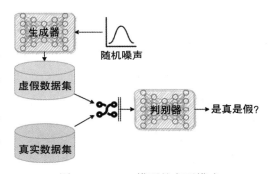

❏ $D(x)$：GAN 模型中的判别器，它是一个神经网络模型，用于接收输入数据（$x \in \mathbb{R}^n$）并判断这个数据是假的还是真的，如图 14.2 所示。

❏ $G(x)$：GAN 模型中的生成器，也是一个神经网络模型，但是它的输入是概率为 $p(z)$ 的随机噪声，$z \in \mathbb{R}^d$。

在理想情况下，我们希望能够最大限度地提高判别器 D 预测的正确性，同时也希望能够

图 14.2　GAN 模型的主要模式

最小化生成器 G 的误差，以便产生一个不至于愚弄判别器的样本，可以将这个目标定量地表示为 $\log(1 - D(G(z)))$。期望和对数的计算公式来自标准的交叉熵损失函数。

总之，GAN 模型中的生成器和判别器都是神经网络模型。生成器从随机分布中提取随机噪声，并利用噪声产生虚假的输入数据来欺骗判别器。

在记住这一点之后，让我们继续构建一个简单 GAN 模型。

14.2　训练 GAN 模型

我们将从一个简单的基于 MLP 的模型开始实现过程。也就是说，这里的生成器和判

别器是一种密集的、全连接的神经网络。然后将继续实现一个基于卷积神经网络的 GAN 模型。

14.2.1　基于 MLP 的 GAN 模型

现在创建如图 14.3 所示的 GAN 模型。这个模型有一个生成器和一个判别器，它们在层数和总参数方面存在一些差异。通常情况下，构建生成器所需的资源比构建判别器需要的资源多一些。如果仔细思考，就会发现这其实是很直观的：创造过程通常比认知过程更加复杂。在现实生活中，如果你反复观察巴勃罗·毕加索的所有作品，就能够很容易地辨认出他的绘画作品。然而，相比之下，如果要画出类似于毕加索的作品则可能要困难得多。

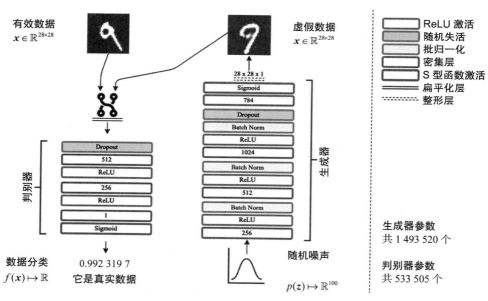

图 14.3　基于 MLP 的 GAN 架构

图 14.3 给出了一个图标的具体实现过程，这个过程简单地说明了这样一个事实，即判别器将同时接受虚假数据和有效数据，并从这两种数据中学习。关于 GAN 模型必须始终记住的一件事是它们从随机噪声中生成数据。想象一下就会发现这其实是很酷的一件事情。

因此，图 14.3 给出的模型架构并没有涉及以前没有学习过的新内容。然而，这种模型设计本身是原创的。此外，在 Keras 中创建它是一件相当艰巨的任务。因此，我们将展示完整代码，并使用尽可能多的注释将代码解释清楚。

完整的代码如下：

```
from tensorflow.keras.models import Model
```

```
from tensorflow.keras.layers import Dense, Activation, Input, Flatten
from tensorflow.keras.layers import BatchNormalization, Dropout, Reshape
from tensorflow.keras.optimizers import Adam
from tensorflow.keras.datasets import mnist
import numpy as np
import matplotlib.pyplot as plt
img_dims = 28
img_chnl = 1
ltnt_dim = 100

(x_train, y_train), (x_test, y_test) = mnist.load_data()

x_train = x_train.astype('float32') / 255.
x_test = x_test.astype('float32') / 255.

# this makes sure that each image has a third dimension
x_train = np.expand_dims(x_train, axis=3)    # 28x28x1
x_test = np.expand_dims(x_test, axis=3)

print('x_train shape:', x_train.shape)
print('x_test shape:', x_test.shape)
```

下一步，定义生成器模型，代码如下：

```
# building the generator network
inpt_noise = Input(shape=(ltnt_dim,))
gl1 = Dense(256, activation='relu')(inpt_noise)
gl2 = BatchNormalization()(gl1)
gl3 = Dense(512, activation='relu')(gl2)
gl4 = BatchNormalization()(gl3)
gl5 = Dense(1024, activation='relu')(gl4)
gl6 = BatchNormalization()(gl5)
gl7 = Dropout(0.5)(gl6)
gl8= Dense(img_dims*img_dims*img_chnl, activation='sigmoid')(gl7)
gl9= Reshape((img_dims,img_dims,img_chnl))(gl8)
generator = Model(inpt_noise, gl9)
gnrtr_img = generator(inpt_noise)
# uncomment this if you want to see the summary
# generator.summary()
```

下一步，定义判别器模型，代码如下：

```
# building the discriminator network
inpt_img = Input(shape=(img_dims,img_dims,img_chnl))
dl1 = Flatten()(inpt_img)
dl2 = Dropout(0.5)(dl1)
dl3 = Dense(512, activation='relu')(dl2)
dl4 = Dense(256, activation='relu')(dl3)
dl5 = Dense(1, activation='sigmoid')(dl4)
discriminator = Model(inpt_img, dl5)
validity = discriminator(gnrtr_img)
# uncomment this if you want to see the summary
# discriminator.summary()
```

下一步，将上述代码拼接起来，如下所示：

```
# you can use either optimizer:
# optimizer = RMSprop(0.0005)
optimizer = Adam(0.0002, 0.5)

# compiling the discriminator
discriminator.compile(loss='binary_crossentropy', optimizer=optimizer,
                      metrics=['accuracy'])

# this will freeze the discriminator in gen_dis below
discriminator.trainable = False

gen_dis = Model(inpt_noise, validity)      # full model
gen_dis.compile(loss='binary_crossentropy', optimizer=optimizer)
```

接下来将在一个循环体中进行训练，可以使用循环机制运行任意多历元的迭代计算，代码如下：

```
epochs = 12001      # this is up to you!
batch_size=128      # small batches recommended
sample_interval=200     # for generating samples

# target vectors
valid = np.ones((batch_size, 1))
fake = np.zeros((batch_size, 1))

# we will need these for plots and generated images
samp_imgs = {}
dloss = []
gloss = []
dacc = []

# this loop will train in batches manually for every epoch
for epoch in range(epochs):
  # training the discriminator first >>
  # batch of valid images
  idx = np.random.randint(0, x_train.shape[0], batch_size)
  imgs = x_train[idx]
  # noise batch to generate fake images
  noise = np.random.uniform(0, 1, (batch_size, ltnt_dim))
  gen_imgs = generator.predict(noise)

  # gradient descent on the batch
  d_loss_real = discriminator.train_on_batch(imgs, valid)
  d_loss_fake = discriminator.train_on_batch(gen_imgs, fake)
  d_loss = 0.5 * np.add(d_loss_real, d_loss_fake)
# next we train the generator with the discriminator frozen >>
# noise batch to generate fake images
noise = np.random.uniform(0, 1, (batch_size, ltnt_dim))

# gradient descent on the batch
g_loss = gen_dis.train_on_batch(noise, valid)
# save performance
dloss.append(d_loss[0])
dacc.append(d_loss[1])
gloss.append(g_loss)

# print performance every sampling interval
```

```
if epoch % sample_interval == 0:
    print ("%d [D loss: %f, acc.: %.2f%%] [G loss: %f]" %
           (epoch, d_loss[0], 100*d_loss[1], g_loss))

    # use noise to generate some images
    noise = np.random.uniform(0, 1, (2, ltnt_dim))
    gen_imgs = generator.predict(noise)
    samp_imgs[epoch] = gen_imgs
```

这将产生输出，得到类似下面给出的结果：

```
0 [D loss: 0.922930, acc.: 21.48%] [G loss: 0.715504]
400 [D loss: 0.143821, acc.: 96.88%] [G loss: 4.265501]
800 [D loss: 0.247173, acc.: 91.80%] [G loss: 4.752715]
.
.
.
11200 [D loss: 0.617693, acc.: 66.80%] [G loss: 1.071557]
11600 [D loss: 0.611364, acc.: 66.02%] [G loss: 0.984210]
12000 [D loss: 0.622592, acc.: 62.50%] [G loss: 1.056955]
```

系统获得的结果可能与上面给出的结果有所不同，因为这些输出结果都是基于随机噪声计算得到的。这种随机性很可能会让你的模型走向不同的方向。然而，你将看到的是，生成器的损失应该在逐渐减少。如果生成器工作正常，那么准确度应该更接近随机变化，即接近 50%。如果判别器总是 100%，那就说明生成器不够强大。如果判别器的准确度在 50% 左右，那么生成器可能太强了，或者判别器太弱了。

现在，我们来绘制两种图示：学习曲线（损失和准确度），以及跨历元产生的图像样本。

下列代码将画出学习曲线：

```
import matplotlib.pyplot as plt

fig, ax1 = plt.subplots(figsize=(10,6))
ax1.set_xlabel('Epoch')
ax1.set_ylabel('Loss')
ax1.plot(range(epochs), gloss, '-.', color='#dc267f', alpha=0.75,
         label='Generator')
ax1.plot(range(epochs), dloss, '-.', color='#fe6100', alpha=0.75,
         label='Discriminator')
ax1.legend(loc=1)
ax2 = ax1.twinx()
ax2.set_ylabel('Discriminator Accuracy')
ax2.plot(range(epochs), dacc, color='#785ef0', alpha=0.75,
         label='Accuracy')
ax2.legend(loc=4)
fig.tight_layout()
plt.show()
```

这就产生了如图 14.4 所示的损失函数图像。

正如图 14.4 所示，判别器的损失最初是低的，这也表明了高准确度。然而，随着历元的发展，生成器变得更好（损失减少），而准确度在缓慢下降。

图 14.5 给出了每个采样历元由随机噪声生成的几幅图像。

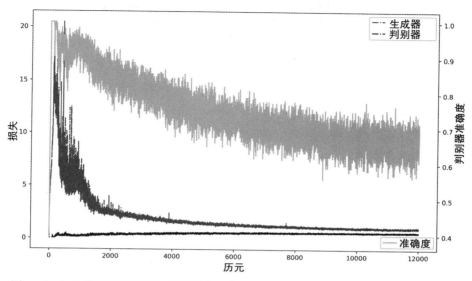

图 14.4　生成器和判别器的跨历元损失变化以及基于 MLP 的 GAN 跨历元准确度变化

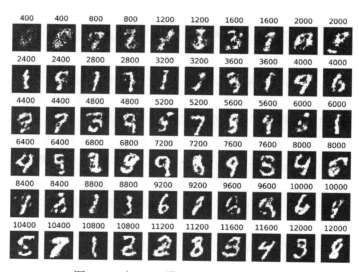

图 14.5　由 GAN 模型生成的跨历元图像

　　如图 14.5 所示，最初的图像看起来比较杂乱，不过后来的图像逐渐有了更多的细节和比较熟悉的形状。这就说明了判别器准确度为什么会下降：因为这些图像可以很容易地作为真实数据通过判别器的检查。图 14.5 所示的图像效果可以由下列代码生成：

```
import matplotlib.pyplot as plt

fig, axs = plt.subplots(6, 10, figsize=(10,7.5))
cnt = sample_interval
for i in range(6):
```

```
    for j in [0, 2, 4, 6, 8]:
      img = samp_imgs[cnt]
      axs[i,j].imshow(img[0,:,:,0], cmap='gray')
      axs[i,j].axis('off')
      axs[i,j].set_title(cnt)
      axs[i,j+1].imshow(img[1,:,:,0], cmap='gray')
      axs[i,j+1].axis('off')
      axs[i,j+1].set_title(cnt)
      cnt += sample_interval
plt.show()
```

现在让我们来考虑一下这个模型的一些要点：

❑ 如果我们需要把模型做得更大，那么该模型还有改进的空间。

❑ 如果我们需要一个强大的生成器，那么可以扩展生成器，或者将其更改为基于卷积神经网络的生成器（见 14.2.2 节）。

❑ 如果有需要，可以保存判别器并对其进行再训练（微调），从而将该模型用于数字图像分类。

❑ 如果愿意，可以使用生成器生成任意多的图像用于增强数据集。

尽管基于 MLP 的 GAN 模型质量不错，但是可以看到，生成的形状可能不像原始样本那样明确。然而，卷积 GAN 模型可以提供更多的帮助。

让我们继续，将基于 MLP 的 GAN 模型更改为卷积 GAN 模型。

14.2.2 卷积 GAN 模型

Radford, A., et al.（2015）提出了一种面向 GAN 模型的卷积方法，并将基于卷积神经网络的 GAN 模型称为**深度卷积 GAN（DCGAN）**。这种模型的主要目标是使用一系列卷积层实现对特征表示的学习，从而产生虚假图像或实现对有效或虚假图像的区分。

接下来，我们将特意为判别器网络使用一个不同的名称，将其称为评论家。判别器和评论家这两个术语都在文献中有所使用。然而，使用评论家这个术语是一个新趋势，判别器这个比较老的术语可能会在某个时间点消失。无论如何，应该知道这两个术语指的是同一件事：同一个网络模型，它的任务是确定输入数据是有效数据（来自原始数据集）还是虚假数据（来自对抗式生成器）。

我们将实现图 14.6 中给出的网络模型。

对于这种模型，有一些关于 Conv2DTranspose 的新内容。这种类型的网络层与传统的卷积层（Conv2D）完全相同，只是它的工作方向完全相反。Conv2D 层学习滤波器（特征映射），将输入数据分解成滤波后的信息，Conv2DTranspose 网络层则是获取滤波后的信息并将它们综合在一起。

ℹ️ 有些人将 Conv2DTranspose 称为反卷积。然而，我个人认为这样做是不正确的，因为反卷积是一种数学运算，与 Conv2DTranspose 所做的工作有着显著的不同。无论是哪种方式都需要记住，如果你在 CNN 的背景下阅读反卷积，它的含

义就是 `Conv2DTranspose`。

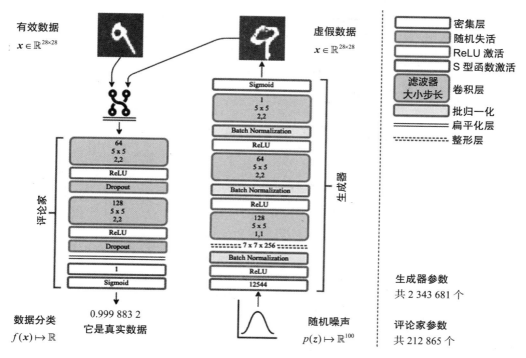

图 14.6 基于 CNN 的 GAN 模型

模型的其他方面的内容前面已经讨论过了。将注释进行省略后的完整代码如下：

```
from tensorflow.keras.models import Model
from tensorflow.keras.layers import Dense, Activation, Input,
Conv2DTranspose, Flatten
from tensorflow.keras.layers import BatchNormalization, Dropout, Reshape,
Conv2D
from tensorflow.keras.optimizers import Adam
from tensorflow.keras.datasets import mnist
import numpy as np
import matplotlib.pyplot as plt

img_dims = 28
img_chnl = 1
ltnt_dim = 100

(x_train, y_train), (x_test, y_test) = mnist.load_data()

x_train = x_train.astype('float32') / 255.
x_test = x_test.astype('float32') / 255.

x_train = np.expand_dims(x_train, axis=3)
x_test = np.expand_dims(x_test, axis=3)
```

接下来，定义生成器，代码如下：

```
# building the generator convolutional network
inpt_noise = Input(shape=(ltnt_dim,))
gl1 = Dense(7*7*256, activation='relu')(inpt_noise)
gl2 = BatchNormalization()(gl1)
gl3 = Reshape((7, 7, 256))(gl2)
gl4 = Conv2DTranspose(128, (5, 5), strides=(1, 1), padding='same',
                      activation='relu')(gl3)
gl5 = BatchNormalization()(gl4)
gl6 = Conv2DTranspose(64, (5, 5), strides=(2, 2), padding='same',
                      activation='relu')(gl5)
gl7 = BatchNormalization()(gl6)
gl8 = Conv2DTranspose(1, (5, 5), strides=(2, 2), padding='same',
                      activation='sigmoid')(gl7)
generator = Model(inpt_noise, gl8)
gnrtr_img = generator(inpt_noise)
generator.summary()   # print to verify dimensions
```

然后定义评论家网络，代码如下：

```
# building the critic convolutional network
inpt_img = Input(shape=(img_dims,img_dims,img_chnl))
dl1 = Conv2D(64, (5, 5), strides=(2, 2), padding='same',
             activation='relu')(inpt_img)
dl2 = Dropout(0.3)(dl1)
dl3 = Conv2D(128, (5, 5), strides=(2, 2), padding='same',
             activation='relu')(dl2)
dl4 = Dropout(0.3)(dl3)
dl5 = Flatten()(dl4)
dl6 = Dense(1, activation='sigmoid')(dl5)
critic = Model(inpt_img, dl6)
validity = critic(gnrtr_img)
critic.summary()   # again, print for verification
```

接下来，将代码放在一起并设置模型参数，如下所示：

```
optimizer = Adam(0.0002, 0.5)

critic.compile(loss='binary_crossentropy', optimizer=optimizer,
               metrics=['accuracy'])

critic.trainable = False

gen_crt = Model(inpt_noise, validity)
gen_crt.compile(loss='binary_crossentropy', optimizer=optimizer)

epochs = 12001
batch_size=64
sample_interval=400
```

然后使用下列循环进行模型训练：

```
valid = np.ones((batch_size, 1))
fake = np.zeros((batch_size, 1))

samp_imgs = {}
closs = []
```

```
gloss = []
cacc = []
for epoch in range(epochs):
  idx = np.random.randint(0, x_train.shape[0], batch_size)
  imgs = x_train[idx]

  noise = np.random.uniform(0, 1, (batch_size, ltnt_dim))
  gen_imgs = generator.predict(noise)
  c_loss_real = critic.train_on_batch(imgs, valid)
  c_loss_fake = critic.train_on_batch(gen_imgs, fake)
  c_loss = 0.5 * np.add(c_loss_real, c_loss_fake)

  noise = np.random.uniform(0, 1, (batch_size, ltnt_dim))
g_loss = gen_crt.train_on_batch(noise, valid)
closs.append(c_loss[0])
cacc.append(c_loss[1])
gloss.append(g_loss)

if epoch % sample_interval == 0:
  print ("%d [C loss: %f, acc.: %.2f%%] [G loss: %f]" %
          (epoch, d_loss[0], 100*d_loss[1], g_loss))
  noise = np.random.uniform(0, 1, (2, ltnt_dim))
  gen_imgs = generator.predict(noise)
  samp_imgs[epoch] = gen_imgs
```

上述代码中约70%与之前的代码相同。然而，其中卷积神经网络的设计是新的内容。代码将为生成器和评论家打印输出摘要信息。生成器的摘要信息如下：

```
Model: "Generator"
```

Layer (type)	Output Shape	Param #
input_1 (InputLayer)	[(None, 100)]	0
dense_1 (Dense)	(None, 12544)	1266944
batch_normalization_1 (Batch	(None, 12544)	50176
reshape (Reshape)	(None, 7, 7, 256)	0
conv2d_transpose_1 (Conv2DTran	(None, 7, 7, 128)	819328
batch_normalization_2 (Batch	(None, 7, 7, 128)	512
conv2d_transpose_2 (Conv2DTr	(None, 14, 14, 64)	204864
batch_normalization_3 (Batch	(None, 14, 14, 64)	256
conv2d_transpose_3 (Conv2DTr	(None, 28, 28, 1)	1601

```
Total params: 2,343,681
Trainable params: 2,318,209
Non-trainable params: 25,472
```

评论家的摘要信息如下：

```
Model: "Critic"
```

```
Layer (type)              Output Shape           Param #
=================================================================
input_2 (InputLayer)      [(None, 28, 28, 1)]    0

conv2d_1 (Conv2D)         (None, 14, 14, 64)     1664

dropout_1 (Dropout)       (None, 14, 14, 64)     0

conv2d_2 (Conv2D)         (None, 7, 7, 128)      204928

dropout_2 (Dropout)       (None, 7, 7, 128)      0

flatten (Flatten)         (None, 6272)           0

dense_2 (Dense)           (None, 1)              6273
=================================================================
Total params: 212,865
Trainable params: 212,865
Non-trainable params: 0
```

训练步骤的输出示例如下：

```
0 [C loss: 0.719159, acc.: 22.66%] [G loss: 0.680779]
400 [C loss: 0.000324, acc.: 100.00%] [G loss: 0.000151]
800 [C loss: 0.731860, acc.: 59.38%] [G loss: 0.572153]
 .
 .
 .
11200 [C loss: 0.613043, acc.: 66.41%] [G loss: 0.946724]
11600 [C loss: 0.613043, acc.: 66.41%] [G loss: 0.869602]
12000 [C loss: 0.613043, acc.: 66.41%] [G loss: 0.854222]
```

从上述训练输出结果中可以看出，卷积网络模型能够比 MLP 模型更快地减少生成器模型的损失值。由此看来，在剩下的几个历元里，评论家模型就慢慢地学会了如何以更具鲁棒性的方式对抗产生虚假输入的生成器模型。通过使用以下代码绘制输出结果可以更加清楚地观察到这一点：

```python
import matplotlib.pyplot as plt

fig, ax1 = plt.subplots(figsize=(10,6))

ax1.set_xlabel('Epoch')
ax1.set_ylabel('Loss')
ax1.plot(range(epochs), gloss, '-.', color='#dc267f', alpha=0.75,
        label='Generator')
ax1.plot(range(epochs), closs, '-.', color='#fe6100', alpha=0.75,
        label='Critic')
ax1.legend(loc=1)
ax2 = ax1.twinx()
ax2.set_ylabel('Critic Accuracy')
ax2.plot(range(epochs), cacc, color='#785ef0', alpha=0.75,
        label='Accuracy')
ax2.legend(loc=4)

fig.tight_layout()
plt.show()
```

可以使用上述代码生成如图 14.7 所示的学习曲线图。我们可以从这张图中看出评论家的准确度快速收敛到较小损失并进行缓慢的恢复。

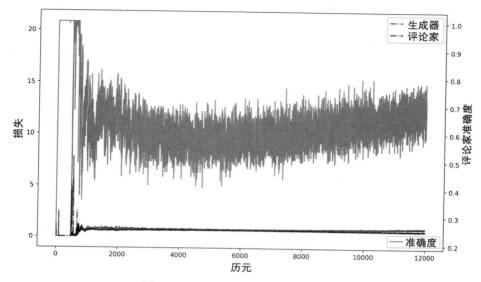

图 14.7　基于 CNN 的 GAN 学习曲线

我们还可以显示在训练卷积 GAN 时生成的样本，如图 14.8 所示。使用 2000 个历元训练生成的样本数据与生成器的低质量水平相匹配。在使用 5000 个历元之后，生成器能够产生定义良好的数字，可以很容易地用作有效输入。

图 14.8　训练中生成的样本

我们可以参考图 14.5 和图 14.8 给出的结果，将 GAN 模型中基于 MLP 的方法和基于卷积的方法进行对比分析。这样就可以比较深入地了解通用 GAN（基于 MLP）和专门针对空间关系的 GAN（基于 CNN）之间的基本区别。

现在，我们将简要地讨论**变分自编码器（VAE）**和 GAN 带来的生成能力。

14.3　比较 GAN 和 VAE

第 9 章讨论了作为一种降维机制的 VAE 模型，目的是学习输入空间概率分布的参数，并利用学习到的参数基于从潜在空间抽取的随机数实现对输入数据的有效重构。下面列出了第 9 章中已经讨论过的许多优点：

❑ 降低噪声对输入影响的能力，因为模型学习的是输入数据的概率分布，而不是输入数据本身

❑ 通过简单查询潜在空间就可以生成样本的能力

另外，GAN 也可以像 VAE 那样用于实现对样本数据的生成。然而，两者的学习方式是完全不同的。对于 GAN 模型，可以将模型看作由评论家和生成器这两个主要部分组成。对于 VAE 模型，我们也将其看成是由两个部分组成的，即由编码器和解码器这两个网络模型组成。

如果一定要把这两种模型联系起来，那么可以认为解码器和生成器分别在 VAE 和 GAN 中起着非常相似的作用。然而，编码器和评论家则分别有着非常不同的目标。编码器将学会寻找丰富的数据潜在表示，与输入空间相比通常只有很少的维数。同时，评论家的目的不是寻找任何表示，而是解决日益复杂的二元分类问题。

我们可以认为评论家确实可以从输入数据空间中学习表示特征，然而，评论家和编码器在最深层的特征是相似的这一主张则需要更多的支撑证据。

我们可以做一个比较分析，取第 9 章（图 14.7）所示的深度 VAE 模型，对其进行训练，并从 VAE 中的生成器中抽取一些随机样本，然后对卷积 GAN 模型进行同样的操作。

可以从显示卷积 GAN 的示例开始，并且接着前一节包含已训练 GAN 模型的最后一段代码的后面，立即执行下列代码：

```
import matplotlib.pyplot as plt
import numpy as np

plt.figure(figsize=(10,10))
samples = np.random.uniform(0.0, 1.0, size=(400,ltnt_dim))
imgs = generator.predict(samples)
for cnt in range(20*20):
  plt.subplot(20,20,cnt+1)
  img = imgs[cnt]
  plt.imshow(img[:,:,0], cmap='gray')
  plt.xticks([])
  plt.yticks([])
plt.show()
```

这个代码将从随机噪声中产生 400 个数字！如图 14.9 所示。

回想一下，这些数字是在 12 000 个历元之后产生的，质量似乎比较好。这些数字中的大多数能让人误以为它们真的是人写的。

现在，我们想看看使用 VAE 模型生成的数字质量。为此，需要阅读第 9 章，使用所提供的代码来实现深度 VAE 模型，并对其进行训练，例如，可以训练 5000 个历元。经过模

型训练之后，可以使用解码器通过选择随机参数从随机噪声中生成样本。

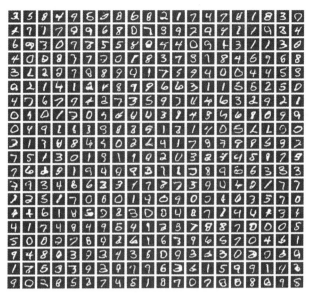

图 14.9　由卷积 GAN 产生的 400 个数字

以下是 VAE 模型完成训练后应使用的代码：

```python
import matplotlib.pyplot as plt
import numpy as np

plt.figure(figsize=(10,10))
samples = np.random.normal(0.0, 1.0, size=(400,ltnt_dim))
imgs = decoder.predict(samples)
for cnt in range(20*20):
  plt.subplot(20,20,cnt+1)
  img = imgs[cnt].reshape((28,28))
  plt.imshow(img, cmap='gray')
  plt.xticks([])
  plt.yticks([])
plt.show()
```

这两个模型之间比较明显的区别在于，VAE 模型假设潜在空间的参数服从正态分布。此外，输出数据需要被重塑为 28×28，而对于 GAN 模型，由于使用 2D 卷积输出层，因此，GAN 模型已经给出了正确的输出形状。上述代码的输出如图 14.10 所示。

如图 14.10 所示，有些数字看起来很不错，有些人可能会说这个结果真的是太好了。它们看起来光滑、圆润，也许可以说这些都是无噪声的。相比于由 GAN 模型产生的数字，由 VAE 模型产生的数字缺乏明显的噪声特征。然而，这可能是好事也可能是坏事，这取决于想做什么样的事情。

如果需要的是干净的样本，而且很容易被识别为虚假的数据，那么 VAE 是最好的选择。现在，假设我们想要一些可以轻易让人误以为不是机器生成的样本，那么使用 GAN 可能更加适合。

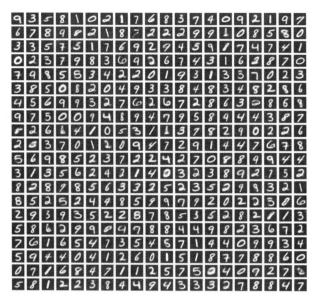

图 14.10　VAE 解码器使用随机噪声产生的 400 个数字样本

　　不管这些差异如何，如果需要更多的数据，这两种方法都可以用于扩充或者增强数据集。

14.4　GAN 的伦理意蕴

　　关于生成模型的一些伦理思想已经在第 9 章中给出了。然而，考虑到 GAN 模型的对抗本质，对此进行第二轮的思考是必要的。也就是说，在关于最小－最大值的游戏中，GAN 模型有一个隐含的要求，即欺骗评论家，因为生成器必须取得胜利（或者评论家也是）。这个概念概括为对抗学习，这就提供了一种攻击现有机器学习模型的手段。

　　一些非常成功的计算机视觉模型，如 VGG16（一个 CNN 模型），已经被执行对抗攻击的模型所攻击。例如，存在一些具有对抗补丁性质的图案，这种图案可能存在于打印输出介质上，也可以存在于你正在穿的 T 恤上、戴的帽子上，或者存在于任何其他的物体上面。一旦这种补丁图案作为输入信息被输入到受到攻击的模型之中，这个模型就会将现有的对象识别成为某个与之完全不同的个体（Brown, T. B., et al., 2017）。下面是一个对抗补丁的例子，它欺骗模型，使得模型认为香蕉是一个烤面包机：https://youtu.be/i1sp4X57TL4。

　　既然已经知道存在这种类型的对抗攻击，研究人员已经在当前的系统中发现了这种漏洞。因此，对于我们这些深度学习的实践者来说，确保模型能够有效地抵御对抗攻击几乎成了一项义务。这对于涉及敏感信息的系统，或者涉及影响人类生活的决策系统尤其重要。

　　例如，需要对部署在机场用于协助安全工作的深度学习模型进行测试，以避免任何穿着印有对抗补丁 T 恤的人被识别为进入了禁入区域。这种测试对于保护人民的生命安全至关重要。然而，对于自动调音的深度学习系统来说，这方面的测试可能并不是特别重要。

你需要做的是研究如何对模型进行对抗攻击的测试。网上有一些经常更新的资源，如果你进行搜索的话，就可以很容易地找到它们。如果你在某个深度学习模型中发现了漏洞，应该立即报告给这个模型的创造者，为了我们社会的福祉。

14.5 小结

作为一种高级内容，本章向你展示了如何创建 GAN 网络。你知道了 GAN 模型的主要组成部分——一个生成器和一个评论家，以及它们在学习过程中所承担的角色，知道了通过击败模型使得模型对攻击具有鲁棒性的对抗学习。在同一个数据集上编写了基于 MLP 的 GAN 模型和基于卷积的 GAN 模型，并考察了它们之间的差异。在这一点上，你应该有信心解释为什么对抗训练是一种重要的训练方式。应该能够对必要的机制进行编码，由此训练 GAN 的生成器和判别器。应该对编写 GAN 模型并将其与 VAE 进行比较，以便从学习到的潜在空间生成图像有信心。应该能够设计生成模型，并能够思考使用生成模型带来的社会影响和责任。

GAN 是一种非常有趣的模型，已经产生了惊人的研究和应用成果。它们也暴露了其他系统的弱点。目前的深度学习涉及 AE、GAN、CNN 和 RNN 的组合，可以使用各自的特定组件，并逐渐增加了深度学习在不同领域的应用潜力。目前，深度学习的世界是令人兴奋的，你现在已经准备好拥抱深度学习，并深入到任何喜欢的领域。第 15 章将简要介绍我们如何看待深度学习的未来。我们试图使用某种预言性的声音来展望即将发生的事情。但是，在继续学习之前，请用下列问题测试自己对本章内容的掌握情况。

14.6 习题与答案

1. 谁是 GAN 中的对抗方？

   答：生成器。生成器作为一种网络模型，唯一的目的就是使评论家的分辨工作失败，它是评论家的对抗方。

2. 为什么生成器模型的规模比评论家大？

   答：但是，情况并非总是如此。这里讨论的模型是作为数据生成器更加有趣。然而，我们可以使用评论家模型并对其进行再训练从而分类，在这种情况下，评论家模型可能会更大。

3. 对抗鲁棒性指的是什么？

   答：这是深度学习的一个新领域，其任务是研究如何证明深度学习模型对对抗攻击具有鲁棒性。

4. GAN 和 VAE 哪一个更好？

   答：这取决于具体的应用场景。GAN 模型通常比 VAE 模型产生更为"有趣"的结果，但是 VAE 模型更加稳定。此外，训练 GAN 通常比训练 VAE 更快。

5. GAN 有什么风险吗?

答:GAN 模型有风险。有一个已知的问题叫作模式崩溃,指的是 GAN 模型不能跨历元产生新的、不同的结果。似乎网络训练过程在一些样本上被卡住了,这些样本可以在评论家模型中引起足够的混乱,从而产生较低损失值,但生成的数据却没有多样性。这仍然是一个没有普遍解决办法的开放性问题。GAN 的生成器缺乏多样性就意味着它已经崩溃了。要了解更多关于模式崩溃的信息,请阅读 Srivastava, A., et al.(2017)的文献。

14.7　参考文献

- Abadi, M., and Andersen, D. G. (2016). *Learning to protect communications with adversarial neural cryptography. arXiv preprint* arXiv:1610.06918.
- Ilyas, A., Engstrom, L., Athalye, A., and Lin, J. (2018). *Black box adversarial attacks with limited queries and information. arXiv preprint* arXiv:1804.08598.
- Goodfellow, I., Pouget-Abadie, J., Mirza, M., Xu, B., Warde-Farley, D., Ozair, S., and Bengio, Y. (2014). *Generative adversarial nets*. In *Advances in neural information processing systems* (pp. 2672-2680).
- Sukhbaatar, S., and Fergus, R. (2016). *Learning multi-agent communication with backpropagation*. In *Advances in neural information processing systems* (pp. 2244-2252).
- Rivas, P., and Banerjee, P. (2020). *Neural-Based Adversarial Encryption of Images in ECB Mode with 16-bit Blocks*. In *International Conference on Artificial Intelligence*.
- Cohen, J. M., Rosenfeld, E., and Kolter, J. Z. (2019). *Certified adversarial robustness via randomized smoothing. arXiv preprint* arXiv:1902.02918.
- Radford, A., Metz, L., and Chintala, S. (2015). *Unsupervised representation learning with deep convolutional generative adversarial networks. arXiv preprint* arXiv:1511.06434.
- Brown, T. B., Mané, D., Roy, A., Abadi, M., and Gilmer, J. (2017). *Adversarial patch. arXiv preprint* arXiv:1712.09665.
- Srivastava, A., Valkov, L., Russell, C., Gutmann, M. U., and Sutton, C. (2017). *Veegan: Reducing mode collapse in GANs using implicit variational learning*. In *Advances in Neural Information Processing Systems* (pp. 3308-3318).

第 15 章 *Chapter 15*

深度学习的未来

我们一起经历了一段旅程，如果你已经读到了这里，那么应该好好犒劳自己一下。你所取得的成就是值得肯定的。告诉你的朋友，并与朋友分享所学到的知识，记得要永远坚持学习。深度学习是一个快速发展的领域，你不能静坐不动。作为总结性的内容，本章将简要介绍一些新的令人兴奋的主题和深度学习的机会。如果想继续学习，我们将推荐 Packt 的其他有用资源，可以帮助你在这一领域取得进展。本章结束时，你将知道在学习了深度学习的基础知识之后，应该从此处去向何方；你将知道 Packt 为你提供的其他资源，以继续深度学习领域中的学习。

本章主要内容如下：

❑ 寻找深度学习的前沿话题
❑ 从 Packt 获取更多的资源

15.1　寻找深度学习的前沿话题

目前，深度学习的未来还比较难以预测，事情正在迅速地发生变化。然而，我相信，如果你把时间投入在深度学习的当前高级主题上，那么就有可能看到这些领域在不久后的将来会得到更加繁荣的发展。

下面的小节将讨论一些有可能在我们的领域得到蓬勃发展并具有一定破坏性的高级主题。

15.1.1　深度强化学习

鉴于深度卷积网络和其他类型的深度网络模型已经为过去难以解决的问题提供了较为

有效的解决方案，**深度强化学习（DRL）**成为近年来获得了大量关注的领域。DRL 的很多应用都是在我们无法获得所有可能情况的数据的领域，比如太空探索、电子游戏或汽车自动驾驶领域。

让我们对后一个例子进行扩展。如果使用传统的监督学习进行汽车的无人驾驶，为了让汽车安全地从 A 点自动行驶到 B 点而没有发生模型崩溃，不仅要有很多旅程成功事件的积极类样本数据，还需要有很多不良事件的消极类样本数据，例如模型崩溃和可怕的驾驶方式。想想看：为了保持数据集的平衡，需要撞掉尽可能多的汽车。这显然是一件不可接受的事情，不过，在这种情况下，强化学习成了救星。

DRL 旨在**奖励**良好的驾驶方式，这些模型会学习如何获得奖励，所以不需要负面的样本。相比之下，传统的学习方法则需要通过撞车的方式来**惩罚**糟糕的结果。

当使用 DRL 来学习使用自动驾驶仿真器时，可以获得在模拟飞行中击败飞行员的智能体（https://fortune.com/2020/08/20/f-16-fighter-pilot-versusartificial-intelligence-simulation-darpa/），或者可以得到在电子游戏模拟器上获胜的智能体。游戏世界是 DRL 的完美测试场景。假设你想要制作一个 DRL 模型来玩著名的《太空侵略者》游戏（如图 15.1 所示），可以制作一个奖励摧毁太空侵略者的模型。

例如，如果你制作了一个传统模型来教用户如何**避免死亡**，那么你仍然会输，因为最终会被来自太空的侵略者入侵。因此，防止入侵的最佳策略是既要避免死亡，又要消灭太空侵略者。换句话说，要奖励那些能让你生存下来的行为，即快速摧毁太空侵略者，同时避免被它们的炸弹炸死。

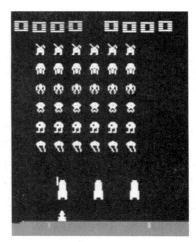

图 15.1　太空侵略者电子游戏模拟器

2018 年发布了一种新的 DRL 研究工具，名为 Dopamine（Castro, P. S., et al., 2018）。Dopamine（https://github.com/google/dopamine）可以用于快速构建强化学习算法的原型。回顾第 2 章，我们要求你此时安装 Dopamine。只是想让你知道 Dopamine 有多么简单，这样如果你感兴趣，就可以继续尝试。下面的代码行将简单地加载一个预先训练过的模型（智能体），并让它玩游戏。

下列代码将确保已经安装相关的代码库，然后加载预先训练好的智能体：

```
!pip install -U dopamine-rl

!gsutil -q -m cp -R gs://download-dopamine-
rl/colab/samples/rainbow/SpaceInvaders_v4/checkpoints/tf_ckpt-199.data-0000
0-of-00001 ./
!gsutil -q -m cp -R gs://download-dopamine-
rl/colab/samples/rainbow/SpaceInvaders_v4/checkpoints/tf_ckpt-199.index ./
```

```
!gsutil -q -m cp -R gs://download-dopamine-
rl/colab/samples/rainbow/SpaceInvaders_v4/checkpoints/tf_ckpt-199.meta ./
```

本例中被称为 rainbow 的样本训练智能体是由 Dopamine 的作者提供的，但如果你愿意，也可以训练自己的智能体。

下一步是让智能体运行（即根据奖励来决定所采取的行动）一系列的步骤，比如 1024：

```
from dopamine.utils import example_viz_lib
example_viz_lib.run(agent='rainbow', game='SpaceInvaders', num_steps=1024,
                    root_dir='./agent_viz', restore_ckpt='./tf_ckpt-199',
                    use_legacy_checkpoint=True)
```

这段代码可能需要运行一段时间。在内部，它连接到 PyGame，这是一个供 Python 社区使用的游戏模拟器资源。它做出了几个决定，并避免了太空入侵（以及死亡）。如图 15.2 所示，该模型描述了在给定的时间步长内获得的累积奖励，以及每一个行动（如停止、向左、向右、射击）的期望回报。

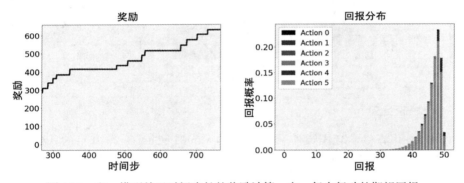

图 15.2　左：模型关于时间步长的奖励计算。右：每个行动的期望回报

其中一个有趣的事情是可以在任何时间步骤（帧）上对智能体进行可视化的展示，并使用图 15.2 给出的图像作为参考，查看智能体在特定时间步骤上做了什么事情，以决定可视化哪个时间步骤。如果想知道 540 或 550 步会是什么样子的，可以这样做：

```
from IPython.display import Image
frame_number = 540    # or 550
image_file = '/<path to current
directory>/agent_viz/SpaceInvaders/rainbow/images/frame_{:06d}.png'.format(
frame_number)
Image(image_file)
```

将 <path to current directory> 替换为当前工作目录的路径。这是因为需要一个绝对路径，否则可以使用相对路径 ./ 来代替。

由此可见，所有的视频帧都是以图像的形式保存在目录 ./agent_viz/SpaceInvaders/rainbow/images/ 中。你可以单独展示它们，甚至可以制作视频。上述代码生成如图 15.3 所示的图像。

Dopamine 就是这么简单。希望你能从强化学习中得到启发，并能够进行进一步研究。

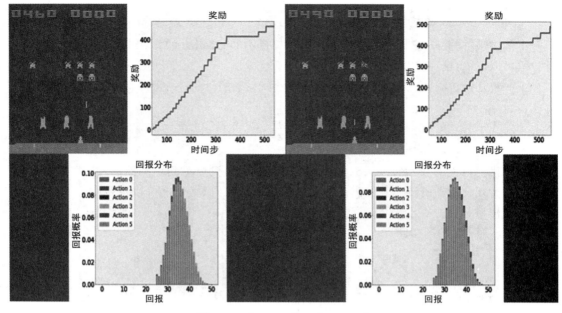

图 15.3 左：540 步。右：550 步

15.1.2 自监督学习

2018 年美国计算机学会图灵奖得主之一的 Yann LeCun 在 2020 年的 AAAI 大会上表示：“未来属于自监督学习。”他的意思是，这个领域令人兴奋，有很大的潜力。

自监督是一个相对较新的术语，它是从无监督一词演变而来的。术语“无监督学习”可能给人一种没有监督的印象，而实际上，无监督学习算法和模型通常比监督模型使用更多的监督数据。以 MNIST 数据的分类为例。它使用 10 个标签作为监控信号。然而，对于一个目标是完美重建的自编码器，每一个像素都是一个监督信号，例如一个 28×28 的图像有 784 个监督信号。

自监督是将无监督学习和监督学习的某些阶段结合起来的一种学习模式。例如，如果我们创建了一个基于无监督的表示学习模型，那么可以附加一个下游模型，使得该模型能够以监督学习的方式对某些对象进行分类。

目前，深度学习的许多最新进展都是在自监督方面取得的。如果你试着学习更多的关于自监督学习算法和模型的知识，这将是一项很好的时间投资。

15.1.3 系统 2 算法

著名经济学家 Daniel Kahneman 的著作 *Thinking Fast and Slow*（Kahneman, D.，2011）使二元过程理论流行起来。这部著作的主要观点是，人类擅长快速发展一些高度复杂的任务，而且通常不需要想太多。例如，喝水、吃食物，或者看着物体并认出它。这些过程由系统 1 完成。

然而，有些任务对人类大脑来说并不简单，需要全神贯注，比如在不熟悉的道路上开车，看不属于设定背景的奇怪物体，或者理解一幅抽象画。这些过程由系统 2 完成。2018年美国计算机学会图灵奖的另一位获奖者 Yoshua Bengio 表示，深度学习已经非常擅长于系统 1 任务，这就意味着现有的模型可以相对容易地识别对象并执行高度复杂的任务。然而，深度学习在系统 2 任务上并没有取得很大的进展。也就是说，深度学习的未来将是解决那些对人类来说非常复杂的任务，这可能涉及将不同领域的不同模型与不同的学习类型相结合。胶囊神经网络可能是系统 2 任务很好的替代解决方案（Sabour, S, et al.，2017）。

因此，系统 2 算法可能是深度学习的未来。

现在，让我们看看 Packt 提供的学习资源，它们可以帮助我们进一步研究这些想法。

15.2 从 Packt 获取更多资源

以下书目并非详尽无遗，但是可以作为下一步努力的起点。这些都是很有趣的标题，因为涉及的领域都非常有趣。不管选择是什么，你都不会感到失望。

15.2.1 强化学习

- *Deep Reinforcement Learning Hands-On - Second Edition*, by Maxim Lapan, 2020.
- *The Reinforcement Learning Workshop*, by Alessandro Palmas *et al.*, 2020.
- *Hands-On Reinforcement Learning for Games*, by Micheal Lanham, 2020.
- *PyTorch 1.x Reinforcement Learning Cookbook*, by Yuxi Liu, 2019.
- *Python Reinforcement Learning*, by Sudharsan Ravichandiran, 2019.
- *Reinforcement Learning Algorithms with Python*, by Andrea Lonza, 2019.

15.2.2 自监督学习

- *The Unsupervised Learning Workshop*, by Aaron Jones *et. al.*, 2020.
- *Applied Unsupervised Learning with Python*, by Benjamin Johnston *et. al.*, 2019.
- *Hands-On Unsupervised Learning with Python*, by Giuseppe Bonaccorso, 2019.

15.3 小结

本书的最后一章简要介绍了深度学习中令人兴奋的新主题和机会。我们讨论了强化学习、自监督算法和系统 2 算法。还向你推荐了 Packt 的一些其他资源，希望你愿意继续学习并在这一领域取得进展。至此，你应该知道从这里走向何方，并从深度学习的未来期望中获得鼓舞。为了继续学习之旅，你应该去了解该领域的其他推荐书籍。

你就是深度学习的未来，而未来就是今天。向前冲，学以致用。

15.4 参考文献

- Castro, P. S., Moitra, S., Gelada, C., Kumar, S., and Bellemare, M. G. (2018). Dopamine: A research framework for deep reinforcement learning. arXiv preprint arXiv:1812.06110.
- Kahneman, D. (2011). *Thinking, Fast and Slow. Macmillan.*
- Sabour, S., Frosst, N., and Hinton, G. E. (2017). Dynamic routing between capsules. In *Advances in neural information processing systems* (pp. 3856-3866).

推荐阅读

深度学习基础教程

作者：赵宏 于刚 吴美学 张浩然 屈芳瑜 王鹏 ISBN：978-7-111-68732-0

围绕新工科相关专业初学者的需求，以阐述深度学习的基本概念、关键技术、应用场景为核心，帮助读者形成较为完整的知识体系，为进一步学习人工智能其他专业课程和进行学术研究奠定基础。

以深入浅出为指导思想，内容叙述清晰易懂，并辅以丰富的案例和图表，在理解重要概念、技术的使用场景的基础上，读者可以通过案例进行实践，学会利用深度学习知识解决常见的问题。

每章配有类型丰富的习题和案例，既方便教师授课，也可以帮助读者通过这些学习资源巩固所学知识

基于深度学习的自然语言处理

作者：[以色列] 约阿夫·戈尔德贝格（Yoav Goldberg） 译者：车万翔 郭江 张伟男 刘铭　刘挺 主审
ISBN：978-7-111-59373-7

本书旨在为自然语言处理的从业者以及刚入门的读者介绍神经网络的基本背景、术语、工具和方法论，帮助他们理解将神经网络用于自然语言处理的原理，并且能够应用于自己的工作中。同时，也希望为机器学习和神经网络的从业者介绍自然语言处理的基本背景、术语、工具以及思维模式，以便他们能有效地处理语言数据。

推荐阅读